ADVANTAGE PLAY

TECHNOLOGIES THAT CHANGED SPORTING HISTORY

STEVE HAAKE

スポーツを変えたテクノロジー

アスリートを進化させる道具の科学

スティーヴ・ヘイク

〔訳〕藤原多伽夫　〔解説〕浅井 武

白揚社

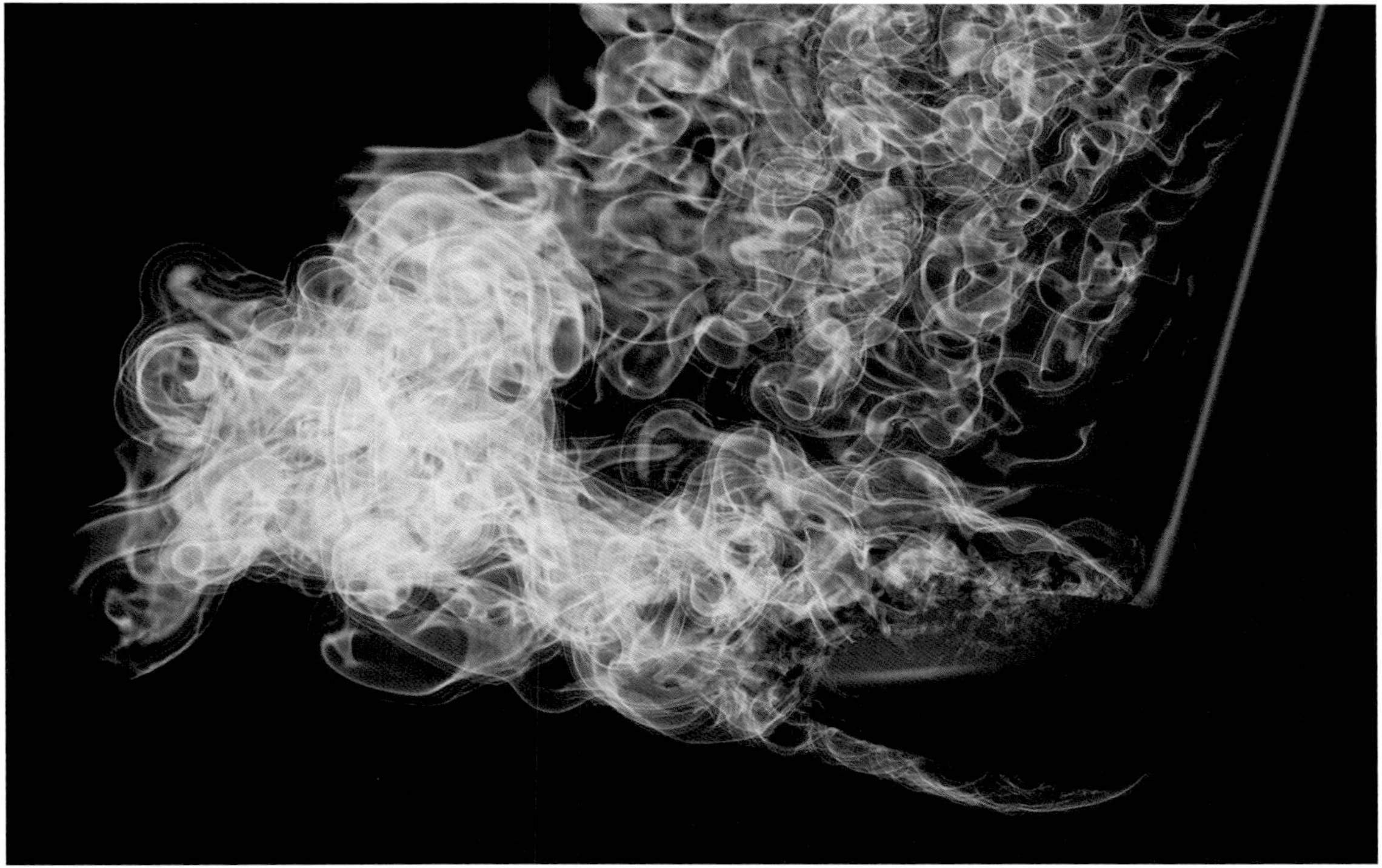

1. 特大のゴルフクラブが開発されると、スイングしたときにクラブヘッドが空気から受ける抗力の重要性が増した。この画像は、ピン社のG15ドライバーの周りの気流をコンピューターで流体力学的に分析したものだ。この研究を受けて、それ以降のピン社のドライバーの上面に「タービュレーター」という突起が設けられることになった。これで抗力が大幅に小さくなり、クラブヘッドのスイングスピードが上がったほか、ボールの飛距離も伸びた。© John Hart

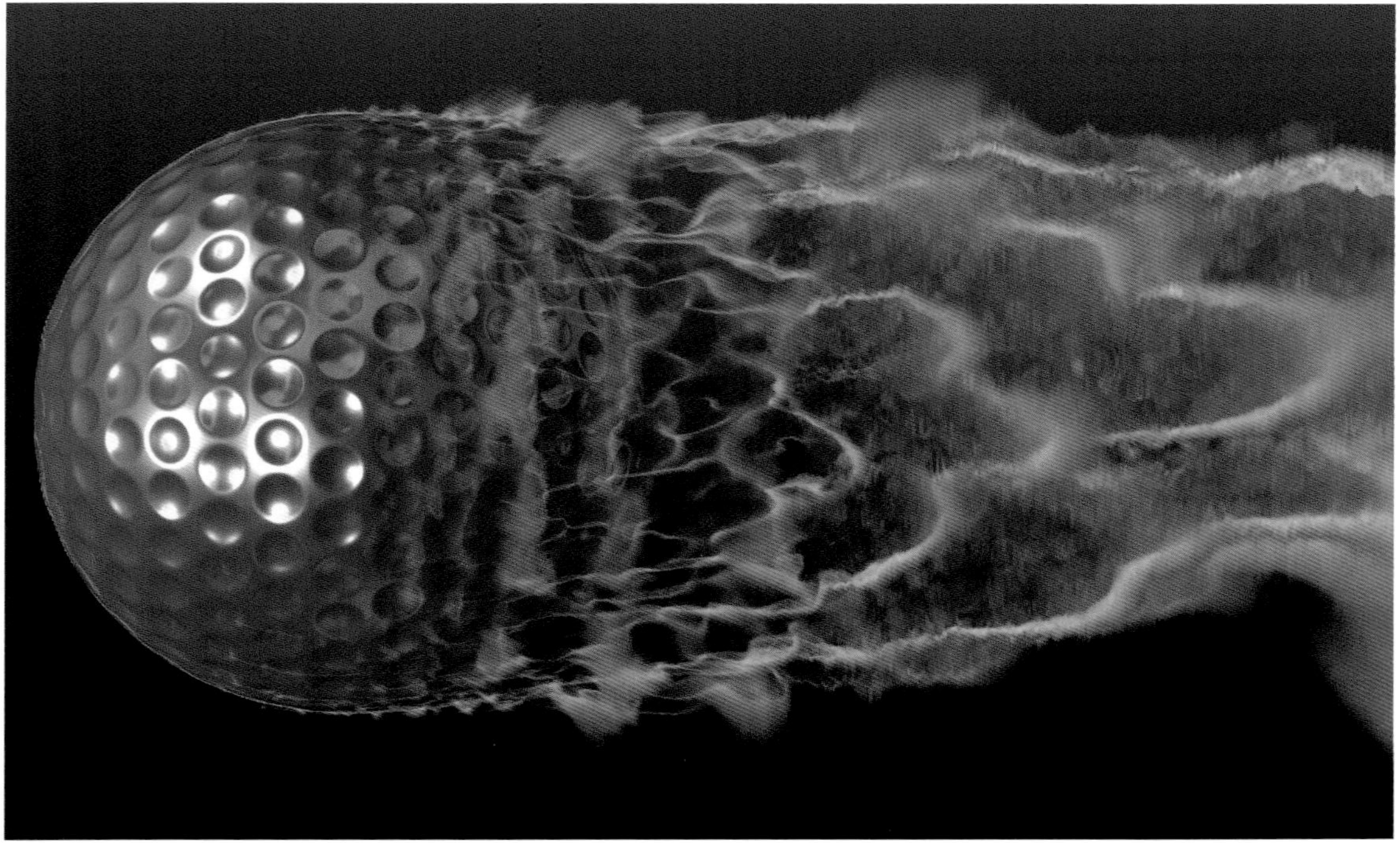

2. ディンプル付きのゴルフボールの周りの気流を流体力学的に示したコンピューター画像。それぞれのディンプルから後流構造が形成され、やがてそれがボールの後ろで一つになって大きな振動を見せる。ディンプルはボールに最も近い境界層の空気を、ボールの上部と下部に見られるような乱流に変える。これにより、空気がボールのさらに後方へ流れるようになり、後流が小さくなって、抗力も下がる。これでボールの飛距離も伸びる。© John Hart

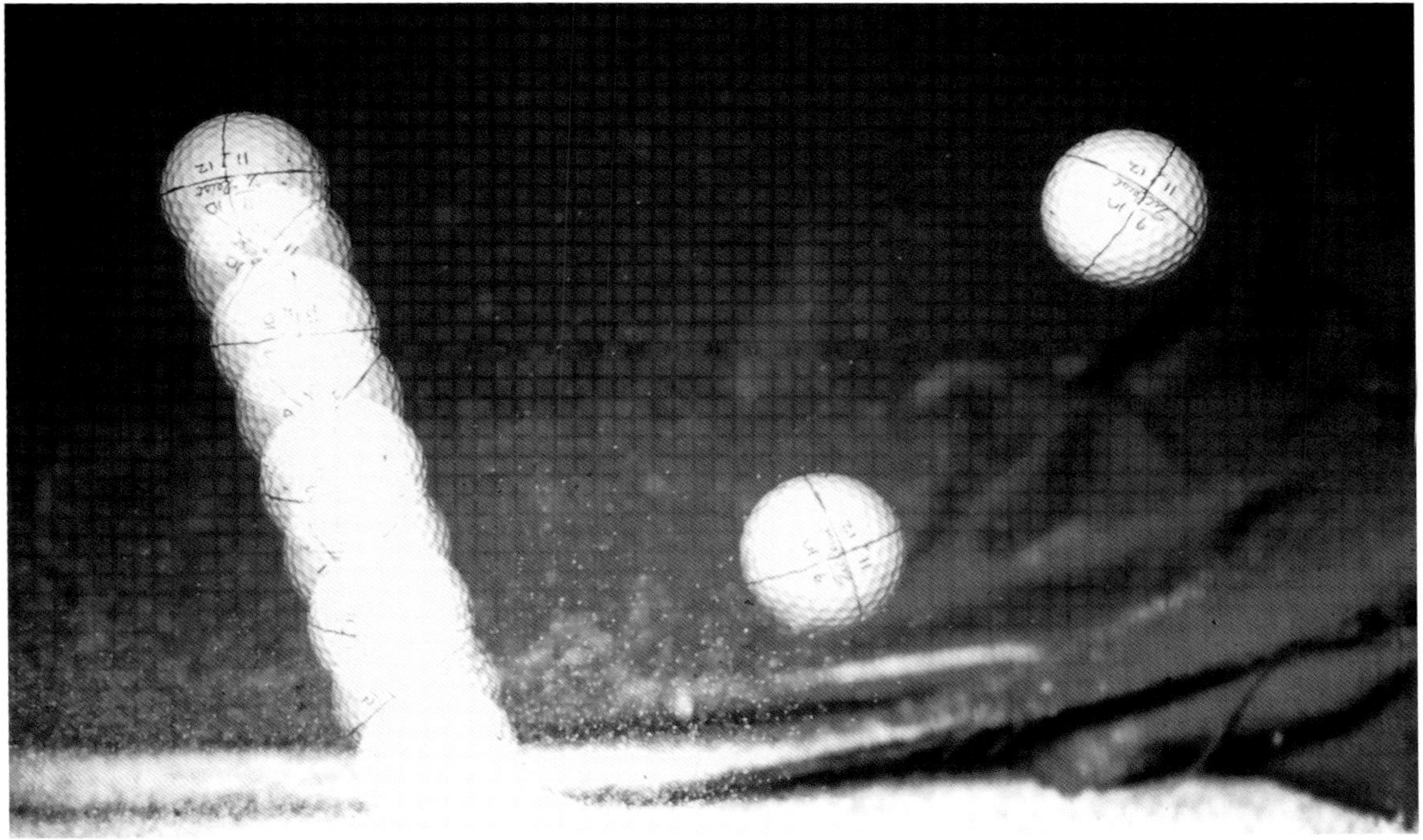

3. ドライバーショットをシミュレートし、ゴルフボールがグリーンに跳ね返った場面を、ストロボスコープによる多重露光で5000分の1秒ごとに撮影した。ボールは右から時速85キロで落下し、露光と露光のあいだに時計回りに33度回転している。これは毎秒およそ19回転（毎分1117回転）のバックスピンに相当する。ボールは左へ向けて時速14キロほどで跳ね返っているので、反発係数は0.16となる。グリーンへの衝突後、バックスピンはトップスピンに変わったので、ボールは反時計回りに毎秒およそ26回転（毎分1550回転）で回るようになった。芝の状態によっては、ボールがグリーンに衝突したあともバックスピンを維持し、次に跳ね返ったときにぴたりと止まったり、さらには手前に戻ってきたりすることもある。
© Steve Haake

4.「有限要素法」を利用して生成したテニスラケットのモデル。このモデルではそれぞれの部品を何千もの小さな要素に分割し、それぞれが固有の剛性と素材の特徴をもっている。このモデルはテニス用品メーカーのプリンスのラケットのためにトム・アレンが開発したもので、ガットのたわみや、内圧のかかったボール、フレームも含んでいる。それまでになかったモデルだ。© Tom Allen, edited by John Hart

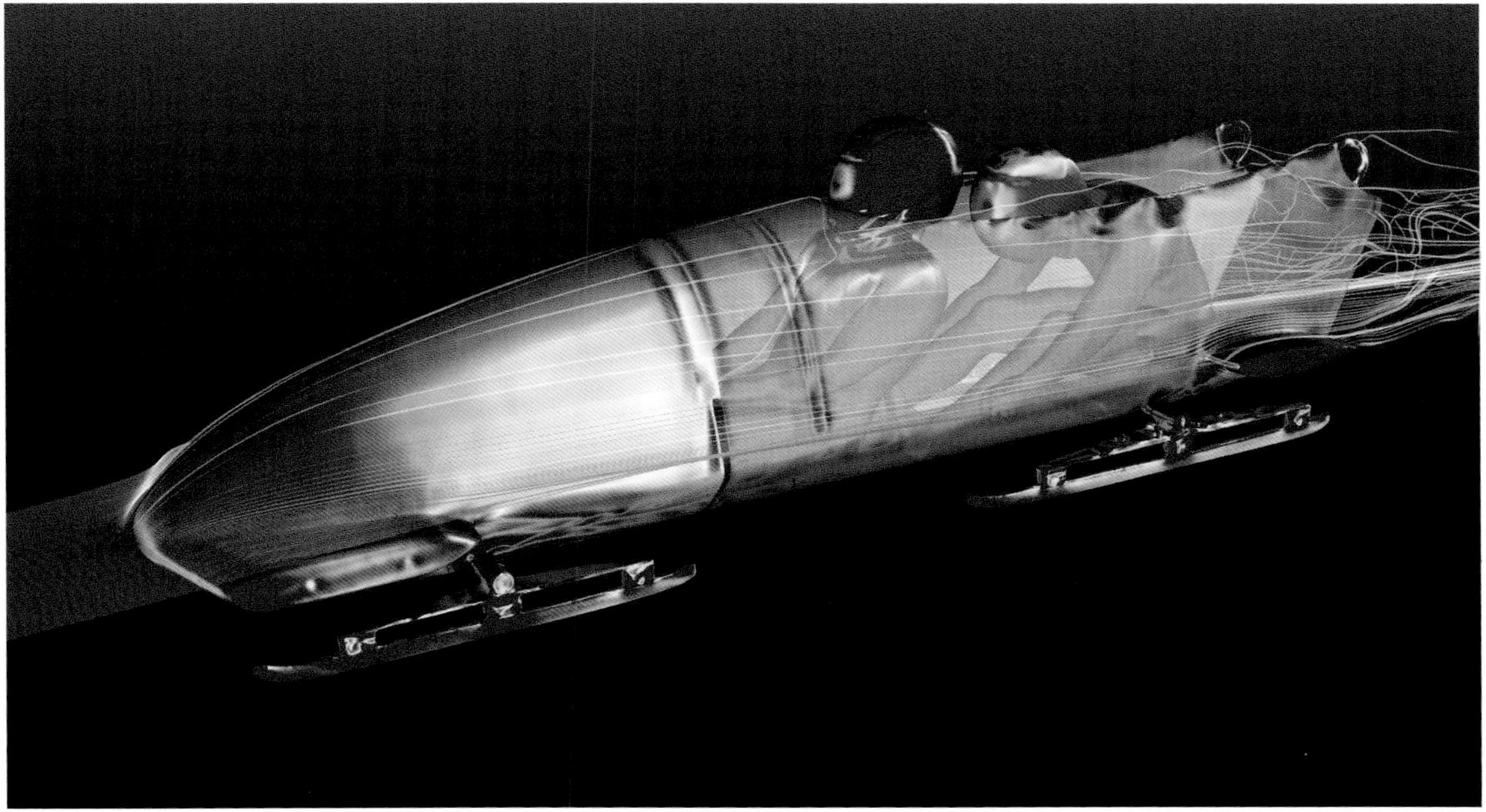

5. 女子2人乗りボブスレーの周りの気流。空気はそりの先端から流れ、ドライバーのヘルメットに当たってドライバーとブレーカーの周りで渦巻いている。赤い部分は、空気の流れが最も速い場所を示す。ドライバーのバイザーの前部が明るい部分は、空気が最初に当たる箇所だ。空気はそこから両側へと流れていく。© John Hart

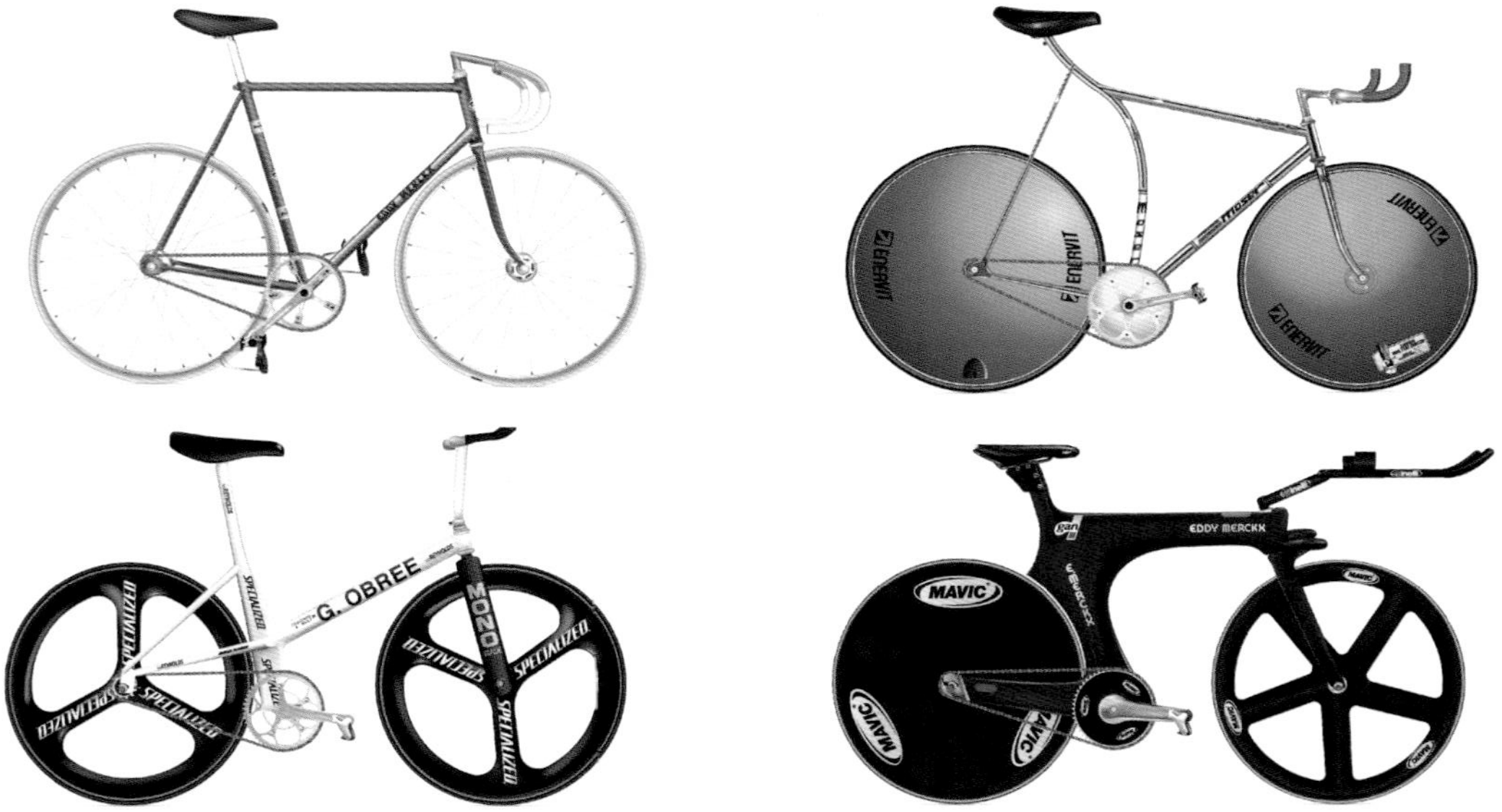

6. アワーレコードで使われた自転車。（上左）エディ・メルクスが1972年に4万9431メートルの記録を出したときに使っていた軽量自転車。（上右）フランチェスコ・モゼールが1984年に使った自転車。ディスクホイールを使い、前輪を小さくして抗力を下げている。このときの記録は5万1151メートル。（下左）グレアム・オブリーが1993年に自作した独特な自転車で、奇妙なT字形のハンドルを使っている。この自転車で5万2713メートルという記録を出した。（下右）クリス・ボードマンが1996年にマンチェスターで5万6375メートルのアワーレコードを出したときの自転車。
©James McLean

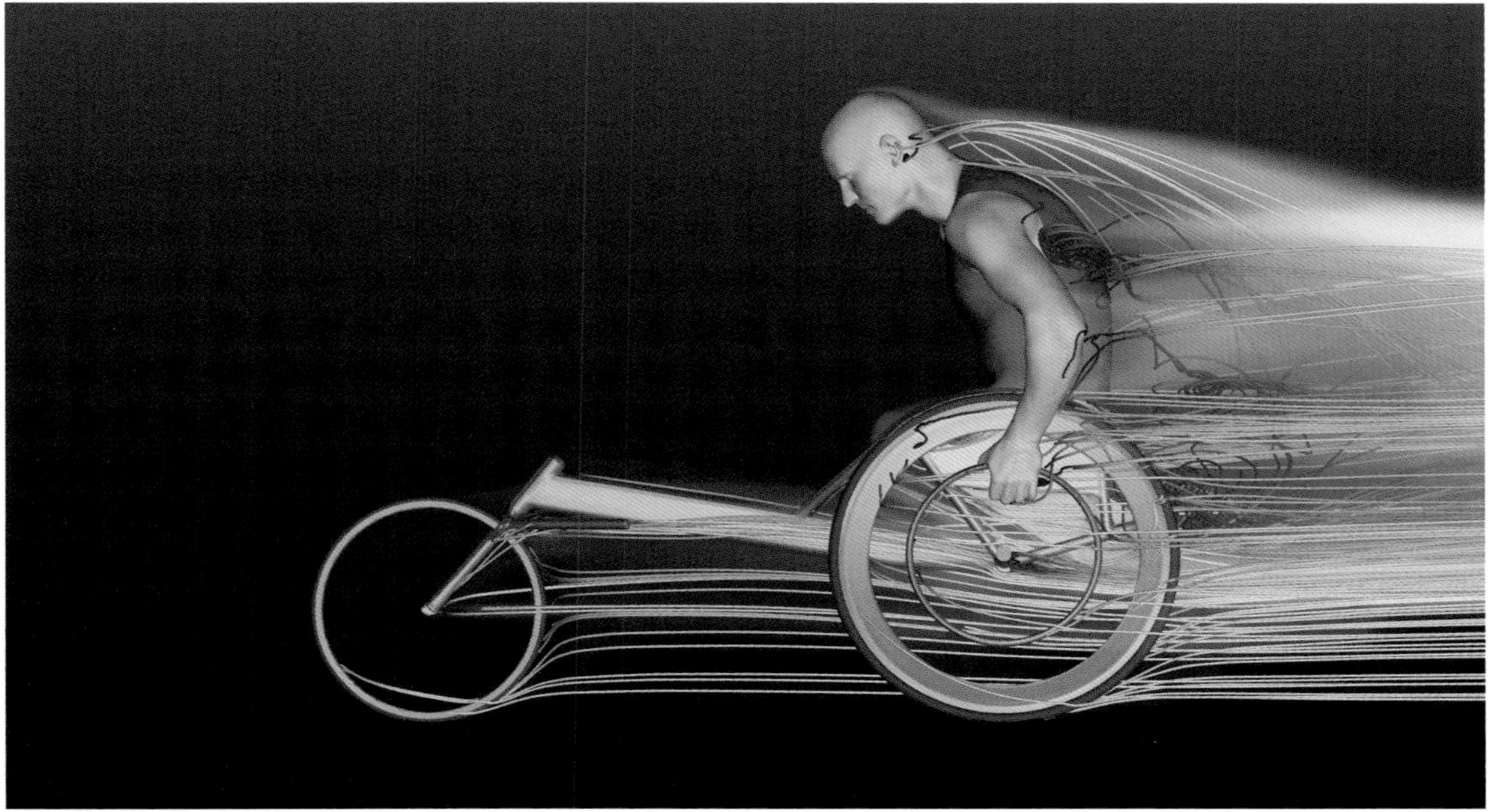

7. 車いすのレーサーが受ける抵抗力の4分の3前後を空力抵抗が占める。残りの抵抗力の大部分は、地面を走行したときの車輪の転がり抵抗だ。ほかには、ベアリングやフレームの非効率性に起因する抵抗もわずかながらある。© John Hart

8. ダウンヒルスケートボードで、選手たちがアスファルト舗装の急な下り坂をできるだけ速いスピードで下った。これはスピードスキーのスケートボード版だ。空力特性に優れた前傾姿勢をとり、うしろの選手が前の選手の直後について風圧を少なくすることで、時速120キロを超えるスピードを出せる。この画像では、2人のスケートボーダーが流線形のヘルメットをかぶり、互いに近づき合っている。気流の線を見ると、空気はヘルメットの上ではなめらかに流れているが、脚の後ろでは渦巻いて乱れている。© John Hart

チームのみんなへ

目次

スポーツを変えたテクノロジー

ハンフリー・ボガート。ハリウッド映画では、スターを活動的なスポーツ好きとして描くことが多い。いくつものスポーツテクノロジーの精華を写した一枚だ。1945年頃。スコッティ・ウェルボーン撮影。© John Kobal Foundation; Getty Images

はじめに――求む、スポーツ好きの物理学者

あれは1985年、就職活動をしていた頃だ。イギリスのリーズ大学を卒業し、物理学の学位を得て、次に何をするかあれこれ考えていた。マーガレット・サッチャーとロナルド・レーガンが英米の蜜月関係を築き、映画『バック・トゥ・ザ・フューチャー』が公開され、サンフランシスコ・フォーティーナイナーズが勢いに乗っていた。そして、発売されたばかりのウィンドウズ1・0を、アップルのマッキントッシュ・ユーザーはおもしろがって見ていた。

その頃は大学を卒業する人が少なかったこともあり、大卒者の就職口はたくさんあった。私は就職フェアに参加して大企業に手当たりしだいに応募したが、どの企業も最高の人材を獲得しようと必死だった。キャドベリー社のボーンヴィル・チョコレートを製造する工場で働くという、映画『チャーリーとチョコレート工場』のウィリー・ウォンカみたいな仕事には落ちた。しかし、ほかに有望そう

な働き口が見つかった。ブリティッシュ・テレコム社の半導体研究者だ。世界の電気通信業界に向けて、新世代のコンピューターチップを開発する仕事だった。その研究所は湿地の真ん中にある。うら寂しいビルであることは聞いていたが、じめじめした霧の日に訪れてみると、気分がすっかり落ち込んだ。結局、その仕事は断った。

次に目を向けたのは、ソフトウェア部門で注目されつつあった画像処理の仕事だ。当時、パーソナルコンピューターはまだ性能が低く、ハードディスクの容量は数メガバイト以上あったらよいほうだった。現在のスマートフォンの容量の1万分の1しかない。当時、レーガンが戦略防衛構想、いわゆる「スターウォーズ計画」を立ち上げたばかりで、米ロの全面戦争が勃発して私たちが一人残らず消えてしまう前に、アメリカがロシアの大陸間弾道ミサイルを撃ち落とすミサイルを発射する体制を整えようとしていた。画像処理の仕事の内容がようやくわかったのは、面接を受けているときだった。敵の戦車を破壊するスマート爆弾の開発。また就職情報誌のページをめくる日々に逆戻りした。

そんな頃、1本の広告を見て胸が躍った。スポーツ好きの物理学者の募集だ。それって、自分のことじゃないか？　サッカー、スカッシュ、テニスをやるのが大好きだし、それにも増してスポーツ観戦が好きだ。これでスポーツが得意ならラッキーなのだが、スポーツが得意でなければならないとまでは広告に書かれていない。実際、私は努力はたくさんしても、テクニックはいまいちだった。一つだけ引っかかったのは、ゴルフの力学に関する博士号を取得しなければならないことだ。ゴルフはやらなかったし、ルールもよく知らなかった。応募してはみたものの、その後、残念な事実が判明した。もう一人の応募者が熱心なゴルファーで、しかもハンデがかなり低かったのだ。

予想に反して、そのポストに採用されたのは私だった。ライバルはゴルフが好きすぎて研究に悪影響が出るとでも思われたのだろうか。これは私の人生で何かが不得意なことが有利に働いた、ただ一つの出来事だろう。

周りのほとんどの人からの助言に反して、私はそのポストを受けることに決めた。私は奨学金を受けてアストン大学に定期的に通い、博士論文の指導を受けながら、イギリス中部のウェストヨークシャー州ビングリーにある「スポーツターフ研究所」という一風変わった名前の機関に勤務することになった。寒い丘の上に立つその研究所は、農学者や生物学者、ゴルフ場管理人が勢ぞろいした全部で40人の施設だ。私はそんな施設に放り込まれ、ゴルフボールがグリーンに落ちたときの挙動に関する論文を3年で仕上げて戻ってこいと命じられた。この研究テーマについて人に話すのが好きだった。みんな、私の言葉を信じていいものか測りかねるような反応を見せるからだ。あるとき、パーティーで話した女の子は私がやっていることをなかなか信じず、しつこく何度も聞いてきたので、どうにか黙らせようと、もう少しもっともらしい見えすいた嘘をついた。姉妹都市の提携が仕事なんだと。

ゴルフをやらなかった私は、ゴルフ産業がいかに巨大かをだんだん知ることになる。アメリカ・マサチューセッツ州ニューベッドフォードにあるゴルフ用品大手、タイトリストの研究施設を訪れたときには、ボールやクラブの改良の余地が狭まるなか、どうにか性能を上げようとする製品開発の現場を見た。ニュージャージー州の全米ゴルフ協会でも、同じくらい立派な研究所を見学した。タイトリストのような企業の開発の余地が狭まりそうな施設だ。ジョージ・オーウェルのこんな言葉が思い浮かぶ。「本格的なスポーツはフェアプレーとは縁がない……まるで銃撃のない戦争だ」

およそ3年後、私はアストン大学で博士号を取得した。博士論文は「ゴルフボールがグリーンに落下した衝撃を計測する装置とその試験法」という、かなり狭いテーマのタイトルだ。博士課程にいるときゴルフをやってみたのだが、身長193センチの私は、いつまで経ってもクラブを確実にボールに当てられなかった。ゴルフのプレーに対する情熱はすっかり消え、興味はスポーツの物理学とテクノロジーへと移った。1990年代には安い中国製品の波に乗って、スポーツテクノロジーを熱心に研究する研究者の新しいコミュニティーに加わっていた。

1990年代前半には、スポーツテクノロジーの概念がまだしっかり確立されておらず、学界で「スポーツ工学者」だと自己紹介すると、その場に気まずい沈黙が漂ったものだ。とはいえ、ほかの世界では喜ばれ、講演活動に加わって、専門家の会合や学校に出向いては、ポピュラーサイエンス的な話題を提供してきた。クリケットのスイングやカーボンファイバー製のテニスラケットについて話したほか、ラジオに出演したときには、「ベッカムのように曲がる」というフレーズを生み出したゴールについて論じた。

当時、スポーツテクノロジーの主眼は、次々に登場するカーボンファイバー製品に牽引され、素材とデザインに置かれていた。ラケット、自転車、シューズ、ボートなど、あらゆる製品に、必要かどうかにかかわらず、カーボンファイバーが使われていたのだ。この勢いに乗じて、1996年、私は「スポーツ工学に関する第1回国際会議」を誇らしげに立ち上げ、この正式名称を会議の論文集のカバーの内側に控えめに印刷した。外側には「スポーツ工学」とだけ記した。この会議が最初で最後になるかもしれないとも思ったからだ。だが、その心配は杞憂に終わり、会議は大成功を収めた。その後もますます広がりを見せ、シドニーや京都、サンフランシスコ、ミュンヘンといった場所で2年に1度開催されるまでになった。

自分の人生で何かの先鞭をつけることができたと自画自賛していた頃、日本の宇治橋貞幸教授から1通の手紙が届いた。会議の成功を祝う言葉に続いて書かれていたのは、その年、まさに同じトピックに関する第7回の会議を開催することをさらっと伝える内容だった。このとき（そしてその後も）私が学んだのは、新しいアイデアを思いついたときには、もう一度じっくり考えるべきだということだ。誰かがすでに同じことをやっているだろうから。

テクノロジーとルール

それから数十年、スポーツテクノロジーの分野は成熟し、学界で胸を張って歩くことができるまでになった。教授という肩書きまで得た。とはいえ、スポーツテクノロジーは世界中で好かれているとは限らず、スポーツに現代的なテクノロジーを導入するのは、テクノロジーを使ったドーピングに等しいとの主張もある。いまでは「スポーツテクノロジー」と言うと、誰もがカーボンファイバーのような素材というよりも、スマートフォンやウェアラブル端末をすぐに思い浮かべるように思える。必ず聞かれるのは将来の展望だ。勝つうえでアスリート自身の重要性は薄れ、テクノロジーがすべてになっていくのか。テクノロジーの向上を公平かつルールに則ったアドバンテージと見るか不正行為と見るかをどのように線引きするのか。さらに、国際自転車競技連合が開催した2016年のシクロクロス世界選手権で、ある選手のスペアの自転車にモーターが仕込んであるのが発見された事件のあとには、「テクノロジーを使ったドーピング」に目を光らせるべきかと問われるようにもなった。

とはいえ、こうした疑問に答えるためには、過去にさかのぼらなければならない。どの時代にも、新たに使えるようになったスポーツテクノロジーと、どのテクノロジーを許せるかを決める文化的な価値観があった。たとえば、世界記録を塗り替えられるポリウレタン舗装の陸上競技場はすんなり受け入れられても、ランナーが足にばねを着用するのは受け入れられない。スターティングブロックは、1930年代には不正行為と見なされていたが、現在では短距離走に必須の用具となっている。少なくとも私の見解では、ルールに明記されて許可されているテクノロジーならば、明らかに不公平ではなく、不正行為とも見なされないということだ。ルールの書き方が悪かったり、競技の性質を変えるような予期しないテクノロジーが現われたりしたときに、問題は起きる。人々が疑念を抱くのは、そんなときだ。

スポーツにおける進歩は徐々に起きることが多く、ルールは変わらないものという幻想を抱いてしまう。しかし、古い新聞を見てみると、スポーツは長い年月のあいだに大きく変化していることがすぐにわかる。ボールの大きさ、テニスでタイブレークになるまでのゲームの数、フットボールで許されるタックルの方法。これらすべてはある時点で決めなければならなかった。最初に決められたルールはたいてい最良の見解だったのだが、プレーのスタイルが変化したり、新たなテクノロジーが現われたりすると、ルールは変わる。サッカーを例にとって、世界最古のサッカークラブであるシェフィールドFC*の1858年に出版された競技規則を見てみよう。規則は11条あり、最初の10条は競技に関するものだ。最後の一つは服装に関連していて、次のように書かれている。

「各選手は赤色と紺色のフランネルの帽子を用意し、それぞれのチームがどちらか一色を着用しなければならない」

この最初の競技規則には、用具はおろか、ボールについても何も書かれていない。しかし、わずか5年後、新たに設立された国際サッカー評議会は14条からなる競技規則を承認した。そのなかには、次のように靴に関する決まりもあった。

「いかなる選手も、靴底もしくはかかとに釘や鉄板、グッタペルカ（ガタパーチャ）を突き出させたブーツを着用してはならない」

初期のサッカーの試合では、選手はブーツを履いてプレーするのがふつうだった。走りにくいうえに、靴底がすべすべした革だったので、当時の泥だらけのピッチでは滑りやすかった。だから、選手はいくらも経たないうちに、靴底に釘を打ちつけて手製のスパイクを試すようになった。やがて危険

＊シェフィールドFCは、学校や職場、病院、教会の付属ではないサッカークラブとして世界最古のクラブだ。世界最古のプロのサッカークラブは、1862年に創設されたノッツ・カウンティである。

なスパイクも出てきたから、新たなルールが設けられたというわけだ。この事例にはルールとテクノロジーのバランスをいかにとるかが表われている。テクノロジーは選手のニーズを満たすために生み出される。それが受け入れられなければ、ルールが変わり、それに応じてテクノロジーも変わる。

それから150年ほどが経ち、サッカーの競技規則は1万2000語もの英単語で書かれるまでになった。1930年の第1回ワールドカップでアルゼンチンとウルグアイがそれぞれ独自のボールを持ち込んだことから、規定が設けられ、ボールは規格化された。第1回のワールドカップでは、妥協案として、前半はアルゼンチンのボール、後半はウルグアイのボールを用いて試合が行なわれた。アルゼンチンは自分たちのボールで2点を入れたが、ウルグアイは自分たちのボールで3ゴールを決めて勝利を手にした。

いまサッカー界では、ボールがゴールラインを割ったかどうかを判定する技術が注目されている。高度なカメラを利用して、ボールの外周がゴールラインを越えたところを記録するものだ。国際サッカー連盟（FIFA）は長年、この技術の導入に反対していた。しかし、転機が訪れたのは2010年、南アフリカのブルームフォンテーンで開催されたワールドカップのイングランド対ドイツ戦の後だった。イングランドのフランク・ランパードがペナルティーエリアの端でボールを受けると、すかさずドイツのゴールに向けてシュートを放った。ボールはクロスバーの下に当たり、ゴールラインの内側およそ1メートルの地点で跳ね返って、再びクロスバーを叩き、ゴールキーパーの腕に収まった。イングランドの監督は跳び上がり、ランパードは大喜びでピッチを駆け回り、イングランドのファンは歓喜に沸いた。しかし、2対2の同点に並ぶはずだったゴールは幻に終わる。スタジアムを埋めた観客のほとんどと、テレビ観戦をしていた誰もがはっきりと目撃したゴールを、主審は完全に見逃していたのだ。何度もリプレーされたその場面を見れば、主審の判断が間違っていたのは一目瞭然だ。さらに悪いことに、それまで勢いづいていたイングランドは結局、4対1で負けてしまった。面目を失ったFIFAはゴールライン・テクノロジーの導入を認可し、誰もが利用できるように規則を改正した。

このテクノロジーを導入できるようになった背景には、デジタルカメラの急速な進歩がある。デジタルカメラは前方にレンズが付いたコンピューターチップだから、毎秒200コマで高精細の映像を撮影できる最新のスマートフォンを使ってもよい。複数のカメラをゴールラインに向け、少し画像処理をすれば、ほら、ゴールライン・テクノロジーの完成だ。

ゴール判定にカメラを使っていることを知ったら、ヴィクトリア時代のイギリスの選手は目を丸くするだろう。当時、写真撮影といえば、レンズの付いた大型の箱にガラス乾板を装塡し、その前にじっと立っていなければならなかった。撮影した写真を見るためには、ガラス乾板を現像し、紙に焼いて、額装されるまで待たなければならない。ゴールライン・テクノロジーに求められる技術は、その対極にある。ボールの動きをとらえ、ほぼリアルタイムで画像を処理する必要がある。

カメラ技術の進歩があり、スポーツでの必要性が生じた結果、イノベーターが現われた。ゴールライン・テクノロジー・システムでFIFAのライセンスを取得した最初の企業となったのは、ホークアイだ。システムに必要な条件を、FIFAは事細かに指定している。テクノロジーとニーズのどちらが先かを断言するのは難しい。何かが可能な技術があるとわかったうえで、それを求めているだけなのか。それとも、まず本当にニーズがあり、その解決策としてテクノロジーが登場したのか。どちらの要素も少しずつあるのではないかと、私はにらんでいる。重要なのは、スポーツのルールは改正されるということ、そして、時にはテクノロジーの進歩がルールの改正を促すということだ。

わがスポーツ人生

本書では、何千年にも及ぶスポーツの歴史を振り返り、スポーツに突破口をもたらしたテクノロジーの激動のストーリーを伝えてゆく。テクノロジーとスポーツの関係を変えた発見、伝統と現代性の微妙なバランス、そして、時にはスポーツのルール自体にも触れていきたい。

私が選んだブレイクスルーのなかには、意外なものもあるかもしれない。だが、それらは30年にわたるスポーツ工学研究のなかで私が取り組んできたプロジェクトに由来するものだ。ゴルフやテニス、サッカーの力学、そりやラケット、ボールの空気力学、ブーツや車輪、芝の摩擦、そして、オリンピック選手の能力を高めるデータ収集法といった研究である。

こうしたブレイクスルーをまとめてみると、スポーツ用品の設計手法はそれほど変わってこなかったことがわかってくる。スポーツテクノロジーというのは新しい分野ではなく、文明と同じくらい古いものだ。新しいのは名称だけである。

スポーツテクノロジーについての書籍を古代ギリシャで始めるのは誰でも思いつくだろうが、本書ではそんな予想に反して、さらに古い中米の文明の事例も盛り込んでいる。そのあと、時計の針を一気に進め、スポーツの観点でほとんど進展のなかった「暗黒時代」を足早に通り過ぎる。14～15世紀のルネサンスには初期のスポーツのいくつかが誕生しているものの、現代の私たちが思いつくスポーツの大部分は、ヴィクトリア時代のイギリスで起きた文化やテクノロジーの大変革のなかで登場した。

私が国際会議を取りまとめるときに問題となったのは、スポーツテクノロジーをどのように分類するかだった。素材、デザイン、電子機器など、トピック別に分けるべきか？　それとも、テニス、ゴルフ、サッカーのように、スポーツ別がよいのか？　同じ問題は本書にもあり、結局は古代ギリシャから年代順に並べることにした。スポーツが生まれた経緯を紹介し、それに最も影響を与えたテクノロジーを考察する。

現代に入ると、大方の予想どおり、スポーツテクノロジーは私たちが身に着ける電子機器を指すようになる。それによってもたらされる大量のデータは興味深いのだが、データはまだまだ足りない。どのような新知識もパフォーマンスの向上に何かしら役立つものだ。私の研究所がオリンピックチームと共同で取り組んでいる研究が、その好例になったらうれしい。

そして最後の章では、「この先どうなるのか」を問いかける。いまの近代オリンピックが古代オリンピックと同じぐらい続くとすれば、西暦3036年にもまだオリンピックが開催されていることになる。データを見ると、スポーツのパフォーマンスが頭打ちになっていることは明らかだ。能力向上や世界新記録を求める私たちの飽くなき欲求を、この先どのように満たしていくのか？　パフォーマンスは何らかの力が働かないと変わらない。スポーツテクノロジーは、その変化を促す要素の一つとなるだろう。次の世紀には、スポーツやテクノロジーはどんな姿になっているのか？　遺伝子の改変や体内に埋め込んだロボット装置によりどころを求めるようになるのか？　どのような行為が不正と見なされるのだろうか？

本書では、およそ4000年にわたる過去、現在、未来のスポーツテクノロジーを取り上げる。あらゆる時代のあらゆるスポーツにおけるあらゆるテクノロジーの裏には、すばらしい人々がいて、インスピレーションや成功、悲劇のストーリーがある。執筆するなかで私が発見したのは、スポーツ、テクノロジー、社会は複雑に絡み合っているということだ。結局のところ、テクノロジーとは人間が何かを改良するための手段である。テクノロジーはスポーツの誕生や向上を後押しすることもあるが、その一方で度が過ぎることもある。私たちにとって肝心なのは、「度が過ぎる」とはどういうことかを明確にすることだ。

スティーヴ・ヘイク

2020年秋

1 原点に出合う——走る

彼がトラックに飛び出した。かかとから少し、砂ぼこりが舞い上がる。余分な力を抜いてよどみないリズムをつかむ様子を、私はフィニッシュラインからじっと見ていた。と思っていたら、彼はもう目の前にいた。ラインを駆け抜けると、テープが大きく揺らいで、風に舞い上がった。私はその様子を見て、目いっぱい強くストップウォッチのボタンを押した。間に合っただろうか。

彼はすでにこちらへ向けて歩いてきている。筋骨たくましいスプリンター特有の、ややふんぞり返った歩き方だ。いぶかしげに眉をひそめてこう言う。

「どうだった?」

彼の名はアンドレ・ドグラス。まだ20歳そこそこだが、すでにカナダの人気者になっている。故郷のトロントで開催されたパンアメリカン競技大会で100メートルと200メートルの金メダルを獲

図1　1936年のベルリン五輪でアメリカのジェシー・オーエンスが履いたスパイクシューズの一つ。当時の政治状況を考えると、アディダスの創設者でドイツ人のアディ・ダスラーがオーエンスに自社のシューズを使ってほしいと考え、説き伏せたのは驚くべきことだ。4個の金メダルを獲得したオーエンスは、感謝のメッセージとともに借りたシューズを返却した。
© adidas

得して、まだ1週間しか経っていない。それなのに、シンダー（土）舗装のトラックで実験を手伝ってくれている。彼の勝利に沸いた観衆が誰もいない場所でだ。

実験はカナダの科学ドキュメンタリー番組の企画で、トロント郊外にあるピカリング高校のトラックを借りて行なわれた。勝利から1週間後ということで、アンドレの体の動きは少し硬い[1]。実験では、テクノロジーがスポーツに与える影響に注目した。これを調べる方法は二つある。一つは、よりよいテクノロジーを与えたときに、どれだけ能力が向上するかを調べる。もう一つは、古いテクノロジーを与えたときに、どれだけ能力が低下するかを調べる（もちろん、古いテクノロジーが劣っているという前提だ）。今回の実験では、後者を選択した。

アンドレは、ジェシー・オーエンスが1936年のベルリン五輪で使ったものに似たシューズを履いて走る。外側の革は一重で、詰め物はなく、革でできた靴底の前部には重い鋼鉄のスパイクが6本ねじ留めされている。アンドレがふだん使っているナイキの軽量スプリントシューズとは、かなり違う。それは研究チームが何年もかけて磨き抜いたシューズだ。研究の結果、つま先を曲げている最中にエネルギーが失われていることがわかった。靴底をさらに硬くして、つま先の曲がりを防ぐことで、タイムを1%ほど縮めることができるという。たいしたことはないようにも思えるが、100メートル走だと0・1秒縮められることになる。優勝をかけた接戦では金か銀かを左右するタイム差だ。[2]ということは、古いシューズを履くことで、アンドレのタイムは0・1秒遅くなるだけなのだろうか？

アンドレは現代のポリウレタンのトラックを走るわけではなく、高校のシンダートラックを走る。スターティングブロックも、電子計時システムも使わない。タイムは私がストップウォッチで計る。私が足でトラックにスタートラインを引き、チョークスプレーを使ってレーンのラインを引き、100メートルの距離を測った。フィニッシュラインの両端にそれぞれ棒を立て、そのあいだにテープを張った。私はそこで、1930年代のストップウォッチを手に待っている。その精度は5分の1秒だ。アンドレが走れるのは1回きりなので、ただ一人の計時係として、私は少し緊張していた。

スターティングブロックの使用が許可される以前は、選手が地面に自分で穴を掘って、足がかりをつくるのが通例だった。だから、ビーチに遊びに来た子どものように、アンドレと私は手でシンダートラックを掘った。ここで、いささか心配なことに気づいた。1936年のオリンピックでジェシー・オーエンスが穴を掘っているビデオを見ると、こてを勢いよく突き刺すように地面を掘っていた。このトラックは少し軟らかいのだろうか？

ベルリンのスターターはスタート用のピストルを使っていたが、カナダの法律では住宅地でピストルを使うことができない。そこで、アンドレのコーチは、すべすべの木のブロック2個を叩き合わせて、ピストルのような鋭い音を出すという方法を思いついた。

私はフィニッシュ地点まで歩いていき、振り返って、でこぼこしたトラックを見た。そこで、一つ問題があることに気づいた。1936年には、計時係はピストルの煙を合図にしてストップウォッチのボタンを押していた。木のブロックが動くのを100メートル先から見ることはできないし、音はここまで届くのに0・3秒もかかる。私たちはあわてて、番組の制作アシスタントをスターターの横に手を挙げて立たせることにした。音が鳴ったら、挙げていた手を振り下ろしてもらう。

アンドレがスタートラインにひざまずき、アシスタントが手を挙げた。手が振り下ろされ、アンドレがスタートした。私がストップウォッチのスタートボタンを押すとようやく、木のブロックが発したかすかな音が耳に届いた。土ぼこりを上げながら47歩をトラックに刻んだアンドレが、一瞬にしてテープを切って駆け抜けた。

彼が息を切らしながら、ぶらぶら歩いてくる。

私はストップウォッチを見て言った。「11秒」

「だと思う」と不安げにぼそりと付け加えた。

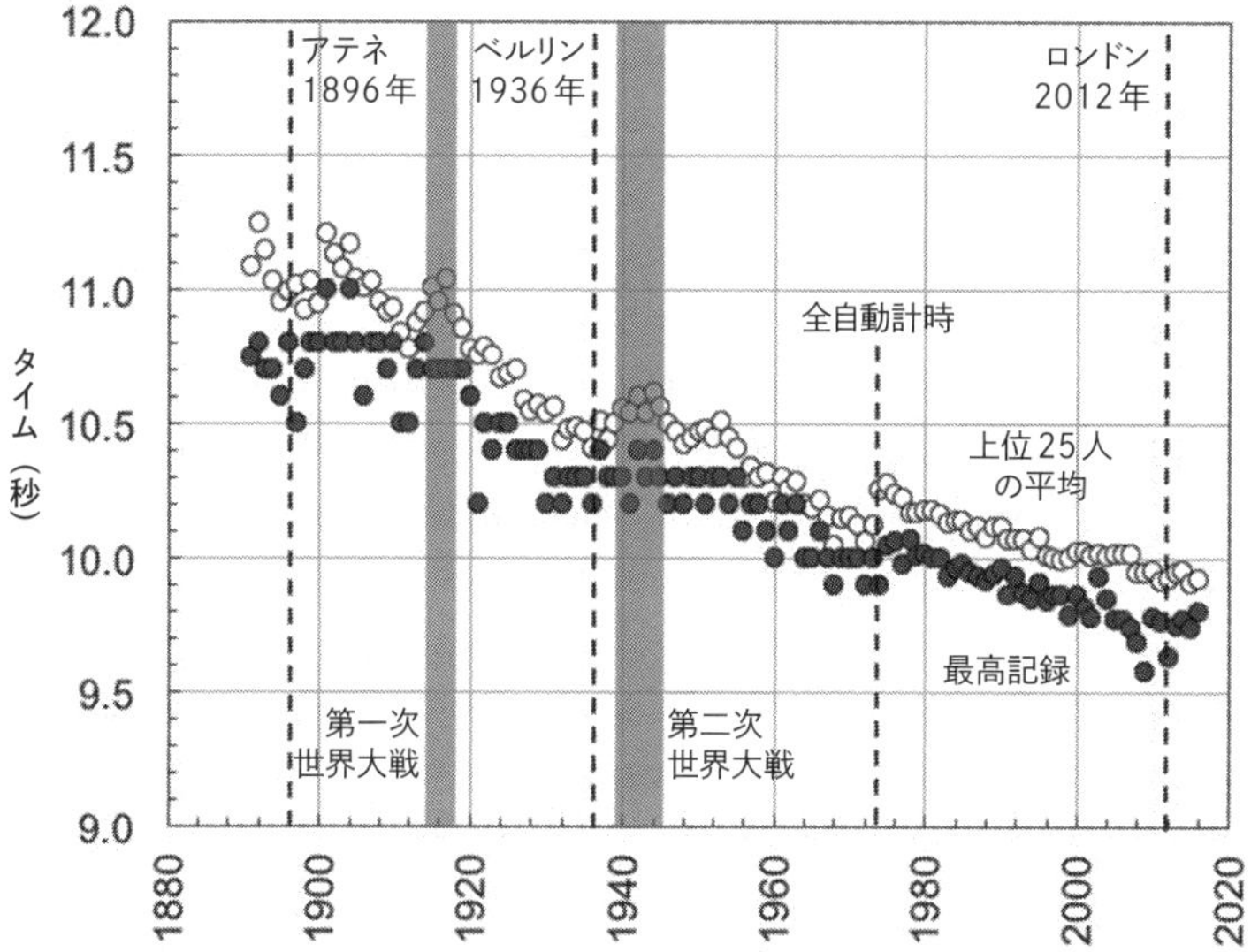

図2　1891年以降の男子100メートル走の記録。上に並んだ白丸は各年の上位25人の平均値、下に並んだ黒丸はその年の最高記録だ。現在の世界記録は、2009年にウサイン・ボルトが出した9秒58。1975年に手動計時から自動計時に移行したときには、はっきりした変化が表われている。データ提供はレオン・フォスター。

反応

徒競走のタイムを計るのは驚くほど難しい。押すのが早すぎたか？　遅すぎたか？　すべてがあっという間だったので、自分ではよくわからなかった。私の研究室にいる博士課程の学生の一人、レオン・フォスターは、もしテクノロジーがスポーツに影響するなら、それが記録に表われるのではないかと仮定し、一流のスポーツ選手に対するテクノロジーの影響を考察する論文を書いた[3]。古くは1891年までさかのぼり、6万個を超える男女の陸上競技の記録を3年かけて収集し、チェックにチェックを重ねた。

彼がまとめた男子100メートル

のグラフから、ストップウォッチによる計時について意外なことがわかる。タイムが１８９１年の平均11秒から現在の10秒未満まで縮んでいるのは、栄養状態や、スポーツにおけるコーチングやプロ意識が明らかに向上したことを考えれば、意外ではない。しかし、手動計時から自動計時に移行した１９７５年頃に見られる格別の変化は、ほかとは違う。

じつに奇妙なことに、テクノロジーの導入に伴って、記録が悪くなっている。上位25人の記録が、およそ10秒１から10秒３へ、０・２秒も一気に遅くなっている。２メートル余分に走ったようなものだ。

完全に自動化されている現在のシステムでは、スタートのピストルの音とともに計時が始まり、フィニッシュラインを横切る光のビームを選手が通過すると、計時が終わる。その精度は１００分の１秒だ。一方、ストップウォッチを使った手動計時では、ボタンを押したときに計時が始まり、そして終わる。何より難しいのがスタートボタンを押すタイミングだ。脳がスタートを認識してから手を動かすまでに時間がかかってしまう。その時間差がおよそ０・２秒で、それがまさにデータに表われている。国際陸上競技連盟は、自動計時の記録と比較する際には、手動計時の記録に０・24秒を加算するように推奨している。この数字がどうやって導き出されたのかは時間の経過とともに忘れ去られてしまったが、だいたい妥当だろう[4]。

私は１９３６年のオリンピックでのジェシー・オーエンスの走り[5]を、自分自身で分析してみた。公式記録は10秒３だ。ピストルの煙が見えた瞬間からフィニッシュラインを越えるまでの走りをビデオで見て、そのコマ数を数えてみた。３１９コマだ。当時の動画は１秒30コマで記録されている。これをもとに計算すると、タイムは10秒63で、公式記録よりも0・3秒以上遅くなる。公式記録では、計時係の反応が遅かったために、実際よりもタイムが縮んだのだ(6)。

話をトロントのフィニッシュラインに戻すと、アンドレ・ドグラスは私がタイムを告げるのを辛抱強く待っていた。どのように伝えるべきだろうか。しかも、ストップウォッチのタイムに国際陸連が推奨する数値を加えなければならない。そうすると、タイムは11秒24になる。何だか悪い知らせを告げる気分になって、タイムを言いたくなかった。彼はつい何日か前、パンアメリカン競技大会の決勝を10秒05で走っているのだ。それより1秒以上遅かったなんて、言えるわけがない。

私は言い訳を探した。彼は疲れていたのかもしれない。それは当然だ。それに、満員の観客に囲まれて走る興奮がないから、声援の後押しも得られなかった。スターティングブロックがなかったのも、トラックの舗装が違ったのも影響しただろう。パンアメリカン競技大会では、モンド社が製造した深紅のポリウレタンが敷かれていた。ポリウレタンのトラックが最初に世界的な脚光を浴びたのは、1968年のメキシコ五輪だ。当時はタータンというブランド名で、100、200、400、800メートルで10個の世界記録が破られた。ほとんどの解説者は、高地にあるメキシコシティの薄い空気が記録の要因だと分析していたものの、あれがタータントラックの国際デビューの瞬間だったと覚えている人も多い。

メキシコ五輪以降、モンド社のような企業は、彼らが製造するポリウレタンのトラックが世界記録を生み出すのに最適だと主張してきた。これは宣伝用の単なる誇張なのか、それともある程度は本当だったのか？ そうした企業のパンフレットの一つを開き、説明を読んでみた。

モンドは既存のトラック製品よりも速く、一歩ごとに、加わった力が第5中足骨から第1中足骨へ拡散せずに移行する。

意味が理解できなくても大丈夫。私にもわからないから。たぶん、マーケティング担当者がサイエンスをめちゃくちゃに解釈したのだろう。とはいえ、これをわかりやすく説明してくれる人はいる。ハーバード大学のトーマス・マクマーンとピーター・グリーンだ。二人は1970年代に新型トラックが何らかの影響を及ぼしているかどうかを研究した。(7) 下腿を自動車のサスペンションのように、ばねや緩衝装置、歯車を組み合わせた機械に見立てて、数理モデルを作成した。図を見ると、できそこないのロボットのようにも見える。

二人の研究で、トラックの表面が軟らかすぎると、エネルギーが地面に吸収されて、選手はエネルギーを失ってしまうことがわかった。一方、表面が硬すぎると、接地した瞬間の鋭い衝撃による高い負荷を抑えるために、脚の筋肉が余分に働かなければならない。表面と下腿のあいだで衝撃による変形が均等に分配される最適条件が、その中間にある。最適化されたトラックは、足の接地時間を十分短くして、選手が空中での移動に時間をかけられるようにしながらも、選手が負傷しない程度の接地時間を効果的に確保している。

私はアンドレのパンアメリカン競技大会での100メートル決勝と、シンダートラックでの走りをビデオで比較してみた。驚いたのは、どちらも歩数が同じ47歩だったということだ。ストライドの平均は2メートル強ということになる。歩数が同じだが、ポリウレタントラックのほうがタイムが速かったということは、足の回転も速かったはずだ。1秒当たりの歩数はポリウレタンでは4・7歩だったが、シンダートラックでは4・2歩しかなかった。

これが、二つのトラックの違いを物語る手がかりになる。アンドレは、軟らかいシンダートラックでは脚の筋肉に力を入れて、接地時の力を高め、接地時間を減らそうとした。しかし、地面は走るにつれて変形するし、土ぼこりも舞い上がるので、アンドレ自身が対処できることはあまりない。これにはエネルギーだけでなく、時間も費やされた(8)。その結果、軟らかいシンダートラックでは接地時間がおよそ25%長くなり、それが47歩分積み重なって、1秒以上の遅れにいたった。

「100メートル走って、こんなに疲れたのは初めてだよ」とアンドレは言っていた。

発祥の地を訪ねる

1930年代のテクノロジーを使った結果、アンドレの記録は1割以上も悪くなった。いつもオリンピック前になると、ジェシー・オーエンスのような過去のアスリートと、素焼きの壺に描かれた古代ギリシャの筋骨たくましい裸のランナーの絵を組み合わせたテレビ映像を、必ずといってよいほど目にする。数千年前には、スポーツでどのようなテクノロジーが使われていたのか？　そもそも何らかのテクノロジーを使っていたのだろうか？

その答えを探して、私はオリンピック発祥の地であるオリンピアの遺跡を訪れた。ギリシャ西部に位置するペロポネソス半島の西側の、ゆるやかなカーブを描く川に沿った不気味な脇道の近くに、その遺跡はあった。2000年以上前に、4万人もの観客が4年に1度、歓声をあげていた場所だとは想像しにくい。スタジアム自体は、細長い窪地に、泥を突き固めた横長のトラックがあるだけの簡素なものだ。入り口のトンネルはかつて神殿群からスタジアムまで続いていたのだが、いまでは、れんが造りのアーチが一つ残っているにすぎない。

トラックに入ってみると、探していたものを見つけた。スタートラインだ。長い歳月を経てもまだ残っている。あるとき、足で土を引っかいて線を引くだけでは不十分だということが判明し、それ以来、トラックの幅いっぱいに大理石の細長いブロックが敷かれた。縁石に似た形で、表面には2本の溝がおよそ5センチの間隔を置いて平行に刻まれている。ランナーは大理石の上に立ち、溝のところにつま先を置く。左足のつま先を前の溝に、右足のつま先を後ろに置き、腕を前方に伸ばす。走るというよりも、プールで飛び込むときのような姿勢だ。トラックの反対側の端、古代ギリシャの長さの単位で600フィート（約192メートル）先にも同じ大理石のブロックが敷かれている。

トラックを端から端まで走る短距離走は「スタディオン走」と呼ばれた。選手は私がいま立っているブロックとは反対側のブロックからスタートし、神殿群に向かって走る。フィニッシュラインはブロックに立てられた支柱が目印だ。さらに長い中距離走は「ディアウロス走」と呼ばれ、トラック二つ分の距離を走る。選手は私がいま立っているブロックからスタートし、自分のレーンを走り、向こうのブロックに立った棒で折り返して、隣のレーンを走って戻ってくる。

記録に残る最初のスタディオン走の優勝者は、紀元前776年のオリンピックに出場したコロイボスというパン焼き職人だ。[9] 当時の壺に描かれた絵から、コロイボスは裸で走ったと思われる。裸で走るようになった理由には二つの説がある。一つは、それ以前の競走でたまたま脱げた誰かの腰衣（ロインクロス）に選手たちがつまずいて転んだことから、それ以降、安全のために衣服の着用がいっさい禁止されたという説。もう一つは、女子の出場が許されていなかったため、裸で走ることで男子だけが出場していることを確認したという説だ。

裸のアスリートが、「ギュムナシオン」と呼ばれる体育場で体にオリーブオイルを塗っている絵が複数ある。このギュムナシオンというのは、ギリシャ語で裸を意味する「ギュムノス」に由来する言葉だ。裸のアスリートが体にオリーブオイルを塗る理由はよくわかっていないが、有力な説はいくつかある。オリーブオイルを塗るとアスリートの気分や見かけがよくなる、日焼けしやすい、筋肉の輪郭が強調される、ギリシャの強い日差しを浴びても体の水分が失われにくい、といった説だ。一つはっきりしているのは、オリーブオイルを塗ると、見世物としての魅力が増すことである。

ギュムナシオンに欠かせない道具の一つに、アスリートが独自のオリーブオイルを入れておく「アリュバロス」という小さな瓶がある。ほかには、競技後にオイルを手でこすり落とすための曲がったヘラのような道具「ストレンギス」も、アスリートはナップザックに入れて携帯していた。汗とオイルと土ぼこりの混合物と聞けば、現代の私たちからするとかなり気持ち悪いが、古代ギリシャでは珍重されていた。その混合物は「グロイオス」という名前で呼ばれ、炎症に効くとされていて、ひょっとしたらアスリートが提供する製品の先駆けかもしれない。[10]「外用に限る」という注意書きを付けて売られていたようだ。

静寂に包まれた古代オリンピックのスタジアムでスタートラインに立っていると、過去との結びつきに心を動かされた。文明化された世界で、自分の都市の代表として裸でトンネルを歩き、スタジアムに入って、ギリシャのほかの都市国家から来た人々の目の前に姿を見せるアスリートの気分は、どんなものだったのだろうか。そんな私の夢想は、おしゃべりする日本人旅行者のグループに中断された。スタートラインで早く写真を撮りたくて、いまかいまかと順番を待っているのだ。即興で競走をしようと、優勝者がかぶる葉の冠まで持ってきている。彼らはいっせいにスタートすると、首から提げたカメラをぶらぶら揺らして走っていった。みんな競走が大好きだ。

　古代ギリシャで行なわれていた大会は、オリンピックだけではなかった。デルフォイ、イストミア、ネメアでも「冠の競技会」が開かれていた。私は『古代ギリシャの競技』というタイトルの本を買い、そこに載っていた写真を見て愕然とした。「ヒュスプレクス」と呼ばれる、カタパルトで駆動するゲートのような装置がスタートラインに設けられ、白いチュニックを着た人たちがトラックを走っている[11]。すぐに写真の説明を読むと、「ネメア競技会」とある。もう少し調べてみたところ、ネメア競技会はオリンピックの開催年に、4年ごとに再現されていることがわかった。実際に参加して、古代ギリシャの選手たちと同じように走る気分を味わえるということだ。さらにうれしいことに、志願すれば、このスタート装置の設置を手伝うこともできるという。その現場を取り仕切っているのが、スタジアムの発掘調査と復元に取り組んだスティーヴン・ミラー教授である。

2000年前からの謎を解く

カリフォルニア大学バークレー校のミラー教授は、1971年にネメアの発掘調査の仕事を与えられた。当時、ネメアの遺跡ではゼウスの神殿の柱が1本しか出土しておらず、スタジアムの存在はその近くの丘の斜面にあったかすかなくぼみから推定されているだけだった。1974年には、ミラーは後援者を口説いて十分な資金を集め、土地を購入して、発掘調査を始めていた。彼は手放しで歓迎されたわけではなく、地元住民の一人が警告の意味で自分のほうへ向けて銃を撃ってきたこともあったという。とはいえ、ネメアの市長からは支援を得ることができた。ただし、それには一つ条件があった。スタジアムが出土した暁には、ネメア競技会を4年に1度再現すること、というものだ。ミラーはその条件をのんだ。

1974年夏、まず4カ月かけて地面を深さ6メートルまで掘削したが、何も出なかった。作業員に支払う金が底をつき始める。しかし、発掘調査の最終日、深さ7メートルの穴の底で、石に突き当たった。大理石のスタートラインだ。それから20年にわたる発掘調査で、浴場、ロッカールーム、水路、貯水槽など、聖域全体を掘り出すことができた。だが何よりも重要なのは、13レーンの競走用トラックを発掘したことだ。もともとは600フィートあったが、農耕によってネメアのトラックの後半部分が失われ、いまは90メートルの長さしか残っていない。

最初の発掘調査から40年以上経ったいま、私は「スティーヴン・ミラー通り」と呼ばれるようになった道路を通って博物館に到着した。ミラー教授はトラックで何人かの高齢の助っ人たちとギリシャ

図3　再現されたネメア競技会で、スタート装置が実際に動く様子。左が「用意」で、右が「ドン」の瞬間。スタート装置が地面に倒れている。スタート係は写真に写っていないが、右のほうにいて、太い支柱につながったロープを引っ張る。選手のうしろに立つ黒いローブを着た男性は審判で、不正なスタートをした選手を叩くための棒を持っている。© Steve Haake

語で言い合いながら、スタート装置「ヒュスプレクス」の部品を運び出していた。彼らは何やら熱心に、足下に置いた木の角材を指さしている。どのように組み合わせるかを突き止めようとしているのだろう。

私はおずおずと手伝いを申し出てみると、何かを運んだり支えたりする重要な任務を与えられ、スタート装置の組み立て作業を観察するよい機会を得た。スタート位置を示す細長い大理石のブロックは、当時のままの姿で残っている。装置はそこに取りつけられるようになっていて、支柱がおよそ1メートル間隔でブロックに立てられる。支柱を差し込むための四角い穴は、もともと鉛で裏打ちされていて、そこに支柱を濡らしてから差し込む。木を水に浸すと、膨張して鉛にくっつき、支柱の安定性を保つのだ（現代の工学用語では「締まりばめ」と言う）。

カタパルトは紀元前4世紀頃に兵器として発明されると、まもなくスタート装置を動かす機構に応用された。なかでも、ねじる力を利用したカタパルトは効率的で、ねじってエネルギーを蓄えた腱や毛が活用された。スタート装置の目的は、スタートラインの端から端まで張った2本のひもを支えることにある。1本は腰の高さ、もう1本は膝の高さに張ってある。トリガーを外すと、2本のひもが選手の前方の地面に倒れ、レースの始まりを告げる。選手たちはそれを踏み越えて走り出すというわけだ。

スタート装置の組み立ては思っていたより複雑だった。[12] すべての部品を所定の位置にはめ込む必要があるのだが、はめ込む角材は、スタート位置の大理石にあいた穴にそれぞれぴったりはまるように形を整えてある。先ほどミラーたちが言い争いをしていたのは、これが原因だった。穴は一つとして同じものがなく、そこにはめ込む角材の形もそれぞれ違うのだ。紀元前3世紀には、フィロンという名のコリント人の技術者が、似たようなヒュスプレクスを組み立てようとした。彼もまた、説明書をなくしたに違いない。試みは失敗し、激怒した主催者が500ドラクマの罰金を科した。1年半分の賃金に相当する額だ。[13]

ヒュスプレクスの組み立ては1時間かそこらで終わった。トラックの両端に立てた固定用の支柱には、トリガーとなるロープがつながれている。それを後方に立ったスタート係が持っているので、ロープはV字になっている。スタート係がポダ・パラ・ポダ（位置について）、エティミ（用意）、アペテ（ドン）と叫んで、ロープを引っ張ると、カタパルトが2本のひもとともに前方の地面に一気に倒れる。ひもは地面に固定されるので、選手たちは安全に跳び越えて、トラックを走ることができる。ひもに引っかかった選手は不正スタートをしたと見なされ、黒いローブを着た審判に叩かれる。

トラックからは小石が取り除かれ、13あるうちの12レーンは、トロントでアンドレが走ったときと似たように、白い石灰の線で区切られている。それぞれの線にはギリシャ語のアルファベットが1文字割り振られている。これで翌日の大会の準備が整った。私も1200人ほどの出場者に混じって、スタディオン走を短縮した90メートル走に出場する。

ネメア競技会で走るつもりだと言うと、私の娘がぞっとしたような目つきで尋ねてきた。「まさか、裸で走らないよね？」

心配ご無用。さいわい、選手には「キトン」という衣服が与えられる。白い綿のチュニックで、腰の周りにベルトを巻く。とはいえ、裸足で走らなければならないので、私にとってはそれが大きな気がかりだった。本格的なランナーである私は、クッションがたっぷり利いた現代的なトレーニングシューズを履いて走ることに慣れている。とはいえ、本格的なアマチュアでもある私には、かかとから着地する癖がある。

ランニング中に足が受ける衝撃の力を測定すると、たいていのランナーは最初に着地したとき、わずかにブレーキがかかることがわかる。ブレーキの度合いは、かかとから着地したときのほうが大きい。1970年代にジョギングブームが起きると、ランニングで膝やアキレス腱、向こうずね、土踏まずを痛める人が増え始めた。メーカーはエチレン酢酸ビニル（EVA）の発泡体を使ったクッション素材を中敷きに導入し始めた。短距離走では靴底が硬いほうがよいのだが、それ以外の種目ではクッションが求められたようだ。こんな簡単なことでよいのだろうか？

残念ながら、この問題についてはまだ結論が出ていない。クッションでパフォーマンスが向上することを示す研究もあるが、逆に悪化するとの研究もある。ランニングに関する世界的な専門家の一人、カルガリー大学のベンノ・ニグは、パフォーマンスが向上したとしても、それはあくまでアスリート個人に固有の効果であり、すべての人に当てはまるものではないと述べている。とはいえ、合意がとれていると言ってよさそうな見解は一つある。着地時の衝撃による無用のブレーキを小さくすれば、パフォーマンスが向上しうるということだ。

ブレーキの力を抑える方法の一つに、かかとではなく、足の前部で着地するように訓練することがある。「ポーズ・メソッド」と呼ばれるこのランニング法は、ニコラス・ロマノフが開発した走り方だ。前傾姿勢をとり、前に倒れるようにして、つま先で着地する走り方を、ロマノフは推奨している。[14]裸足で走るのも同様の効果がある。ベルギーのゲント大学のブリギット・デ・ウィットらは、9人の長距離ランナーを対象に、それぞれ靴を履いたときと履かないときの走りを調べた。その結果、裸足のランナーはかかとから着地するとその衝撃で痛みを感じるので、それを避けようと、足の裏全体で着地していることがわかった。[15]

こうして、裸足で走る「ベアフット・ランニング」の幕が開けた。驚くのは、メーカーが「裸の王様」のような手を使って、「何も履かない」の流れをどうにか「何か履く」の方向へもっていって、ベアフット・ランニングを10億ドル規模の産業に育て上げたことだ。この流れを後押ししたのが、クリストファー・マクドゥーガルのベストセラー『BORN TO RUN 走るために生まれた』であることは言うまでもない。簡素なサンダルだけで長距離を走ってもけがをしないメキシコのタラウマラ族の、たぐいまれな能力を追ったドキュメンタリーだ。

このアイデアにメーカーが食いついた。過剰なクッションはよくないと懸念する一部の見方にも促されて、ビブラム社の5本指シューズ「ファイブフィンガーズ」が、ベアフット・シューズで世界的なベストセラーの一つとなった。シューズといっても実質的にはゴムの靴下であり、走路やそこに落ちているもの（石、ごみ、犬の糞）から足を守る一方で、衝撃はほとんど吸収しない。裏づけに乏しい成功例はたくさんあるのだが、科学的な根拠が不足しているのは明らかだ。ビブラムは、同社の主張に異議を唱える15万人もの使用者から375万ドルの訴訟を起こされ、敗訴した。ひょっとしたら原告は、記録が伸びなかったから返金してほしかっただけかもしれないが。[16]

自分自身のベアフット・ランニングを目前に控え、不安になった私は、土ぼこりの舞うネメアの硬いトラックで少し練習して「ホーム・アドバンテージ」を得ておき、ぶっつけ本番で臨む対戦者たちよりも優位に立ちたいと考えた。足の前部で着地して走るのは事前に考えていたとおりだったが、ときどき土に隠れていた小石を踏んで、足の裏に鋭い痛みが走る。これまでたくさんのレースで（もっと長い距離ではあるが）走ってきたにもかかわらず、私は緊張していた。スタート装置の設置を手伝ったので、それが動く仕組みはわかっている。実際のトラックでも走る練習をした。なのに、まだベアフット・ランニングに不安がある。いったい何が問題だったのか？

位置について、用意、ん？

夜通し降った雨は激しかった。雷もすさまじかった。ギリシャ神話の最高神であるゼウスが、ネメア競技会の開催にあたってまず自分にメールが来なかったことに怒っているかのようだ。目が覚めると、すばらしい青空が広がっていた。しかし、スタジアムのトラックは一面泥だらけだ。土ぼこりが舞う乾いた地面ではなく、こげ茶色の平らな地面に深い水たまりが点々とできていた。参加者が到着し始め、スタジアムの外でいらいらしながらしゃべっている。

2時間遅れた末に、レースがようやく始まった。まずは、年齢がいちばん上の参加者たちが走る。70代の人もいた。私が出る13番目のレースには、52歳の人がほかにも8人いた。テントの中の更衣室でパンツ1枚になり、ほかの人たちと同じように、効果を期待してオリーブオイルを少し体に塗った。しかし、気づいた効果といえば、体が少しべたべたするぐらいだ。白いキトンを着て、緊張気味の薄毛の出場者の列に並んだ。先触れ役の先導で、見通しのきかない角を曲がり、アーチのある道に出た。その先は、アスリートのトンネルだ。

この完璧に残ったアーチ状の構造物は、ミラーがネメアで行なった発掘調査の最後の一撃というべき快挙だと思う。スタートラインのブロックを発見してから数年後、ミラーはこの36メートルのトンネルを発見した。両端はふさがれ、内部もところどころ泥に埋まっていたそうだ。暗い通路に足を踏み入れると、首の後ろの毛が逆立ったようにぞくぞくした。トンネルを抜けるのにあと数千年かかりそうなほど、深い暗闇だ。出口の直前で立ち止まり、アナウンスを待った。私の左手、頭の高さのあたりに、壁に刻まれた落書きがかろうじて見えた。最近のものではない。2000年以上前、いまの私と同じく競走の順番を待つ古代ギリシャのアスリートが残したものだ。

「ニコ（私は勝つ）」という落書き。

「アクロタトスはかわいい」というものもあった。

「書いた男の意見では」とライバルが応じている。

それまで私は、選手が通るトンネルをデザイン上重要な特徴であるとは考えていなかった。更衣室から見通しのきかない角を曲がったところにあるので、アスリートはいきなりトンネルに遭遇し、まるであの世へ入っていくような感覚を抱く。13人のアスリートとそのコーチが入っても余裕があるほど長く、トンネルを抜けたら目の前がトラックだ。観客から見ると、アスリートたちは階段席にある隙間から現われる。下の通路に出てきたヒーローを見下ろすようにして、声援を送れるのだ。アスリートたちは歓声を浴びながら、明るい光の中へ駆けてゆく。

幸運をさずかろうと、落書きにさわりたくて仕方なかった。すると、名前を呼ばれたので、私たちは大歓声のほうへ走った。ちょっと楽しいな、と私は思ったが、同時に緊張もしていた。スタートで違反したらどうしよう？ ひもにつまづいて審判に叩かれるのか？ ぬかるんだトラックを走るのはどんな感覚なのだろう？ 妙なチュニックを着たまま転んで、観客席にいる家族に恥をかかせないか？ ひょっとしたら1着になって、勝者に贈られる野生のセロリでつくった栄冠をかぶることだってありうる。

スタートラインに着くと、青銅の兜から、レーンを決めるくじを引いた。私が引いたのは、Δ（デルタ）。ギリシャ語のアルファベットで4番目の文字だから、第4レーンを走るということだ。硬い表情でトラックを見渡すと、私のレーンにはまだ色の濃い濡れた部分がいくつか残っていた。気をつけなければならない。

所定の位置につき、スタートラインの溝につま先を置く。左のつま先が前で、右のつま先が後ろだ。ラインの左右にあるカタパルトのアームは垂直に立っていて、ひもが目の前に渡されている。トリガーが設置され、トリガー用のロープが後ろの審判まで延ばされた。そして聞こえてきたのが叫び声。思っていたより声は小さい。「ポダ・パラ・ポダ……エティミ……アペテ！」と聞こえるはずだ。

しかし、ポダ・パラ・ポダと、それに続くエティミは聞き取れたものの、アペテがはっきり聞こえなかった。スタート装置が勢いよく地面に倒れ、みんなが前へ飛び出したのに、私はといえば、何が起きたのかわからず、ばかみたいに呆然と立ったままだった。私がスタート装置のひもを跳び越えたときには、ほかの選手は2、3歩先を走っていた。家族の声援を浴びながら、力いっぱい走る。加速していくなかで、地面が前日より硬くないことに気づいた。心地よい軟らかさで、でこぼこも少ない。足の前部で着地することに集中し、ほかの選手を追いかけた。60メートル地点で追いつき、80メートル地点まで来ると、前を走るのは右側の2人だけとなった。それが限界だった。でも、もうひと踏ん張りしたら勝てるかもしれない……。

アスリートやコーチが着目するランニングの要素のうち、一歩の長さ（ストライド）と1秒間の歩数についてはすでに触れた。脚が長くて、歩幅が長い人（私のような人）はいるかもしれないが、それだけでは足りない。優れたスプリンターは脚を速く動かせるものだ。これら二つの要素を併せもつ人が、速く走れる。

しかし、そのためには、脚力を強くして、コンディションを整えなければならない。とりわけ大事なのは、膝の裏にあるひかがみ筋と臀筋だ。このレースの終盤における私の問題は、すでに体が限界に達していて、脚の回転を上げられなかったことだった。私の体、あるいは脳（どっちかはわからない）がその時点でできることだけをやろうと、ストライドを伸ばし始めた。その結果、足の前部ではなく、元どおりかかとで着地するようになってしまった。まさにこれが私の敗因だ。軟らかい地面でぬかるんだ箇所を左足で踏んだとき、かかとが前に滑り、左のひかがみ筋が、ギターの弦が切れるみたいに、ピキッとなった。

最後の4歩は足を引きずるようにして、フィニッシュの支柱を越え、私は3着でレースを終えた。英語のagony（苦痛）は、ギリシャ語で競争を意味する「アゴン」に由来するというが、まさにそれがぴったりはまる体験となった(17)。

バック・トゥ・ザ・フューチャー

1896年の第1回近代オリンピックを開催するに当たり、当時の人々はインスピレーションを探して古代ギリシャに目を向けた。アテネに建造されたスタジアムは、パンアテナイア競技会のスタジアムを新たに復元したものだ。トラックはオリンピアのスタジアムとおおよそ同じ長さだったが、直線トラックが1本だけではなく、2本あり、両端がきついカーブで結ばれていた。長さ203メートル、幅33メートルのつぶれた楕円形のトラックだ。古代ギリシャの長距離走では、トラックの端に立てた棒を回って折り返したが、近代オリンピックのようにひと続きの楕円形にするほうが、はるかにすっきりした解決策である。

第1回近代オリンピックに出場した短距離選手のスタート姿勢は、古代ギリシャのものによく似た姿勢から、現在おなじみのクラウチングスタートまで、さまざまだった。2週間ものつらい航海の末

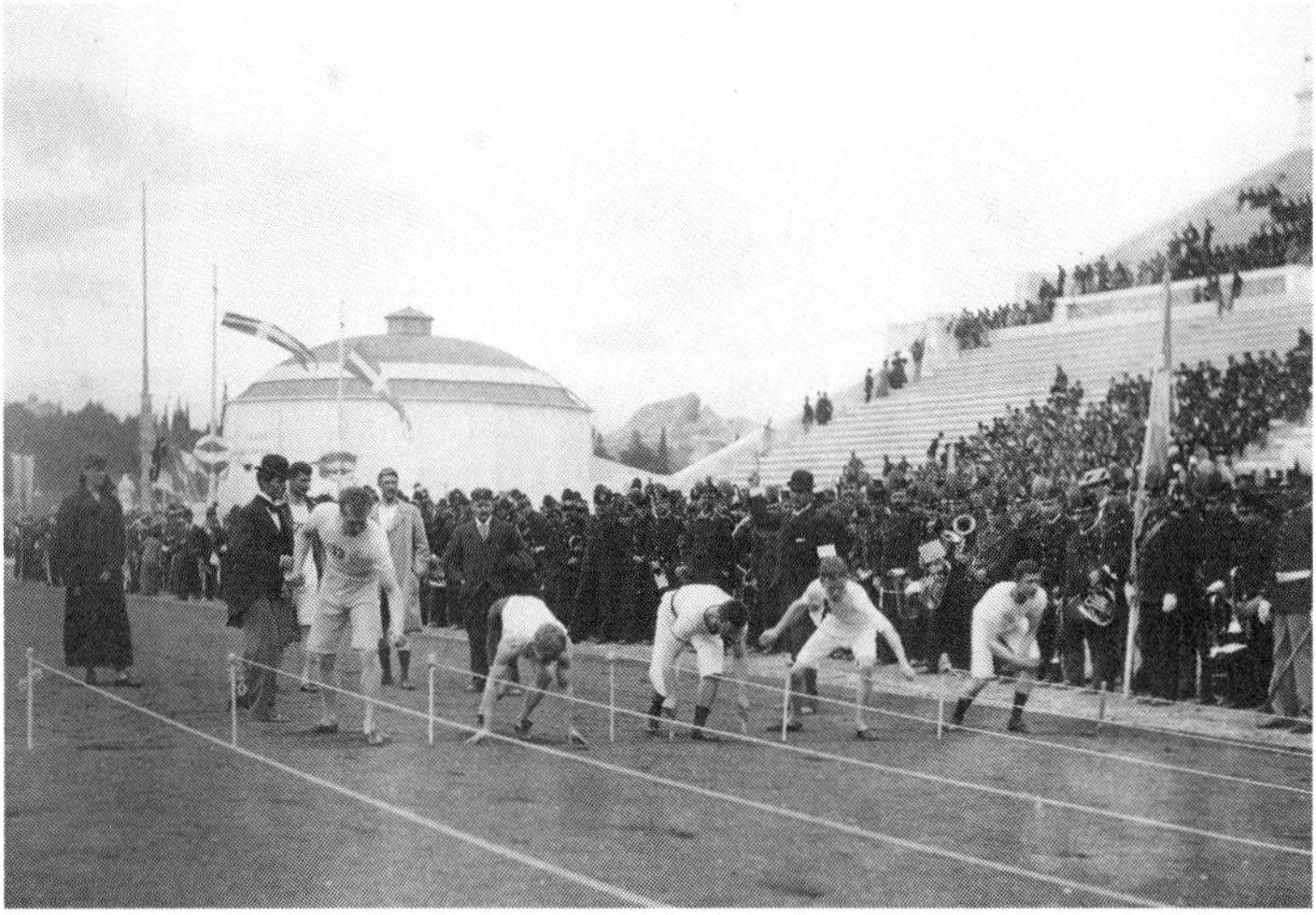

図4　1896年にアテネで開催された第1回近代オリンピックの100メートル走のスタート。アテネ五輪に出場した選手は、さまざまな姿勢でスタートした。左から2番目でクラウチングスタートをしているトーマス・バークが優勝した。

に大西洋を渡ってアテネに到着したアメリカ代表選手の一人、トーマス・カーティスは、トラックの状態についてこのように述べている。「トラックはよく整備された良質なつくりだが、軟らかかった。記録が悪かった原因の一つには、それがある」。100メートル走で優勝したのは、アメリカ代表のトーマス・バークだったが、記録は12秒0と、その年の最高記録である10秒8より1秒以上も遅かった。

ジェシー・オーエンスが1936年のベルリン五輪で走る頃には、400メートルの楕円形のトラックは、2本の直線走路の間隔がもっと広がり、トラックの内側にフィールド種目用の空間が設けられるようになっていた。スターティングブロックは1920年代後半に登場し始めたのだが、当初は公式使用が国際陸連に許可されず、べルリン五輪後の1937年にようやく認められた。スターティングブロックをいち早く発明した一人が、アルバート・バロンだ。そのブロックは、古いデッキチェアのスタンドに驚くほどよく似ている。1931年に出した特許でバロンは、スターティングブロックが必要だと考える理由を力説している。

スターティングブロックは……つまずきを未然に防ぎ、ランニングトラックでの不明瞭なスタートを回避するとともに、スタート地点からの力強い走り出しを容易にし、ランナーがスタート直後に文字どおり飛び出して即座に激しい運動に突入できるようにする、信頼性の高い優れた用具として考案された。

こうした初期のスターティングブロックは、足を踏み出すときの支えにするだけの単純な機械装置でしかない。バロンが特許を取得したスターティングブロックは、スタートラインの後ろに設置し、ブロック自体が動かないようにする固定具と、さまざまな体形のアスリートが自分に合わせて調整できる機構という、二つの機能を備えている。やがて自動計時が導入されると、スターティングブロックはフライングを判定する装置にもなった。踏み板の裏にひずみゲージが設置されていて、スタートのピストルの音から0・1秒以内の動きを計測する。0・1秒というのは、人間が反応できる最短の時間と考えられている。フライングを1回すると失格になる。少なくとも、叩かれる罰は受けないが。

さらに正確な計時システムを使うと、アスリートからピストルまでの距離が重要になることがわかってきた。ピストルから遠いアスリートほど、音に気づくのが遅くなるからだ。その差は0・02秒に

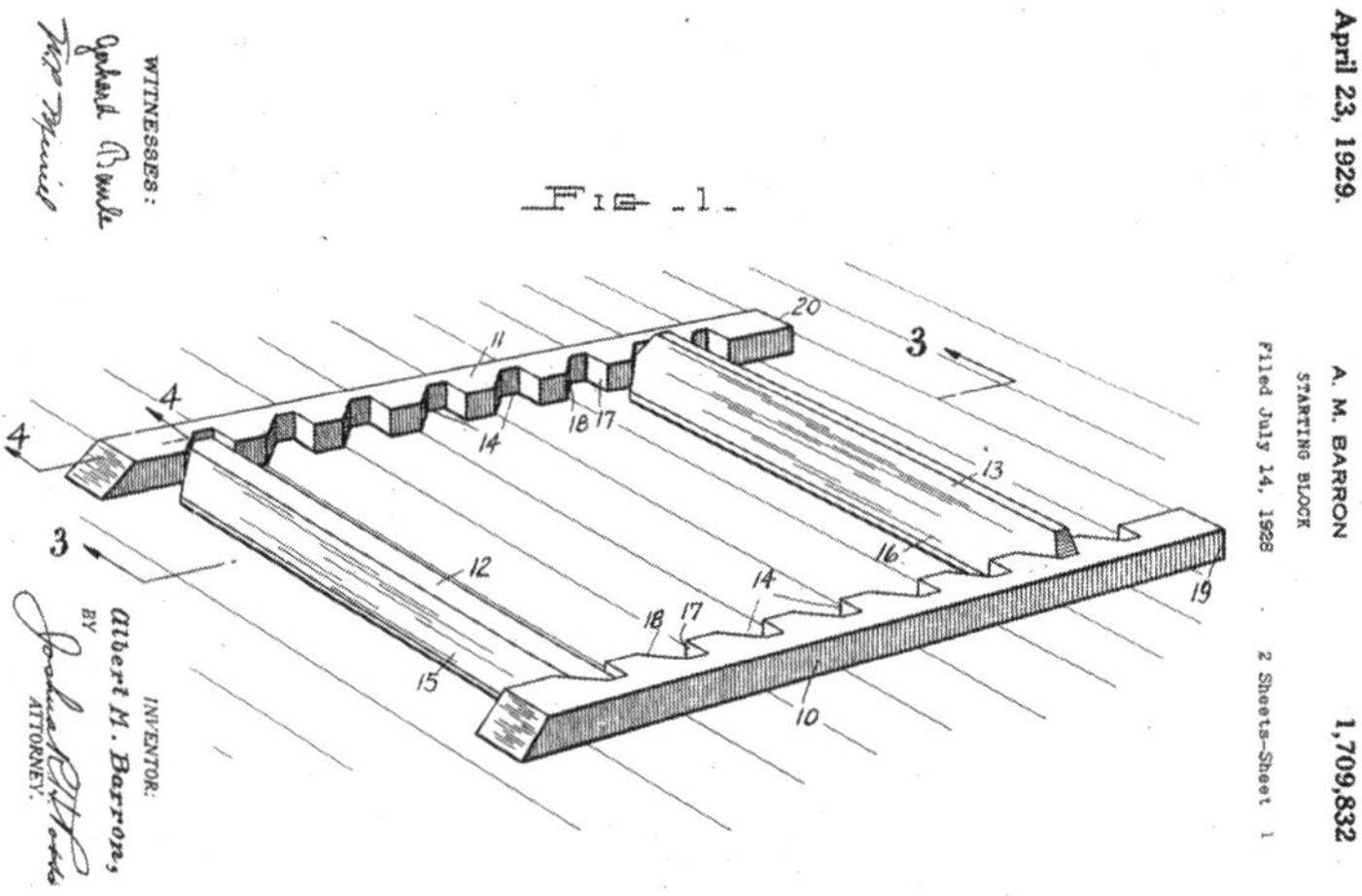

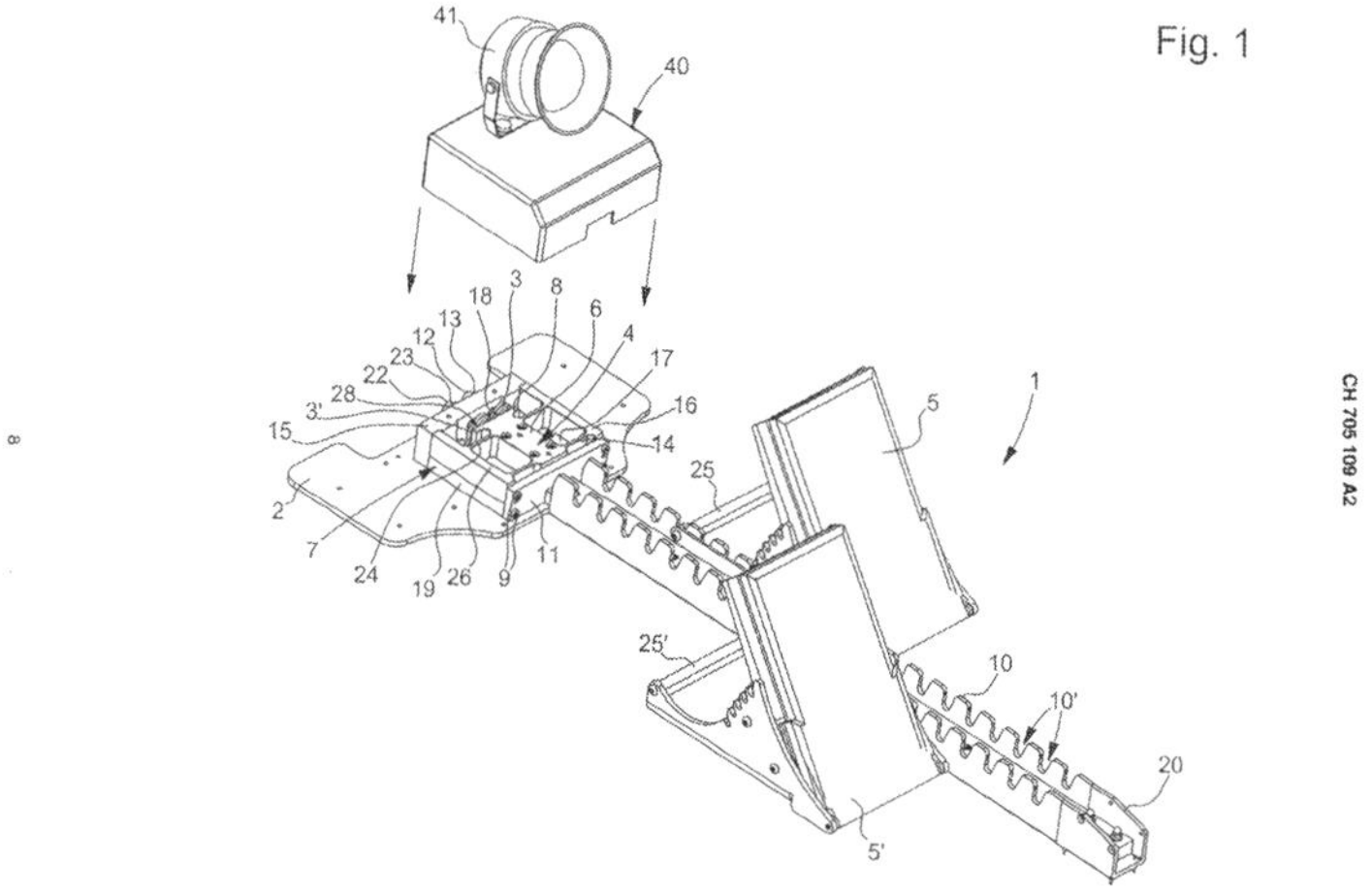

図5　スターティングブロックの特許。（上）フィラデルフィアのアルバート・バロンに付与された1929年の特許。（下）スイスタイミング社が考案した現代のスターティングブロック。反応時間やフライングを計測するセンサーを備えている。

もなる。メダル獲得を左右するほどの時間差だ[18]。これに対処するため、現代のシステムでは本物のピストルの音は使っていない。ピストルは単なるスイッチで、引き金を引くと、選手の背後に置かれたスピーカーがデジタル音を発する。これで選手全員が同時に音を聞き、誰もが平等な条件でスタートできる。

直感的には、スターティングブロックの使用で記録が伸びるはずだと思われる。アムステルダム自由大学の研究チームは、短距離の好記録のだいたい半分はブロックによるもので、半分は走り自体によるものだという研究結果を示した[19]。トロントのシンダートラックでの実験を振り返ると、アンドレ・ドグラスにいささか申し訳ない気分になる。彼のために掘った軟らかい穴は、出来損ないのスターティングブロックだった。立った姿勢でスタートしたほうが、よい記録が出たかもしれない。彼は初めて出場した100メートル走で、そうやって勝ったのだ。バスケットボールの短パンをはいて走るという型破りな格好で、10秒9というタイムを叩き出した。

2016年のリオ五輪で、アンドレはまともなランニング用具と現代のスターティングブロックを使い、ナイキの硬いランニングシューズを履いて、ポリウレタンのトラックを走り、100メートルで9秒91を記録して銅メダルを獲得した。少なくともアンドレについていえば、長年のトレーニングに加え、あらゆるテクノロジーを組み合わせた結果、記録をおよそ1秒縮められたというわけだ。

古代ギリシャの時代を振り返ってみると、ランニングに本当に必要なのは、距離を計測した平らな地面だけであることがわかる。私はクッションが利いたシューズを履いて走るのが好みではあるが、シューズでさえ必ずしも必要なわけではない。一時期、私はスタディオン走がスポーツの始まりではないかと考え、オリンピアやネメアのスターティングブロックに夢中になっていた。スタディオン走の600フィートという距離から、トラックの長さとスタジアム（この名前はスタディオン走に由来する）の大きさが決まったのだ。単純な競走ではあるが、古代ギリシャ人にとっては重要で、ギリシャの暦では優勝者の名前を用いてその年を呼んでいたぐらいだ。この習慣がいまでも残っていたとすれば、リオ五輪の年は2016年ではなく、「ボルトがオリンピックで3度目に優勝した年」と呼ばれることになる。

スターティングブロックに取りつけられたスタート装置であるヒュスプレクスは、おそらく世界初のスポーツテクノロジーであり、公平を求める現代の潮流を予感させるものだ。とはいえ、古代ギリシャ人はもちろんランニングだけをやっていたわけではない。次の章では、現代のオリンピック競技にインスピレーションを与えた競技を紹介したい。そこには、世界初のスポーツ産業と、おそらく世界初の個人に合わせたスポーツテクノロジーがある。

2 古代のスポーツ用品——跳ぶ、投げる

1995年8月7日月曜日、スウェーデンのイエーテボリ。北西の風が、第5回世界陸上競技選手権大会のメイン会場、ウッレヴィ・スタジアムの観客に涼をもたらす。まもなく午後6時になろうかという頃、イギリスのジョナサン・エドワーズが助走路を走り始め、三段跳び決勝の1回目の跳躍に入った。目にも止まらぬ速さで、左足で踏み切り板を蹴ると、6メートルのホップを見せ、続いて大きなステップを終えて右足で地面を蹴ると、時速32キロ余りで空中へ舞った。跳躍を終えたエドワーズは、興奮気味に砂場を飛び出した。新記録の手応えがあったのだろう。白旗が揚がり、踏み切り板を越えていないことが示される。計測の結果が待ちきれない様子だ。

観客がどよめく。エドワーズは電光掲示板を必死に探す。そこに表示されている数字を見て、目を見開き、口をぽかんと開けた。18メートル16、世界新記録だ。20分後、エドワーズは再び助走路に立

った。その先にある砂場を見つめて笑みを浮かべ、助走路に向けて指を振る。「もらったぞ」とでも言っているかのようだ。助走を開始し、そのあとに見せた跳躍は、1回目よりもリラックスしていた。エドワーズは着地して砂場を飛び出したときにはすでに、両腕を高々と挙げていた。再び記録を更新したと、確信があったのだろう。わずかに首を振る。「待ち望んでいた世界記録を一つ出したと思ったら、もう一つ出すなんてな」と言いたげだ。18メートル29。この世界記録はいまだに破られていない。

三段跳びはかなり特殊な種目だ。走り幅跳びや走り高跳び、棒高跳びは1回の試技につき跳ぶのは1回だけだが、三段跳びを成功させるためには、3回の踏み切りと着地を決めなければならない。わずか数秒のあいだに繰り広げられるこれら三つの跳躍が合わさって、好記録が生まれる。

しかしなぜ、3回も跳ぶのか？　何かを跳び越えるための跳躍は、庭やビーチなどで、誰もが人生のなかで経験することだろう。確かに、棒高跳びも三段跳びと同じくらい変な種目ではあるが、少なくとも棒高跳びはオランダの「運河跳び」と関連した部分がある。しかし、ホップ、ステップ、ジャンプはどこから来たのか？　陸上競技の種目を考案しなければならないとしたら、三段跳びは最初に思い浮かぶようなアイデアではないだろう。なぜオリンピックの種目に含まれているのか？　そもそもなぜ存在しているのだろうか？

おもりの問題

古代ギリシャには三段跳びも、棒高跳びも、走り高跳びもなく、あったのは幅跳びだけだった。短距離走、やり投げ、円盤投げ、レスリングとともに、五種競技の種目の一つだったのだ。古代の幅跳びは、あらゆるスポーツのなかでも、学者たちのあいだで最も熱い議論を呼び起こすものではないだろうか(1)。というのも、古代ギリシャ時代の絵で、選手は「ハルテレス」と呼ばれるおもりを持ってジャンプしているからだ。

私が抱いた疑問も、これまでの議論と同じである。幅跳びのときになぜ、おもりを持たなければならないのか？　それが必須条件だったのか？　おもりは跳躍に役立つのか、それとも跳躍をじゃまするのか？

古代オリンピックの成功に刺激を受けて、ほかの都市も独自の種目を考案するようになった。オリンピア、ネメア、イストミア、デルフォイの四つの大会が「冠の競技会」と呼ばれるのは、勝者が賞品や賞金ではなく、栄誉を象徴する葉冠を授けられるからだ。決して勝者が冷遇されていたわけではない。勝者は故郷に戻れば、生涯にわたって年金や無償の食事、劇場の鑑賞券、崇拝の対象という地位を手にした。そのうえ、プロに転向し、賞金や賞品がかかった数々の大会に出場して、現金や、オリーブオイルなどの高価な品々を獲得することもできたのだ。勝利を手にしたアスリートは、まさしく大富豪になった。

古代に競技大会がたくさん開催されていたということは、古代ギリシャの幅跳びをめぐる謎を解く手がかりも数多くあるということになる。まず、壺や杯、アンフォラ（オイルやワインを入れるための両取っ手付きの背の高い壺）に描かれた絵がある。次に、幅跳びのときに使ったおもりそのものがある。そして最後に、アスリートの目を見張る偉業を振り返った文献がいくつか存在する。

絵にはさまざまな姿のアスリートが描かれている。トレーニング、跳躍、踏み切り、空中姿勢、そして着地。歴史家たちが研究を受け継ぎながら、失われた映画のコマを一つひとつ並べるように、絵の順序を再現して、一つの跳躍の一部始終を伝えている。その再現によると、アスリート（必ず男性で、女性はいない）は左脚を前に出し、後ろの右脚に体重をかけ、おもりを持った手を前に伸ばしている。この姿勢は集中力を高める重要な段階で、笛の音楽に合わせて体を前後に揺らしていると考えられる。その後、短い助走に入り、おもりを前後に数回揺らしながら、踏み切り板まで走る。踏み切り後、空中へ跳ぶと同時に腕を前方へ伸ばす。空中では、腹筋を使って両腕を下方へ引き、両脚を上方へ大きく伸ばして、足で着地する。このとき、おもりを体の後方へ投げることによって、記録が数センチ伸びたかもしれないと考える歴史家もいる。

おもりは重さが1～2キロとばらつきがあり、石や鉛、青銅でできていた。最古のハルテレスは、小型のスマートフォンぐらいの大きさの重い鉛の平らな棒で、握る部分がわずかにへこんでいる。それとはまったく違って、カーブを描いた石のハルテレスもあり、1個開いた穴に指を入れて、しっかりつかめるようになっている。金属製の平らなハルテレスのなかには、手首寄りの部分がカーブしていて、前方の四角形あるいはくさび形の部分に重さが集中しているものもある。もっと新しいローマ時代の彫像には、円筒形の石材に指をかける溝が彫り込まれた精緻なハルテレスが見られる。

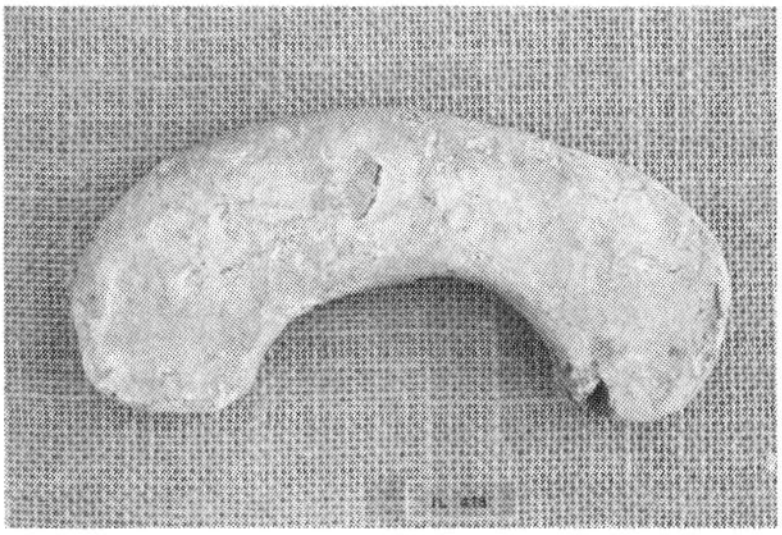

紀元前5世紀、鉛、ネメアで出土。
© Steve Haake

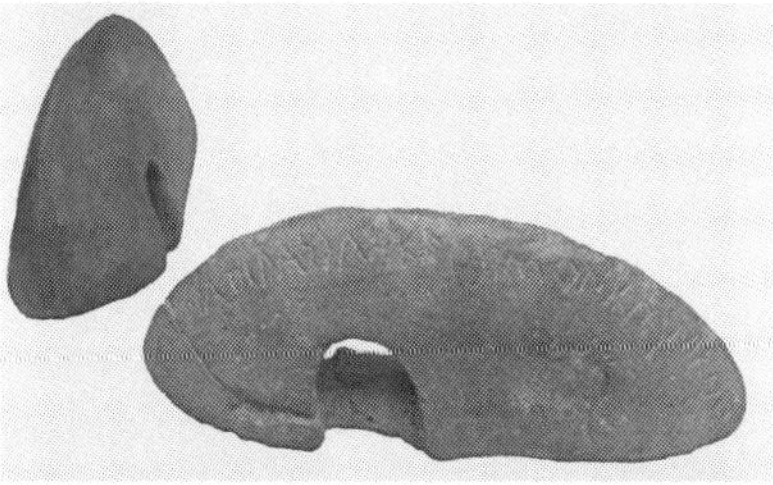

紀元前5世紀、石、4629グラム。スパルタのアクマティダスがゼウスにささげたもので、おそらく競技には使われていない。オリンピア考古学博物館。

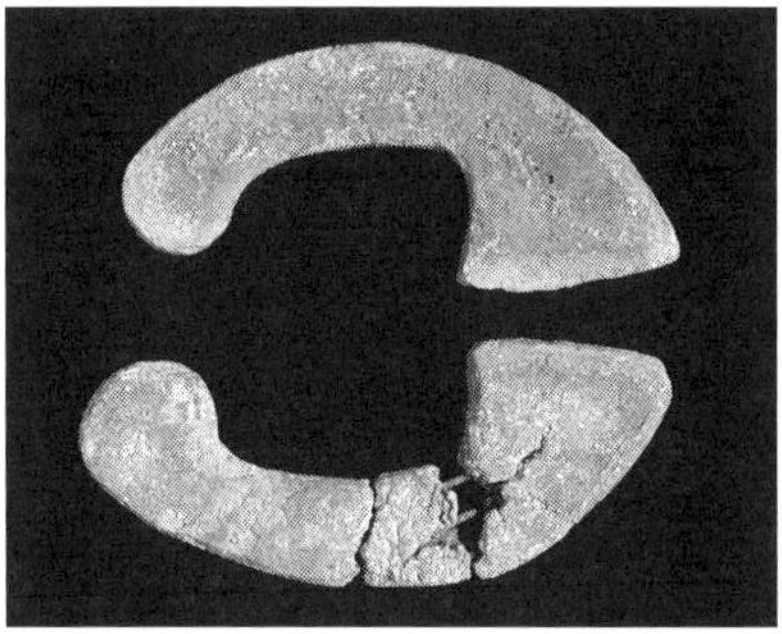

おそらく紀元前5世紀、鉛、1070グラム。© British Museum

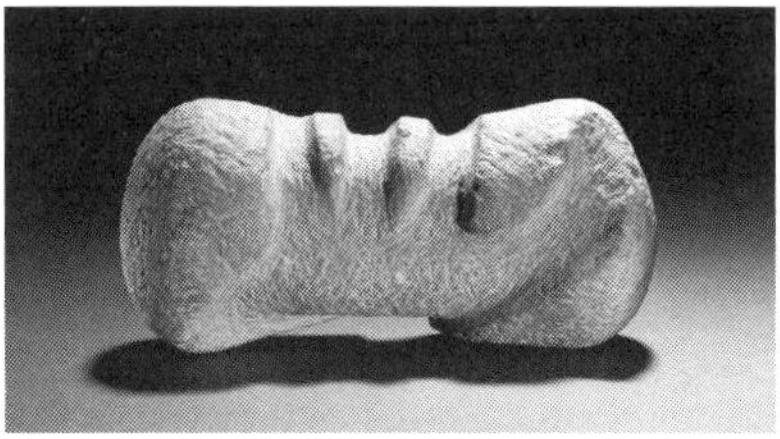

ローマ時代、幅跳びに使われた左手用の石のおもり。溝が握りの形に彫り込まれている。2230グラム。
© British Museum

図6 古代ギリシャの幅跳び用のおもり(ハルテレス)。さまざまなデザインがある。

選手がおもりを持ちやすいように、握りの部分に労力が注がれている。おもりは簡単には手放せないようにデザインされているので、跳躍の最終段階で選手がおもりを捨て去るという説はありえないように、私には思える。ハルテレスは幅跳びを難しくするために利用されていたとの見方もあるが、ハルテレスは大会ごとに規格化されていたのではないかと私は考える。少なくとも、一つの碑文には「このハルテレスのおかげで」幅跳びに勝てたと書かれている。私にとって興味深いのは、デザインがだんだん複雑になっている一方で、現代のスポーツ用品と同じように、すべてが同じ種目で使われていることだ。選手とハルテレスづくりの職人は、記録を伸ばすためにこうしたデザインを利用していた可能性が高いと、私は思う。

しかし、ハルテレスはどんな働きをしていたのか?

まず、ギリシャ人がランニングについてどのように理解していたかを考えてみよう。スタディオン走の600フィートという距離は、計測に誰の足を使うかに左右され、開催地によって異なっていた。たとえば、ハリエイスのトラックは166・5メートルしかなかったが、オリンピアのトラックは192メートルあった。(2)

ディアウロス走(距離はスタディオン走の2倍)は第1回オリンピックの52年後の紀元前724年に登場し、それからまもなく、コースを10回以上往復する長距離走(現代の5000メートル走に相当)も始まった。コリントスの競技場では、選手がスタート時に走る番号付きのレーンのほかに、200フィート地点に支柱が立っていた。それを過ぎたら、選手はレーンを外れて、ひとまとまりの集団になる。スタジアムの端に1本立った支柱まで来たら、折り返してトラックを反対方向に走り、以後、同様に往復する。

レース前半に選手が固まって走っている状況では、折り返し地点の支柱（カンプテル）を回る急カーブは大混乱だったに違いない。長距離走者を描いた絵を見ると、腕をほぼ直角に曲げ、胸のあたりで水平に保っている。現代の長距離ランナーも同じで、腕をできるだけ動かさないようにしてエネルギーを節約している。一方、短距離ランナーは脚を高く上げるために、腕を大きく振る。[3] これは壺の絵にはっきり表われているのだが、創作上の脚色には注意しなければならない。ランナーが同じ側の腕と脚を前に出していることがあるのだ。この格好は体をはっきり見せられるので絵の芸術性は高まるのだが、実際にこうして走るのは不可能だ（やってみたらわかる）。

古代ギリシャ人がさまざまな走り方を理解していたのだとしたら、幅跳び選手はどのように走ったのだろうか？　長距離走者よりも短距離走者に近い走り方だが、全速力で走っているようには明らかに見えない。古代ギリシャの陸上競技研究の草分けであるE・ノーマン・ガーディナーは、手に持ったおもりを両脇に保ち、短く跳ねるように数歩の助走をつけたと考えている。大英博物館のジュディス・スワドリングは、助走路の端から踏み切り位置までは60フィートしかなかったので、それほど長い助走はできなかっただろうと指摘している。だとすれば、助走はスピードというよりも、体の動きの調整を目的としたものだっただろう。短距離走者と長距離走者のあいだの走り方になったのではないか。

しかしなぜ、おもりを持って跳んだのか？　答えは「慣性」の概念にあるように思える。物体は重いほど、それがもつ慣性も大きくなる。つまり、重い物体は動き出しにくい一方で、いったん動いてしまうと、止めるのが難しいということだ。片手に一つずつおもりを持って走っている選手には、持っていない選手よりも大きな慣性がある。さらに、跳ぶときにおもりを振ると、「慣性モーメント」と呼ばれる特性もかかわってくる。これが関係するのは、回転している物体だ。慣性モーメントが大きいほど、回転を始めるのが難しいものの、いったん動き始めると止めにくい。

慣性モーメントの典型的な例は、フィギュアスケーターが1カ所でスピンしているときに腕を伸ばしている場面だ。腕が体から離れると、慣性モーメントが高くなり、スピンが遅くなる。しかし、腕を体に近づけると、慣性モーメントが半分近くまで下がって、スピンが速くなる。このことから、慣性モーメントは質量に比例するだけでなく、回転軸からの質量の距離にも比例することがわかる。正確にいうと、距離の2乗に比例する。スケーターが腕を体につけたときにスピンが急激に速くなるのは、このためだ。

自分が古代ギリシャの選手だとしたら、最高の一対のハルテレスをどのように選ぶだろうか？　当時の選手たちがどうやっていたかを示すため、紀元前5世紀の五種競技の選手、クロトンのファウロスを例にとって説明しよう（クロトンはイタリア南東部にあったギリシャの植民都市）。紀元前482年にデルフォイの五種競技で優勝したあと、ファウロスはギリシャのために自費で船を1隻購入し、乗組員を集め、サラミスの海戦でみずから指揮をとって、ペルシャの大軍を予想外に打ち負かした。ファウロスは紀元前478年にもデルフォイの五種競技で優勝した。古代ギリシャの人々にとって、ファウロスは英雄であり、スーパースターでもあった。デヴィッド・ベッカムとウィンストン・チャーチルを合わせたような人物だ。

「エンポリウム」と呼ばれる市場で、ファウロスはハルテレスが重さや素材、価格別に陳列されているのを目にしたかもしれない。おそらく石のおもりがいちばん安く、金属のおもりが最も高価だったのではないだろうか。ファウロスがおもりを選ぶ過程は、言ってみれば、現代の私たちが店でテニスのラケットを選ぶときに似ていただろう。以前、ハワード・ブロディというテニス好きの物理学者が言っていたのだが、テニス選手がラケットを選ぶときに注目する部分は三つあるという(4)。一つ目は、重さが自分にぴったりかどうか。ラケットを持ったときにまず感じる要素だ。二つ目は、重さの分布。「トップヘビー」なのか、それとも「トップライト」なのか。これは、手に持ったときにラケットのバランスを見るとわかる。そして三つ目は、慣性モーメントだ(テニス選手は「スイングウェイト」と呼んでいる)。これはラケットを振ってみて判断する。慣性モーメントが大きいとスイングが重くなり、慣性モーメントが小さいと軽くなる。

ファウロスもおそらく、ハルテレスを選ぶ際に同じことをやっただろう。重さや手に持ったときのバランスがちょうどよく、持ったときに腕を振りやすいものを選んだ。ファウロスの体つきがわかれば、過去にさかのぼって、彼が選んだであろうハルテレスを見つけられる。当時の人骨に関する研究から、ファウロスは体重が70キロ前後で、身長はおよそ170センチだったと推定される(5)。仮に、腕の慣性モーメントをざっと2倍にするハルテレス(最も重いテニスラケットと同程度)を選んだとすると、ファウロスはおよそ1・2キロのおもりを選択しただろう(6)。

マンチェスター・メトロポリタン大学のアルベルト・ミネッティとルカ・アルディゴは、走り幅跳びではなく、立ち幅跳びにおけるハルテレスの効果を調べた(当時は立ち幅跳びだったという説もあ

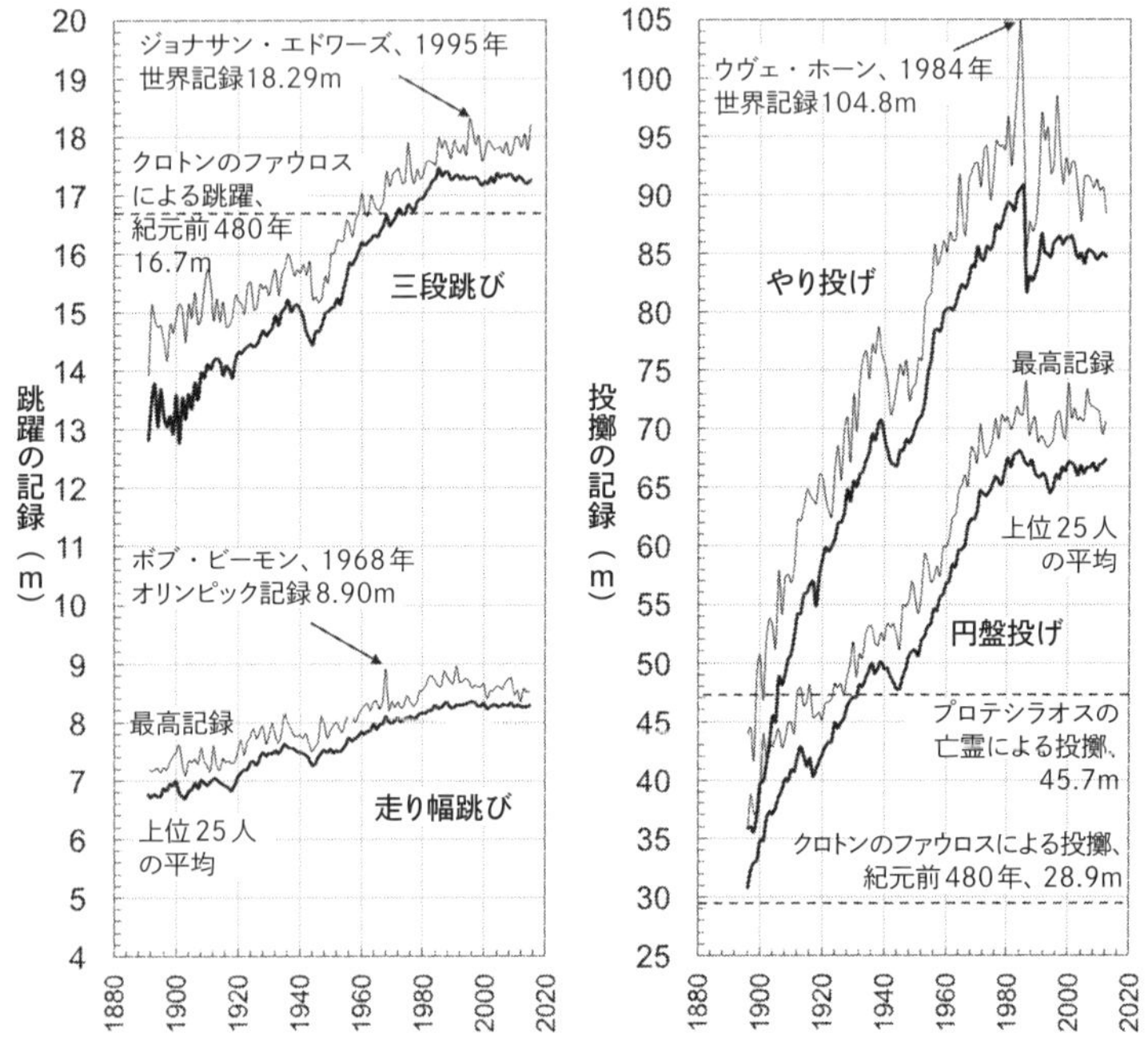

図7　三段跳び、走り幅跳び、円盤投げ、やり投げの年別の最高記録と上位25人の平均記録を、古代ギリシャの記録と比較した。データ提供はレオン・フォスター。

ったため）。その結果、ハルテレスを持たずに助走なしで３メートル跳べた人が、一対のハルテレスを持って跳んだ場合、地面反力が増して、記録が６％前後伸びることがわかった。跳躍力が高まることで、踏み切り時のスピードと跳ぶ距離が増すのだという[7]。

　ハルテレスのデザインによって踏み切りの力はどのように違ってくるのだろうか？　とりわけ興味深いのは、前部が張り出しているハルテレスだ。絵を見ると、選手たちは腕を伸ばし、おもりを持った手を体から離して跳んでいる。質量の大部分が、肩にある回転軸から少し離れているので、慣性モーメントはひょっとしたら最大7％ほど増加しただろう。これは非常に巧みな技術だ。おもりを重くせずに慣性モーメントが大きくなり、助走の加速を損なうことなく、踏み切り時の反力が増加しただろう。

私が古代ギリシャの店の主人だったとしたら、持って走れるなかで最も重いハルテレスを選ぶよう、ファウロスに勧めるだろう。腕振りの効果を高めるために前部が張り出したハルテレスを選ぶべきだと言うだろうし、踏み切り時のスピードをさらに高めるため、跳んでいるあいだに手を前へ伸ばすようにアドバイスする。それと、ファウロスに店の宣伝を頼むかもしれない。

ファウロスの難問

紀元2世紀に書かれたエピグラム（風刺的な短詩）では、ファウロスの幅跳びの記録は55フィート（16メートル以上）とされている。砂場の長さは50フィートしかなかったから、ファウロスは砂場を跳び越えたことになる。彼は硬い地面に着地して、片脚を骨折したと伝えられている。

1896年のオリンピック大会に向けて幅跳びを再現する際、このファウロスの記録が、ヴィクトリア時代の学者たちを悩ませた。当時の選手が跳べた距離の2倍もあったからだ。学者たちはあらゆる可能性を考えた。ファウロスは当時のアスリートのなかでは別格で、走るのがとんでもなく速かったから、この距離を跳べたのかもしれない、と。簡単に分析してみると、走り幅跳びで16メートル跳ぶためには、時速65キロ以上で助走する必要がある。ウサイン・ボルトが世界記録の走りで助走したとしても、10メートルほどしか跳べない(8)。助走のスピードでは説明できなかった。

ガーディナーは、木製の大きな踏み切り板が答えの一つかもしれないと提唱している。彼が例に挙げたのは、1854年のイギリスで、分厚くて幅広い踏み切り板を地面に置き、それを使って跳んだところ、おもりを持った選手が記録を7メートルから9メートルまで伸ばした出来事だった。板は踏み切り位置の目印になるとともに、わずかにしなったとすれば、跳躍板のような役割も果たして、地面反力を高めただろう。これを使って伸ばした記録は見事ではあるのだが、それでもファウロスの記録にはまだまだ及ばない。立ち幅跳びを複数繰り返したとの説も出されたが、これは軟らかい砂場の長さが50フィートあったとの説と合わない。複数回跳ぶのはきわめて難しかっただろう。

大学のほこりっぽい委員会室に集まった学者たちが、来たるオリンピック大会の種目にするためには幅跳びをどうすべきか、必死になって決めようとしている光景が思い浮かぶ。「委員会が馬をつくろうとしたらラクダになった」という古いことわざがあるが、彼らがつくり出した幅跳びはまさに、スポーツ界のラクダだった。助走に続き、2回のホップを経て、最後にジャンプするとし、おもりは使わないと、彼らは決めた。

アテネで開かれた第1回の近代オリンピック大会で、1896年4月4日に行なわれたこの競技の最初の王者となったのは、アメリカのジェームズ・コノリーだった。記録は13メートル71で、ファウロスの世界記録にはまだ3メートルほど及ばなかった。1900年と1904年のオリンピック委員会は、最初に足をそろえて跳ぶ立ち幅跳びを導入して、さらなる混乱をもたらした。そして1908年、組織委員会はようやく、1回のホップ、1回のステップ、1回のジャンプというルールに落ち着き、現代の三段跳びが誕生したのだった。

投げる競技は大人気

古代ギリシャの人たちは何かを投げるのが大好きだった。古代ギリシャは、海や山で隔てられたいくつもの小さな都市国家で構成されていた。この自然環境が、交易だけでなく、それと同じくらい大きな競争心もはぐくんだ。ライバルよりも優位に立つには、精神と身体的な敏捷性の両方が肝心であり、ギュムナシオンは体育だけでなく、教養を身につける場にもなった。古代ギリシャの人たちは互いに商品の売り込みをしないときには、材木や石、やりを投げ合っていた。

戦争の技術が発達すると、離れた場所から何かを投げれば、敵の力をそいだうえで接近戦に持ち込めることがわかってきた。投擲《とうてき》の強さと正確さが何よりも重視されるようになる。だから、古代ギリシャの「ディスコス」という言葉は現在では円盤を指す語とされているが、単に「投げるもの」という意味だったのかもしれない。

当初、ディスコスは石など、投射物なら何でもよかったとも考えられている。しかし、競技会に出場する選手は円盤を好んで使った。このアイデアはおそらく、地中海周辺で金属鉱石の輸送に利用されていたインゴット（鋳塊）の形から来たのだろう。鋳型にはたいてい砂につくった穴が利用され、そこに溶かした金属を注ぎ入れる。それは自然と水たまりのような形になり、金属が固まると、インゴットは表が平らで、裏がわずかにカーブした形になる。こうした円形のインゴットが競技用の円盤に発展しただけでなく、それ自体が高価な賞品になったとも考えられている(9)。

幅跳び用のおもりとは違って、円盤は大会ごとに規格化されていた。オリンピアには比較的重い円盤が3点あったが、いまでは失われている。しかし、ギリシャ各地で青銅製の円盤がこれまで20点ほど出土してきた。1896年のオリンピックの組織委員会は、古代ギリシャの円盤の平均値を算出して、直径21センチ、重さ2キロを円盤の規格として採用した。

五種競技の投擲種目には、やり投げもある。戦闘に使われるやりから発展した種目だ。古代のオリンピアで使われたやりは、男性の身長ほどの長さがあり、太さは指1本分で、古木を使ってつくられたという。ファウロスや彼の同胞たちの身長が170センチ前後だったから、古代のやりは現代のやりよりもおよそ1メートル短かったことになる。重さは現代のやりの半分ぐらいで、400グラム前後だっただろう。

私は少年時代、母親の広い豆畑でとってきた竹を使って、やり投げごっこをしたものだ。竹は空中で振動してしまい、ひっくり返ったり、数メートル先で頭から落ちてしまったりして、決して遠くまでは投げられない。これは棒の質量分布と、表面にもともとあるでこぼこが飛行に影響するためだ。頭部が重いとすぐに落ちてしまうし、後ろが重いと棒の先端が上を向いてしまう。わずかに曲がっているだけで、横のほうへそれてしまう。

こぶができるだけ少ない木材を選び、機械でまっすぐに加工すれば、やりの性能を高めることができる。しかし、古代ギリシャでは単純な旋盤と切断器具があっただけなので、木材選びでは自然の木目に頼らざるをえなかった。つまり、競技に使われたやりには、飛行に影響を及ぼす欠陥が何かしら必ずあったということだ。そこで、古代ギリシャ人は欠陥の影響を最小限に抑える巧みな解決策を思いついた。

それが、やりの中央部に巻きつけた「アンキュレ」と呼ばれる短い革ひもだ。選手は自分の人差し指と中指に革ひもの環を引っかけた状態で、やりを投げた。こうすると、革ひもがいわゆる「ぱちんこ」のように機能して、やりのスピードが増す。投げた瞬間、巻きつけた革ひもがほどけると、やりは飛行中に長軸を軸に回転して、木の表面にある凹凸の影響を受けにくくなる。現代の銃身の内側にはらせん状の溝が施されていて、銃弾が回転するようになっているが、これも同じ効果をもたらす。

19世紀前半、アンキュレのことを知ったナポレオン3世が、その効果を実験で確かめるよう将官たちに命じた。その結果、やりの飛行距離はアンキュレなしの20メートルから、65メートルまで3倍以上も伸びたという。もっと最近では2011年、アメリカにあるコロラド・メサ大学のスティーヴン・マレーの研究チームが、ナポレオンの実験を再現した。16人の若いアスリートにアンキュレを使ったやり投げを練習させ、その成果を測定したところ、記録は20メートルからおよそ5割伸びて、30メートルにまでなった。飛行中のやりが実際に回転していたかどうかについては、マレーは言及しておらず、次の実験を待たなければならない[10]。

残念ながら、古代ギリシャのやり投げの記録は残っていない。しかし、円盤投げについては二つの記録が残っている。一つ目は、われらがファウロスの記録で、円盤を95フィート（約29メートル）投げたと言われている。もう一つは、トロイ戦争で最初に戦死したギリシャ人、プロテシラオスの亡霊が出した記録だ。身長15フィートもあるこの気さくな亡霊は、オリンピアで使われていたものより2

倍重い円盤を46メートル近く投げたとされる。亡霊の記録を真に受けるべきではないのだが、これを超人的な記録と見なせば、当時、どの程度の距離がよい記録と考えられていたかが、少なくともわかってくる。

1896年のオリンピックでは、ファウロスの円盤投げの記録に肩を並べる記録は簡単に出たものの、プロテシラオスの亡霊の記録は1912年まで破られなかった。この年、アメリカのジム・ダンカンが47メートル59という記録を叩き出した。この記録は国際陸連が公認した最初の円盤投げの世界記録となった。プロテシラオスも誇りに思ったことだろう。

古代ギリシャのスポーツ産業

運動競技は古代ギリシャの暮らしで重要な要素の一つであり、すべての都市に公共のギュムナシオンがあった。これは現代の私たちが思い浮かべる体育館とは違って、スポーツ施設が集まったような場所で、走種目や跳躍種目、球技を行なう屋外空間や、レスリングの学校もあった。走種目用のトラックは悪天候でも競技ができるように屋根付きのものが多く、浴場付きの温泉があることが多かった。デルフォイのギュムナシオンにあった浴場は、直径が10メートル、深さが2メートルあり、野生動物をかたどった青銅製のシャワーヘッドも付いていた。ローマが支配していた時代には、浴場でお湯が使われるようにもなった。大規模なギュムナシオンには、図書館や学校も併設された。現代でも、初等教育学校の意味でギムナジウムという単語を使っている国もある。

ギュムナシオンに着いたアスリートが最初に向かうのは、アポディテリウム（脱衣室）だ。第1章で説明したように、ギリシャ人は裸で競技したので、何かに着替えるわけではない。ここは「更衣室」ではなく、あくまでも「脱衣室」だ。ギリシャの人々も、裸で競技を行なうのは奇妙であることはわかっていたが、身体の美を鑑賞することを好んでいたうえ、オイルをたっぷり塗ると、日焼けした小麦色の肌が際立ち、選手たちは自分が神になったような気分になった。

運動競技と体育は一大産業を築いた。高価なオイルが大量に使われ、選手はオイルを塗らせるために少年を雇うこともあった。競技の前には、風変わりなパウダーを振りかける特別な部屋に入った。目的はパウダーによって異なる。粘土は肌を清め、れんがの塵は肌が乾いているときに発汗作用を高め、黒と黄色の土は身体を柔軟かつなめらかにすると言われていた。

現代のスポーツ産業は、経済のバロメーターとして働き、景気がよい時期には経済成長を上回る成長を見せる一方で、景気が悪い時期にはどん底まで落ち込む。アレクサンドロス大王の征服後、ギリシャの経済は豊かさを増したから、スポーツが繁栄したことは意外ではない。選手の専門化が進み、レスラーやボクサーの体格が大きくなり、元選手たちは自分がコーチできそうな未来のスターを探した。賞品や賞金が出る大会も次々に開催され、選手はそうした大会を転戦して巨万の富を築いた。

紀元392年に古代オリンピックが終わる頃には、オリンピックとその姉妹大会は走種目や五種競技のほか、鞍なしで乗る競馬、武装競走も行なわれ、複数日にわたる祭典となった。さらには、戦車競走というのもあった。言ってみれば、近代オリンピックの競技にF1レースを加えるようなものだ。競技大会はスポーツになった。スポーツは大きなビジネスだった。賞品は高価で、たとえばスタディ

図8　ホプリトドロモス（武装競走）は、古代オリンピックに最後に追加された走種目だ。写真は2016年のネメア競技会で再現されたもの。© Steve Haake

オン走の勝者には、140リットルのオリーブオイルの入った壺が与えられたとも言われている。これは労働者の5年分の賃金に相当する。

　当時、スポーツはきわめて洗練された産業になっていた。やりや円盤、戦車（チャリオット）、馬、トレーニング中にかぶる帽子、円盤を運ぶときに使う帯、身体を洗うスポンジやせっけん、オイルをこすり落とすストレンギスなど、スポーツ用品が売買された。ギュムナシオンには、脱衣室の世話人やコーチ、トレーナー、清掃員、オイルを塗る少年、労働者のほか、大量のオイルが必要だった。選手一人が週に数回ギュムナシオンに通うための費用は、現代の価値で数十万円にもなった。ギリシャ、そしてローマ帝国が崩壊すると、スポーツ産業も消えてしまった。復活するのは、1000年以上あとのことだ。

解けた謎

ファウロスが出したという古代の幅跳びの記録、55フィートが破られたのは、1960年のことだ。ポーランドのヨゼフ・シュミットが三段跳びで17メートル03（55フィート10¼インチ）の驚異的な記録を出し、同年のローマ五輪と、その4年後の東京五輪でも金メダルに輝いた。いささか皮肉なのは、同じ年、ハロルド・ハリスという学者が、幅跳びの謎の発端となったファウロスの跳躍に関する論争の概要を発表したことだ。ハリスは、もともとのエピグラムが二つのパートから成っていることを指摘した。前半にはファウロスは50プラス5フィート跳んだと書かれ、後半には円盤を100マイナス5フィート投げたと書かれている。跳躍は並外れて優れた記録だが、円盤投げのほうは古代ギリシャの基準からしてもお粗末な記録だ。どうやら、数字が整っていることが重要だったようである。5や50、100という、きりのよい数字が使われていることが何よりも怪しい。エピグラムは、きりのいい架空の数字をあしらった好編で、ある特定のメッセージを読者に伝えようとしていると、ハリスは説明した。そのメッセージとは「幅跳びが得意でも、円盤投げは苦手な人もいる」というものだ。「すべてが得意な人はいない」ということを古代ギリシャ風に伝えているのである。

さまざまな分析や論説、奮闘の結果を総合すると、現代の三段跳びは、元のメッセージの誤解から生まれたもののようだ。ファウロスはおそらく55フィートもの距離を跳んでいない。1896年にこのことがわかっていたら、三段跳びはこの世に存在しなかったかもしれない。

しかし、ハルテレスは来たるべき未来の姿を伝えていた。ちょうどよい素材や重さ、重心、慣性モーメントを選んで最適な性能を追い求めるその設計の過程は、現代のスポーツ用品を設計する過程そのものだ。ハルテレスは選手に合わせたオーダーメイドのスポーツ用品の先駆けだった。

4世紀にギリシャ文明が滅びてから、オリンピックのような組織された大会が復活するまでに、1500年もの歳月を要した。次の章ではその時代へと時計の針を一気に進め、人々をとりこにした競技がテクノロジーと絡み合って、世界で最も人気のあるスポーツとなっていった過程を見ていきたい。

3　人をとりこにするゲーム——球技

選手たちがファンの大声援に迎えられる。音楽が鳴り響き、美女たちが観客を楽しませる。なかには飲みすぎて、すでに酔っ払っている男もいる。ビッグゲームの結果に賭け金が積まれる。選手たちは太腿の筋肉をストレッチし、短い距離を腿上げしてウォーミングアップする。恐怖で口の中が渇く。ボールがピッチに投げ込まれた。大きな歓声が沸き起こる。彼らの生涯で最も重要なゲームが始まろうとしていた。

時は918年。スタジアムがあるのは、メキシコのユカタン半島の密林に築かれた驚くべきマヤの都市、チチェン・イッツァだ。いまから1000年以上前、巨大な石のピラミッドとともに、幅70メートル、長さ168メートルの広大な球技場があった。高さ8メートルの垂直な壁がそそり立ち、現代のサッカー場がすっぽり入る広さだ。この球技はすでに紀元前1600年にオルメカ文明の人々によって行なわれていた。ゼウスがオリンピックのアイデアを思いつく８００年以上も前のことである。

この地域の人々は球技に取りつかれていたようで、アメリカのアリゾナ州からニカラグアまで、「メソアメリカ」として知られる中米の地域で、さまざまな広さや形の球技場が１５００カ所以上も発見されてきた。３０００年もの歴史のなかで、球技のさまざまなバリエーションが生まれ、コートの広さや選手の数もさまざまだ。その球技のルールははっきりしないが、選手は尻や腰、膝、向こうずね、前腕、肩など、身体のさまざまな部位でボールを返していたと見られる。膝でスライディングし、太腿や脚を使って低いボールを扱う選手の姿を描いた絵もある。

ヨーロッパ人が最初にこの球技を見たのは、16世紀前半にスペイン人がアメリカ大陸征服に乗り出した頃だった。征服者たちが故郷で見慣れていた球技はもっと穏やかなもので、ボールは手のひらサイズ、素材はコルク製や毛を詰めたもので比較的硬かった。コロンブスはアメリカ大陸で見つけたボールをいくつかスペインに送り、同胞たちに見せた。ボールは生きているかと思うほど、よく弾んだ。

ボールの謎を解く手がかりは、「オルメカ」という名前の語源に見いだすことができる。この言葉はōlli（オリ）とmēcatl（メカトル）という二つの単語の組み合わせだ。メカトルは「人」、オリは「ゴム」の現地名である。つまり、オルメカというのは単純に「ゴムの国の人」という意味だ。この球技は大人気で、その全盛期にはメキシコシティ（当時は「テノチティトラン」と呼ばれていた）でゴムのボールが何千個も製造されていた。残念ながら、現存しているのは50個ほどしかない。直径は13～30センチ、バレーボールより小さいものから、バスケットボールより大きいものまでさまざまだ。いちばん小さなボールでも７００グラムと重く、最大のボールは何と７キロもある（現代のサッカーボールは450グラム)。

この地域の人々は球技のとりこになっていたようで、マヤ文明の起源を記した物語でさえも球技にもとづいている[1]。ヨーロッパの人々は小さな中庭でほとんど跳ねないボールを使って遊んでいたが、メソアメリカのボールはよく跳ねるので、球技のコートを広大にすることができた。メソアメリカの人々はラテックスゴム(木の乳液を原料にしたゴム)で強さや安定性、弾性のある素材をつくる方法を知っていた。世界のほかの地域では、19世紀に入ってだいぶ経ってからようやく発見された技術だ。

ゴムの原料となるラテックスはパナマゴムノキの木から採取された。この木にはヨルガオの蔓が巻きついていることが多かった。時が経ち、やがて誰かが想像力をふくらませて、この二つの植物を混ぜた。これが、ゴムに弾性をもたらす「加硫」という処理の秘密だ。マサチューセッツ工科大学のドロシー・ホスラーらは1988年、次のようなレシピを使ってこの処理を再現した[2]。

750ミリリットルのラテックスと、長さ5メートルのヨルガオの蔓を用意する。葉と花を取り除いた蔓を巻き、叩いてつぶす。それを絞り、およそ50ミリリットル(大さじ3杯)の液汁を容器に集めたら、ラテックスと混ぜて、15分かき混ぜる。だいたい固まったところで、手を使って直径10センチのボールに成形する。

ホスラーのレシピでつくったボールは、ゴルフボールの2倍ほどの大きさで、重さが800グラム前後ある。地面に向かって投げると、跳ね返って高さ2メートルまで上がった。研究チームは古代マ

図9　チチェン・イッツァの球技場。「ゴールデンゴール」に使われていた輪の一つが見える。ピッチは幅70メートル、長さ168メートル。© Steve Haake

ヤの人たちと同じぐらい喜んだに違いない。

チチェン・イッツァで開催された球技は、ほぼ一日中続くこともあったが、マヤ版の「ゴールデンゴール」で勝者を決めることもあった。球技場の両側の壁に、大きな石の輪が一つずつ付いていて、耳のように球技場のほうへ突き出ている。その輪の中にボールを入れるとすぐに勝利が決まり、選手は一躍名を知られる。輪は地上から高さ7メートルのところに設置されているので、ボールを放つ際には力強さと正確性の両方が必要だ。輪まで届かせるためには、時速40キロほどでボールを投げなければならない。

あの重いボールで、どうやってゴールデンゴールを決められたのだろうか？

ゴムボールの主な特徴に、「反発係数」の高さがあった。この概念は、スペイン人による征服とチチェン・イッツァの滅亡からおよ

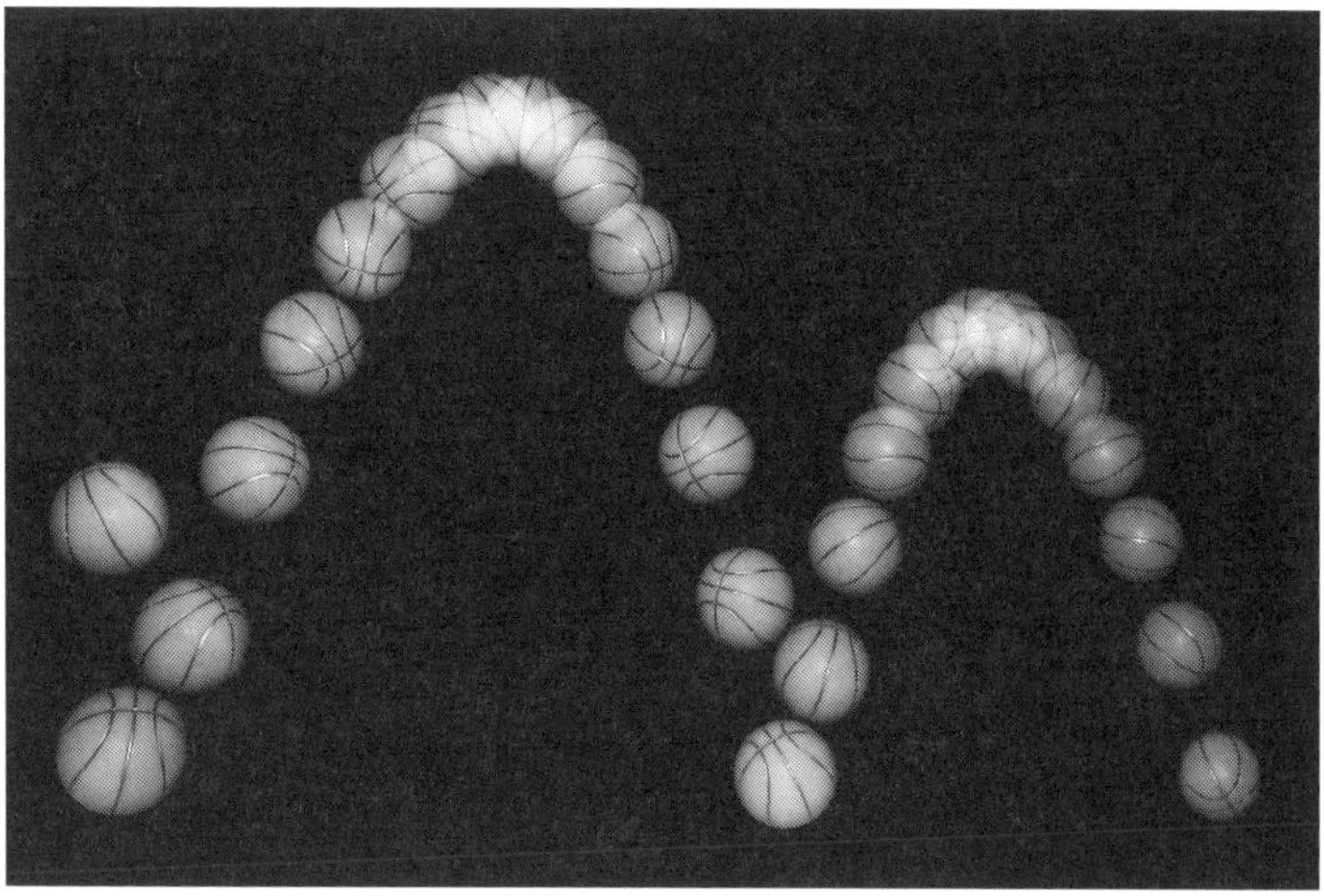

図10　小さなゴムボールの跳ね返りをとらえた連続画像。ボールは跳ね返るたびにエネルギーを失う。跳ね返る前後の速度の比率が反発係数だ。写真のボールの反発係数はおよそ0.8。© Michael Maggs, Edit by Richard Bartz

そ100年後に、アイザック・ニュートンが考え出したものだ。ニュートンは、ボールのような物体が地面で跳ね返る前と後の速度が必ず異なることに気づき、前後の速度の比から係数を考案した。ボールが跳ね返る前と後の速度が同じ場合、係数は1となる。ボールがまったく跳ね返らなかった場合、係数はゼロだ。シドニー大学の物理学者ロッド・クロスは、これら二つの極端なボールをそれぞれ「ハッピー」と「アンハッピー」と呼んだ。スポーツに使うボールの反発係数はこれら二つのあいだにあり、クリケットのボールが0・2、野球ボールが0・6、テニスボールが0・7、バスケットボールが0・8、スーパーボール（アメリカ製のよく弾むおもちゃ）が0・9となっている[3]。

　反発係数で肝心なのは、跳ね返る対象の物体にも左右されることだ。人間の体は跳ね返りがあまりよくないため、メソアメリカの人々は硬い革や木、さらには石でつくった鎧を使って反発係数を高めていた（とはいえ、鎧を身に着ける主な理由はおそらく、けがの防止だった）。

チチェン・イッツァでは、ゴールデンゴールはおそらく肘を使って決めたのだろう。ボールが入るスピードが速いほど、出るスピードも速くなる。だから、おそらくチームメイトの一人がまず、バレーボールのようにボールを空高く打ち上げ、そのボールを選手が肘で打った。ボールの速いスピード、すばやく振った腕、高い反発係数を組み合わせれば、地上7メートルの高さにある輪までボールが到達しただろう。ゴールデンゴールを決めた選手はヒーローとしてたたえられる。敗者は首を切り落とされたとの説もある(4)。

暗黒時代の球技

スペイン人はボールの跳ね返りの大きさに目を見張っても、ボールの製造法までは尋ねなかったようだ。よきキリスト教徒にとって、異教徒の儀式、ましてや魔法のボールを使う儀式とかかわることは、慎むべき行為だったのかもしれない。とはいえ、彼らがゴムに加硫する方法を発見したとすれば、その技術はヨーロッパ中に一気に広まったことだろう（それが実際に起きたのは何世紀もあとのことだ）。スポーツの姿はかなり違ったものになっていたはずだ。スペイン人による征服後にメソアメリカの球技が消滅してから、加硫の秘密が再発見されるまでに、３００年もの歳月を要した。

ギリシャとローマ帝国の滅亡後、ヨーロッパは暗黒時代に突入し、スポーツも言ってみれば「ハーフタイム」の時代に入った。総合的な競技大会に最も近かったのは、馬上槍試合だった。重武装した騎士たちが馬に乗り、やりを持って、ギャロップで相手に向かって突進する。得点は相手に負わせたけがの程度に応じて与えられる。馬上槍試合のすべての規定が記された文献としては、1465年にミラノで執筆・配布されたものなどがある[5]。

盾か上半身に当たると1点、頭に当たると2点、相手が負傷して試合を続行できなくなったら3点、相手を馬から落としたら4点を獲得する。試合に参加する者は必ず、やりの承認を得なければならなかった。どうやら当時の騎士たちは、私たちが思っているほど騎士道精神にあふれていたわけではなかったようだ。こんな厳しい警告文があった。

馬上槍試合の出場者は、隠れた腹帯や、落馬を防止するほかの装置など、鞍や武器に不正な仕掛けを使用してはならない。

不正行為を犯した者は馬を失い、名声に傷がつき、汚名を着せられて馬上槍試合から追放される。実際のところ、馬上槍試合に出場できたのは、相応の馬や甲冑、付添人を手に入れられる者、つまり貴族や金持ちだけだった。ほかの人々は自分なりの娯楽を見つけなければならなった。修道士たちは大修道院の回廊で囲まれた中庭で、「ジュ・ド・ポーム」と呼ばれる球技を楽しむようになった。これは、馬上槍試合の二人が対戦する形式をまねた球技で、一人が中庭の端からボールを手でサーブし、アーチをくぐらせようとするが、対戦相手はアーチの前に立ってボールを阻止する。この球技で使われたボールは、たいてい布きれを詰めたもので、反発係数は0・1か0・2しかなく、跳ね返りが悪くて硬かった。手を守るためには手袋が欠かせなかった。球技場となった四角い中庭はアーチのある回廊に囲まれ、回廊の傾斜した屋根も球技場の一部だった。

16世紀前半までに、保護用の手袋に代わって、粗末なガットを張った小さなラケットが用いられ、競技場の中央にネットがゆるく張られるようになった。イタリアで始まったこのゲームは、まもなくヨーロッパ最大の都市、パリへと伝わる。当然、球技には名前を付けなければならない。おそらく、名前はボールをサーブする前に「トゥネ」（tenez）と叫ぶ習慣に由来したのだろう(6)。フランス人はトゥネに夢中になり、パリでは教会よりも球技場のほうが多かったと言われているほどだ。

共有地や畑でしか遊べない一般大衆は、ほかの球技をやり始めた。ボールが硬かったため、球技の多くではバットやクラブ、ラケットが利用された。そんな球技の一つ「ペルメル」は、整備された競技場で、金属で補強した木槌を使って木製のボールを打つ競技だった。いまや、17世紀のペルメル競技場を思い起こさせるものは、ロンドンのしゃれた通り、ペルメル街だけだ。ほかには「スール・ア・ラ・クロス」という球技もあった。曲がった木の棒を使って硬い大きなボールを打つ競技で、ホッケーの先駆けのようにも見える。一方、「コルフ」と呼ばれる球技は、1本の棒と、羊皮にウールを詰めたボールを使った。

この時代のフットボールは依然として荒削りだった。ボールはぼろ布や毛を詰めたものか、よくても、ふくらませた豚の膀胱を革で覆ったものだった。競技のやり方も定まってはいなかったが、たいていは大群衆が村の端っこから向こう端までボールを移動させる競技で、けが人が当たり前のように続出した。そうした昔のフットボールのなかには、現代に残っているものもある。イングランド中部のアシュボーンでは、地元の人たちが「告解の火曜日」と「灰の水曜日」の2日間にわたって、「ハグボール」と呼ばれる競技を行なう。何百人もの人々が2チームに分かれ、アシュボーンの中心部から自分たちのゴールへボールを移動させようと、終日ボールの奪い合いを繰り広げる。ゴールとゴールは5キロほども離れている。

18世紀に産業革命が起きると、こうした農村の球技を町の雑踏で行なうことができなくなり、球技の性質が変化してゆく。1800年には田園地帯で働くイギリス人は人口の3分の1を占めていたが、19世紀末にはそれが6分の1まで半減した。イギリスの人口は4000万人近くにふくれ上がり、町や都市に暮らす人が急速に増えた。ロンドンは人口100万人から700万人近くの大都市へと発展し、パリを抜いて世界最大の都市となった。

街の魅力といえば当然ながら、工場や製造所が生む新たな雇用で手にする賃金だ。しかし、工場の所有者たちは投資した資金を手早く回収しなければならず、従業員に1日12時間、週6日の労働を課すことも多かった。19世紀半ばになると、急速に拡大する街から緑地が減り、れんがとすすに覆われた街路が増えつつある状況に、政府が目を留めた。1845年に「一般囲い込み法」が制定されると、公共の公園が設置され、住民たちが遊べる場所ができた。1850年の工場法では、織物工場の従業員が土曜日の午後2時以降、半日の休暇を得られるようになった。1867年に制定された別の法律では、週の労働時間が60時間に制限された。1880年代には、イギリス人はヨーロッパの誰よりも多く、余暇の時間をもつようになっていたと見られる。余暇を過ごせる公園が地元にあり、わずかながら家計に余裕もできた。
スポーツが暗黒時代を抜け出す下地が整った。

万博でお国自慢

当時、時代の雰囲気をとらえた出来事が一つあるとすれば、1851年にハイドパークで開かれたロンドン万国博覧会がそれに当たるだろう。建築家のジョーゼフ・パクストンが設計・建築に携わった万博会場「クリスタル・パレス」には、20万ポンド（現在の価値で2500万ポンド）（1ポンド150円とすると約38億円）もの資金がつぎ込まれた。その敷地は、サーペンタイン湖のすぐ南にいまも残っている。万博には5カ月にわたる開催期間中、1万7000人の出展者と、毎月25万人の来場者があった。万博はイギリスの商品と優位性を見せつけるための場だった。クリスタル・パレスの半分を大英帝国の展示が占め、その他の国々の展示スペースは残りの半分しかなかった。

イギリスの展示区画の北翼廊ギャラリーにあった「種々雑多な製造業と商品」のコーナーでは、せっけんや鳥の剝製、釣り道具に囲まれて、スポーツ用品が10点ほど展示されていた。[7] これらの展示には19世紀半ばのスポーツテクノロジーが表われている。多くはリリーホワイト&サンズなどの名前が付いたクリケット用品で、バットやボール、グローブ、三柱門の柱、シューズがあった。さらには、「第一級のボウラーがいなくても」トレーニングできる、カタパルトで動くボウリング・マシンまであった。ウィリアム・ギルバートの「専用の革で特別に包んだフットボール」はラグビー用のボールだ。サッカーが誕生するのは、それから12年後のことである。

現代の展示会で商品のセールスを担当したことがある読者なら、友好的な雰囲気がいかにはかなく、スパイ活動と表裏一体であるかをご存じだろう。ロンドン万博のとき、とりわけ反目し合っていたライバル同士の展示があった。当時、その二つの企業は、メソアメリカの人々が３０００年にわたってもっていた知識、つまりゴムの加硫法を見つけようと必死だった。イギリスの展示区画で「植民地、インド」というずうずうしいタイトルがつけられた一画では、チャールズ・マッキントッシュ社が、防水の生地やコート、ゴムバンド、なめらかに加工したゴムのブロックを展示していた。なかでもとりわけ目立っていたのは、同社の新しいオーナー、トーマス・ハンコックの顔をかたどったゴムの板だった。

一方、アメリカ合衆国が借りた広大で派手な区画に陣取ったのは、「硬質ゴムの間」だった。壁はゴム製で、デスクは硬質ゴム製、なめらかなゴムのカーテンや、防水のゴム製地図が展示され、頭上には水素ガスでふくらませたゴム風船がゆらゆら浮いていた。そして、人だかりの中央にあったのが、ゴム製の服を堂々と身にまとった発明家その人、チャールズ・グッドイヤーだ。

この二人の出展者は対照的だ。ハンコックは65歳の裕福なイギリス人で、家具職人から技術者兼実業家に転身した。一方、グッドイヤーは15歳若いアメリカ人で、店員から発明家になり、ビジネスのセンスはこれっぽっちもなかった。

ゴムの靴は、アメリカの投機家が辺境地のゴムへの投資に熱中した１８３０年のゴムブームのときに、南米で製造が始まった。柔軟で、成形がしやすく、水をはじき、熱や電気を遮断する性質もあった。ただし当時はまだ、加硫の技術が見つかっておらず、まもなく深刻な問題があらわになる。暑すぎると、ゴムが軟らかくなってべたつき、いやなにおいが鼻をつくし、寒すぎると、ひび割れてもろくなってしまうのだ。発売された最初の年、アメリカの蒸し暑い季節が過ぎると、溶けて形の崩れたゴム製品が倉庫に山のように残った。市場も崩壊した。

それから20年以上、ハンコックはメソアメリカ人がもっていた加硫の知識を発見しようと奮闘したが、見つけられなかった。グッドイヤーもまた加硫の謎を解明しようと熱中し、自分の家や人生、さらには家族の健康までも犠牲にして、答えを追い求めた。(8) しかし、加硫の秘密はわからなかった。

科学的な発見はしばしば、インスピレーションだけでなく、運にも助けられる。グッドイヤーの実験技術はお粗末で、どうやら手当たりしだいに実験した結果、硫黄がゴムを部分的に安定させることを発見したようだ。しかし、温度が上がりすぎると、ゴムは軟らかくなって、べたべたの状態に戻ってしまう。グッドイヤーはあらゆる手段を尽くして熱を防いでいたが、ある日、たまたまゴム片をストーブの上に置きっぱなしにして出かけてしまった。そのあと戻ってきたグッドイヤーが目にしたのは、それまでで最高の試作品だった。生ゴムは少量の熱には弱いのだが、熱を加える量と時間がちょうどよければ、よい効果が得られる。それが加硫の秘密だった。

ゴム自体にはポリマーの長い鎖が含まれるが、そのポリマーは元のままでは安定性に乏しく、流動して重なり合ってしまう。しかし、熱を加えることで、硫黄の架橋が形成されて、長い鎖どうしが結合し、重なり合わなくなる。これで、ポリマーの長鎖はまっすぐになるまで伸ばすことができ、架橋のおかげで、損傷なく元の長さに戻る。これでゴムは伸縮性のある安定した素材となった。あとは用途を見つけるだけだ。

　喉から手が出るほど資金がほしかったグッドイヤーは、資金集めのために、最良の試作品を何点かイギリスに送った。不運にも、その試作品がハンコックの手に渡ることになる。グッドイヤーは重大なミスを犯していた。自分の発明を保護する特許をとっていなかったのだ。試作品を見たハンコックは手がかりをつかんだ——縁に付いた粉が硫黄の存在を暗示し、表面の焦げた跡が加熱されたことを示唆していた。ハンコックがイギリスの特許を申請したのは、グッドイヤーがより価値の低いアメリカの特許を得る2週間前だった。イギリスで訴訟が起こされたものの、グッドイヤーにとって残念なことに、英米の特許法はかなり異なっている。イギリスでは、特許の申請日がすべてだが、アメリカでは発見日とそれを証明する証拠が重視される。ハンコックがアイデアを盗んだのは明らかだったものの、彼が最初に特許を申請したという事実が物を言った。グッドイヤーは敗訴した。

　グッドイヤーは1853年に自費出版した著書『弾性ゴムとその種類——その応用や用途の詳細と、加硫の発見の経緯』で、アイデアの道徳的な所有権を主張した。自分は特許をもっていなくても、加硫処理の秘密を発見した人物なのだということを、世界中に知らしめようとしたのだ。とりとめがなく支離滅裂なこの著書で、グッドイヤーは数多くの用途を記載している。なかには、装飾用のベッドカバーや皿、望遠鏡、書籍、バックギャモン盤といった、決して日の目を見ないような用途もあったが、救命胴衣や気球といった目を見張る実用的なアイデアもあった。

　もしかしたら、グッドイヤーの最も実用的なアイデアは、ゴム製のフットボールだったのかもしれない。

フットボールの世界進出

グッドイヤーが著書を執筆していた頃、群衆が参加する「モブフットボール」はイギリスのパブリックスクールで変化を遂げつつあった。イートン校やハロー校では、ボールを蹴ったりドリブルしたりする競技が人気だったが、ラグビー校やマールバラ校では、ボールを持って走る競技がはやっていた。どの競技のボールも、ふくらませた豚の膀胱をなめらかな革で包み、縫い目を固定するためのボタンが両端に付いていた。膀胱のもともとの形を反映して、ボールはわずかに卵形をしている。ボールを組み立て終えたら、粘土でつくったパイプを通じて口でふくらませる。膀胱のなかには解体したばかりで、悪臭を放つ、まだ生っぽいものもあったから、ボールをふくらませる人は肺活量が大きく、体ががっしりしていなければならなかった。

イングランド中部の小さな町、ラグビーには、評判のよいフットボール製作者が二人いた。そのうち年上のウィリアム・ギルバートはロンドン万博に出展していた。一方、ライバルで年下のリチャード・リンドンはギルバートの元弟子で、ラグビー校の入り口の向かいに店を構え、シューズやボールをつくって生計を立てていた。リンドンは革の切断や縫製を担当し、妻のレベッカは17人の子どもたちの面倒を見ながら、ボールをふくらませていた。残念ながら、レベッカは豚の膀胱から病気に感染したのか、肺の病気で他界してしまう。

リンドンは豚を使わずにフットボールをつくろうと、製造法の改良に取り組んだ。そして、グッドイヤーの著書を読んだかどうかはわからないが、まもなくゴムを原料にするアイデアを思いつく。ただし、グッドイヤーの案のようにボール全体をゴムにするのではなく、膀胱の部分だけをゴムに代えるのだ。天然の膀胱より6倍も硬いうえ、50倍も強い(9)。つまり、ボールの空気圧を高くでき、反発係数が高くなって、蹴ったときの動きが激しくなる。しかも、重量級の男子たちが10人ぐらい乗っかっても、破裂しにくくなる。リンドンはこのボールをふくらませる足踏み式ポンプも再発明した。

その後、リンドンはオックスフォード大学やケンブリッジ大学、ダブリン大学のボール製作を請け負うようになり、彼の「ビッグ・サイド・マッチ・ボール」は50年にわたって業界最高のラグビーボールとして君臨した。リンドンは自分のアイデアの特許をとらなかったので、近所のウィリアム・ギルバートをはじめとするライバルは、すぐに似たようなボールをつくった。

近代スポーツの下地が整い始めた。リンドンがラグビーボールを発明した1年後の1863年、フ

図11　初期のフットボールを持つリチャード・リンドン。1880年頃撮影。豚の膀胱の代わりにゴムを使ったボールを考案して、フットボールに革命を起こした。

ットボールの競技規則を統合しようとするなかで、パブリックスクールを二分する激しい論争が起きた。同年11月、ロンドンの居酒屋「フリーメイソンズ・タヴァーン」に11のクラブが集まった。主な議題は二つ。ボールを足でドリブルすべきか、それとも、手に持って走るべきか？　敵を倒すことを許すべきか？

何カ月もかけた議論は物別れに終わり、蹴るほうの競技を好んだ陣営がフットボール・アソシエーションを設立し、シェフィールド・フットボール・アソシエーションの1858年の競技規則を採用した。ボールを手に持つほうの競技を好んだ陣営は引き続きピッチの内外で論争を繰り広げ、最終的に1871年にはラグビー・フットボール・ユニオンを、1895年にはノーザン・ラグビー・フットボール・ユニオン（ラグビー・フットボール・リーグの前身）を設立した。

新たにゴム製の空気袋が考案されたことで、フットボールの大量生産が可能になり、急拡大する需要を満たせるようになった。さらに、豚の膀胱の形に縛られることなく、どんな直径のボールでも丸くつくれるようになった。リンドンの評判をさらに高めたのは、「パントアバウト」と呼ばれるボタンのないボールを考案したことだ。これはあらゆる方向に転がすことができ、丸いサッカーボールの先駆けとなった[10]。

19世紀後半には国民の賃金が5割も上昇し、労働者にはお金を使える空き時間が土曜の午後にできた。職場から直接パブに足を運び、パイをつまみにビールを1杯飲んで、午後3時から始まるフットボールの試合を見にいくなんて、最高の午後の過ごし方だ。イギリスでは、ほかのあらゆる種類のフットボールをしのいで、「サッカー[11]」が大衆のスポーツになった。一方で、パブリックスクールに通った生徒たちは、成人して大英帝国の陸軍将校や聖職者、公務員になり、学生時代に熱中したスポーツを決して忘れず、同じく大衆のスポーツを求めていた国々に、自分が知っている種類のフットボールを伝えた。オーストラリアのヴィクトリア植民地では、フットボールのアイデアが受け入れられ、それに、広大なピッチをすばやく駆け回るオーストラリア独特の特徴が加わった。アメリカでは、アイビーリーグと呼ばれる東部の名門大学グループがラグビーを参考に、アメリカンフットボールという独自のフットボールを考案した。

屋内スポーツが登場する下地も整った。1891年、冬に屋内でやる体操に飽き飽きしていた生徒たちのために、カナダ生まれのアメリカの体育教師、ジェームズ・ネイスミス博士があるスポーツを考え出した。体育館のキャットウォーク（2階の通路）にかごを取りつけ、「バスケットボール」というチームスポーツを考案した。ボールにはフットボールを使った。そのスポーツのことを聞いたニューオーリンズの体育教師、クララ・ベアが、ネイスミスに手紙を書く。女性向けのスポーツをつくりたいのだという。ネイスミスはコートの外枠と、選手のおおよそのポジションを示す点線を描いたスケッチを送った。ベアはその点線が、それぞれの選手の動ける範囲を示していると誤解し、ゴールキーパーとシューター、ウィングディフェンスとアタック、センターの概念を考え出した。それがどうやらうまくいき、「ネットボール」と呼ばれるようになる。ほかのスポーツも続々と発明された。バスケットボールを「激しすぎる」と考える人たちのためにバレーボールが[12]、水中でラグビーをしたい人のために水球が登場した。また、オランダで生まれたコーフボールは、男女混成のチームで、足首を見せるユニフォームがマスコミをにぎわした。何百年にもわたって気軽な娯楽でしかなかったスポーツは、規則や組織が整えられ、数十年という短いあいだに、現在の形へと変貌を遂げた。リチャード・リンドンが特許を取得しなかったので、空気を入れてふくらませる彼のボールを誰でも模倣でき、あらゆる大きさや形のボールをつくることができた。スポーツ人気に火がつき、19世紀後半には、球技が大英帝国を通じて世界中に広まった。

　私は以前、ダンロップ・スラセンジャーのテニスボール工場を訪れたことがある。工場の建物の片隅には、ラテックスの材料と、きしんだ音を立てる粉砕機が置かれ、明らかに豚とわかるにおいが漂っていた（豚の尿の尿素を使って加硫を促進しているので、テニスボールが湿ったときなどに嗅いでみると、豚のにおいがはっきりわかる）。工場の反対側では、ずらりと並んだ女性たちが、加圧した型からつるつるのゴムボールを取り出し、イヌがくわえる骨のような形をしたフェルト片を貼りつけていた。これで、おなじみのテニスボールの完成だ。製造しているのはテニスボールではあるのだが、端的に言ってここはゴムの加硫工場である。グッドイヤーのゴムがなければ、どの球技も現在のような姿にはならなかっただろう。それは明らかだと、私は思った。

ボールを操作する

　フットボールはそれぞれの国によって独自の特色があり、それがボールに表われている。しかし、どちらが先だろうか？　ボールが競技のスタイルに影響を及ぼしたのか、それとも、競技のスタイルがボールに影響を及ぼしたのか？

あらかじめ断っておくが、ここではフィートやインチ、ポンドやオンスといった帝国単位を使う〔1フィートは約30センチ、1インチは約2・5センチ、1ポンドは約450グラム、1オンスは約28グラム〕。ボールはこれらの単位をもとにつくられたからだ。ラグビーでリンドンやギルバートが売っていたもともとのボールは長さ12インチ、幅9インチで、12½オンスだった。ラグビーは、オフサイドのルールが設けられて後方へのパスのみ認められるスポーツへと発展した。これによって、両手でつかめるボールが必要になり、幅は現在の7・5インチに狭まった。

一方、アメリカとオーストラリアのフットボールでは、前方への長いパスが認められた。これは片手でないと投げられない。そのためボールの幅はさらに狭くなり、アメリカとオーストラリアのフットボールは幅が7インチ足らずと、平均的な男性の手を開いた長さになった。オーストラリアンフットボールでは、足の速い選手が簡単にディフェンダーを追い抜いてしまったことから、速度を落とすため、15メートルごとにボールのバウンドを義務づけるルールが導入された。先がとがったボールはあまりにもコントロールしにくいので、オーストラリアのボールは先端がやや丸くなり、それぞれの先端が1インチずつ短くなった。

ボールの空気圧にまつわる言い争いを防ぐため、内部の空気圧に関する仕様が決められた。オーストラリアンフットボールでは1平方インチ当たり9〜11ポンド、ラグビーでは9・5〜11ポンドが許容範囲とされている。一方、アメリカンフットボールでは、1平方インチ当たり12・5〜13・5ポンドと高い圧力が設定されている。ボールをしっかり握れる圧力だ。ボールの空気圧というのは、専門的で退屈な要素に思えるかもしれないが、スポーツでは近年まれに見る大騒動を引き起こしている。

アメリカの報道で、ニクソンのウォーターゲート事件に引っかけて「デフレートゲート」と呼ばれるその騒動の中心人物は、アメフトのニューイングランド・ペイトリオッツのクオーターバック、トム・ブレイディだ。

それは２０１５年1月18日のことだった。選手たちがファンの大歓声に迎えられる。音楽が鳴り響き、美女たちが観客を楽しませる。なかには飲みすぎて、すでに酔っ払っている男もいる。ビッグゲームの結果に賭け金が積まれる。選手たちは太腿の筋肉をストレッチし、短い距離を腿上げしてウォーミングアップする。恐怖で口の中が渇く。ボールがピッチに投げ込まれた。大きな歓声が沸き起こる。彼らの生涯で最も重要なゲームが始まろうとしていた。人間の行動というのはこの１０００年、たいして変わっていない。

その夜、会場となったジレット・スタジアムでは、気温が９℃まで下がっていたかもしれないが、大興奮の観客席は熱を帯びていた。ニューイングランド・ペイトリオッツとインディアナポリス・コルツが、スーパーボウルの出場権をかけてまもなく激突する。大会関係者のロッカールームでは、審判がボールの空気圧を確認していた。チームごとに一ダース用意され、攻撃のときには自分たちのボールを使うことになっている。トム・ブレイディはボールの空気圧をできるだけ低くするよう要請し、1平方インチ当たり12・５ポンドの最低値近くまで下げた。コルツは許容範囲の中間あたり、およそ13ポンドを好んだ。

ボールを各チーム指定の空気圧までふくらませたあと、試合前のしきたりに反して、ペイトリオッツのボール係、ジム・マクナリーが、ボールの入ったバッグ２個を審判室から持ち出し、途中でバス

図12　ニューイングランド・ペイトリオッツのクオーターバック、トム・ブレイディ。
© Keith Allen

ルームに寄ってからフィールドまで運んだ。試合が始まり、ハーフタイムに入る頃には、ペイトリオッツは10点リードする余裕の試合運びを演じていた。しかし、コルツは何やらうさんくささを感じていた。トム・ブレイディのパスをディフェンスがインターセプトし、ボールをつかんだとき、空気圧をチェックした。圧力が規定を下回るのではないかと疑っていたからだ。その疑念は当たっていた。ハーフタイムに入ると、コルツはペイトリオッツのボールをすべて調べるよう、審判に要請した。

大会関係者は限られた持ち時間でできることをやった。すると、ペイトリオッツのほかの11個のボールは、空気圧がすべて規定を下回り、1平方インチ当たり11・3ポンド前後しかないことが判明した。空気が入れ直された。時間切れになる前にコルツのボールも確認したところ、すべてのボールの空気圧が規定の範囲内だった。後半が始まったが、ペイトリオッツはさらに点差を広げ、47対7で圧勝した。

翌日、ペイトリオッツが不正を働いたという告発で、世間は大騒ぎになる。ナショナル・フットボール・リーグ（NFL）は調査に乗り出し、選手やコーチ、審判が取り調べを受け、捜査のために携帯電話を取り上げられた。証拠ははっきりしていた。トム・ブレイディは空気圧を低めにしたいと明言していたし、すべてのボールは規定を下回っていた。

ならば、誰が空気を抜いたのか？

その問いに答える前に、トム・ブレイディが低めの空気圧を求めた理由が何だったかを推測してみるのがよい。彼の立場だったら、私は何を求めるだろうか？

規定を詳しく見てみると、変更できる余地が驚くほど大きいことがわかる。中央の直径は6・6～

6・76インチ、重さは14～15オンスの範囲に収まればよいし、前述のとおり、空気圧は1平方インチ当たり12・5～13・5ポンドの範囲にあればよい。範囲の幅はたいして大きくないようにも思えるが、このわずかな違いがパスの成否を左右する。

この範囲内で最大のパフォーマンスを発揮するためには、どんな選択をすればよいか？

まず、直径が最も小さいボールを選ぶ。そうすることで、空気抵抗が5％下がり、飛ぶ距離が伸びるからだ。そして、最も重いボールを選ぶ。直観に反しているように思えるかもしれないが、空中を飛んでいるときに、重いほうが慣性が大きく、空気抵抗の影響が小さくなって、スピードが落ちにくいから、これもまた飛ぶ距離を伸ばす要素となる。

そして最後に、空気圧をできるだけ小さくする。ボールをつかんだときに指が表面に食い込んで、投げるときにコントロールしやすくなるからだ。空気圧を下げる方法としては、バスルームに立ち寄って空気を抜くことがすぐに思い浮かぶ。さらに単純なのは、自然の作用を利用する方法だ。ボール内の空気の体積が一定なら、空気の温度を下げれば圧力も下がる。「理想気体の法則」を使って簡単に計算してみると、ロッカールームの温度で1平方インチ当たり12・5ポンドあったペイトリオッツのボールの空気圧は、ピッチの気温まで冷えると11・3ポンドまで下がる。[13]この値はハーフタイムに測定された空気圧そのものだ。トム・ブレイディやチームメイトが何もしなくても、ありがたいことに、ボールの空気圧は自然に下がるのである。

ペイトリオッツのボールがハーフタイムの時点で規定を下回っていたのは、厳然たる事実だ。誰かが空気を抜いた可能性もあるが、いずれにしろ、空気圧は温度の低下に伴って自然と下がっただろう。

とはいえ、状況証拠から、ジム・マクナリーがピッチに向かう途中でバスルームに立ち寄ったとき、故意にボールの空気を抜いたと思われた。(14) マクナリーは無実を訴えたが、陰謀にかかわったとされるほかの人たちに送ったテキストメッセージで、自分を「デフレーター」(しぼませる人)と呼んでいる事実もあって、疑いは晴れなかった。

しかし、はっきりしない結果を目の前にしたとき、私は工学の学生たちにこう問いかけることにしている。目の前にある結果が飛行機の設計に使われているとしたら、きみはその飛行機に乗って飛ぶだろうか? そうすると、たいてい気持ちが引き締まる。個人的には、陰謀説を唱えるNFLの飛行機には搭乗しないだろう。とはいえ、NFLは選手たちが故意に規定違反を犯したと信じ、ペイトリオッツに100万ドルの罰金を科した。ブレイディは4試合の出場停止処分を受けた。

スポーツはプレーする者も、観戦する者もとりこにすることがある。フットボールはその典型だ。科学者も同じく何かのとりこになることがあるし、フットボール選手に引けをとらない競争心を抱くこともある。こうした姿は次の章でも見られるだろう。フットボールの登場からそれほど期間を置かず、ほとんど何もないところから生まれたスポーツでだ。

4 革命をもたらした発明——テニス

1977年10月2日、フランスのエクス＝アン＝プロヴァンスで開催されたラケット・ドール選手権。荒れ模様の天候は、これから始まる男子決勝の波乱を予感させた。ツアーのなかでは比較的マイナーなトーナメントではあったが、一匹狼のイリ・ナスターゼと、アルゼンチン出身で世界ランキング2位のギレルモ・ビラスという魅力的な対戦とあって、大いに注目されていた。ビラスはそれまで46戦負けなしという驚異的な連勝記録を成し遂げていた。だが、観衆が知らなかったことがある。ナスターゼが秘密兵器をもっていたことだ。

その前の週、ナスターゼはフランスのジョルジュ・ゴヴァン相手に4－6、6－2、4－6で敗北を喫していた。それまでゴヴァンはナスターゼに2回しか勝ったことがなく、8年間で6セットしか奪ったことがなかったにもかかわらずだ。話がこれだけなら、テニスの愉快な番狂わせで済むところだが、その裏には意外な事実があった。ゴヴァンは「スパゲッティ・ラケット」を使っていたのだ。ボールに強力なスピンをかけるラケットで、相手はたいてい打ち返せない。ナスターゼは、もうこんな対戦はしたくないと誓っていた。

１９７７年、国際テニス連盟（ＩＴＦ）はスパゲッティ・ラケットに目を光らせるよう報告を受けていて、それへの対応を検討していた。このラケットは糸が縦横交互に編み込まれた従来のラケットとは違って、縦糸が張ってある面が二面あり、横糸の上を滑りやすい。ＩＴＦがドイツのブラウンシュヴァイク大学にこのラケットの試験を依頼したところ、ボールは一つの面に当たったあとにもう一つの面にも当たることが判明し、厳密にいうと、打つたびに「ダブルヒット」という反則を犯していることになるとの提言を受けた。理屈として多少弱い部分はあったものの、反則ではあるので、スパゲッティ・ラケットの使用は一時的に禁止されることになった。

その後、スポーツ工学の第一人者サイモン・グッドウィル博士による調査で、通常のラケットより５割強いスピンがかかるスパゲッティ・ラケットのメカニズムが明らかになった[1]。通常のラケットをフォアハンドで使った場合、ボールはラケットに斜めに当たり、水平方向の糸を数本、下方向へずらす。ずれた糸はボールがまだ当たっているあいだに元の位置へ戻り、ボールの端をはじいて、トップスピンを少しだけ余分にかけた状態でボールを送り出す。スパゲッティ・ラケットを使うと、この効果が劇的に高まる。ボールが当たったとき、糸が張ってあるそれぞれの面全体が滑り合うからだ。伸縮性のカーペットが木の床の上で滑っているような状態だ。糸が張ってある面が元に戻ると、ボールには強力な上向きのスライスがかかり、重いトップスピンがかかったショットのようになる。

ナスターゼはＩＴＦが禁止するまでのあいだに、スパゲッティ・ラケットを手に入れ、禁止前に使える最後の機会となったラケット・ドールの決勝で使用することにした。もうこんな対戦はしたくないと発言したナスターゼだが、自分が使わないとは言っていなかった。第１セットを６－１で楽々と勝利し、第２セットは７－５でかろうじて勝った。だがここで、ビラスが試合を棄権するという劇的な展開が待っていた。奇妙なスピンがかかったボールで、肘を痛めたというのだ。観客は激怒し、テニス関係のメディアは大騒ぎになった。

ＩＴＦによるスパゲッティ・ラケットの禁止措置は、翌年６月のＩＴＦ年次総会で競技規則に明記された。これはテニスにとって重要な瞬間である。意外なことに、ラケットについて初めて導入されたルールだったからだ。驚くべきことかもしれないが、それまでこんなルールは必要なかった。

ボックスセットの先駆け

テニスは修道院や城のなかで昔から楽しまれてきた。16世紀のパリで修道士たちが手を使ってやった「ジュ・ド・ポーム」が、「文明化された」世界の大部分に広まったのだ。競技場には適当な形の中庭を使うのではなく、もともとの形を模した専用の屋内コートが建設されるようになった。コートの中央にはネットが張られ、天井が高く、片側には観客席が設けられ、もともとの中庭の回廊と同じような傾斜した屋根まであった。シェイクスピアの喜劇『空騒ぎ』では、ボールに人間の毛が詰められているとされている。

「床屋の小僧がきているのを見た者はございます、その結果、見馴《みな》れた頰《ほお》の縁飾りも今や消え失《う》せ、テニスの球の芯《しん》になってしまいました」(2)〔福田恆存訳『じゃじゃ馬ならし・空騒ぎ』新潮文庫、1972年〕

ボールがこのように粗雑につくられていることを知ったフランス王、ルイ15世はたいそう立腹し、ボール製造の基準を設けた。ボールは球状にきつく巻いた布をフェルトで覆うこと、というものだ。重さは72〜78グラムで、直径は62〜66ミリ。手のひらぐらいの大きさだ。

当初は保護用のグローブを着けて手でボールを打っていたが、やがてテニスラケットが使われるようになった。ラケットの材料には、細長く切ったトネリコかクリの木材を2メートル分使う。この細長い木材をゆでるか蒸すかして、柔らかくなったところで、中央を曲げて環状のヘッドをつくり、木の端と端を長めに縛り、のりづけしてグリップにする。スロートにはくさびを打って隙間を埋め、ガットには羊の腸が利用された（イギリスでは、猫の腸が利用されていたと誤解している人もいる）(3)。

試合はスカッシュのように、左右と後ろの壁から離れて行なわれた。ボールを打ち返しにくいコーナーに落とすことが主な戦術の一つとなり、それに伴って、ラケットのデザインに二つの大きな変化があった。一つは、ヘッドを丸くせずに四角くして、コーナーにぴったりはまるようにしたこと。もう一つは、ヘッドをわずかに傾けて、打つときにラケットを下に向けると、ヘッドが床と平行になるようにしたことだ。

私は幸運にも、ロンドンの西にあるヘンリー8世の古い宮殿の一つ、ハンプトンコートでこの種類のテニスをプレーする機会を得た。いや、「プレー」という言葉は大げさすぎる。ラケットにボールをちゃんと当てたのは1、2回しかなかったからだ。相手をしてくれたプロは礼儀正しく、垂れ下がったネットの向こうから、ボールをやさしく私のほうへ打ってくれた。しかし私はというと、小さなヘッドのラケットを振っても、そのたびにボールが下のほうを通り過ぎるばかりで、いっこうに当たらなかった。芯にゴムを使ったテニスボールに慣れすぎていて、いつものスイングを修正できなかった。コルクを詰めた古い種類のテニスボールは反発係数が低すぎて、ほとんど床から離れないように見えた。ようやく何とか打ち返せたと思ったら、ボールはものすごいスピードで飛んでいって、ネットにぶち当たった。

1830年、思わぬ発明によって近代テニスの未来が保証されることになる。芝刈り機だ。そのヒントになったのは、ウールの生地からはみ出た余分な毛を刈り取るために、作業台に据えつけて使う機械だった。それを見たエドウィン・ビアード・バディングが、似たような機械を芝刈りに使えないかと考えた。彼が取得した特許には、前方の刃を動かす円筒状のローラーが備わっているが、あまりにも重かったので、前で引っ張る人と後ろで押す人が必要だった。バディングの芝刈り機は、豊かになりつつあったヴィクトリア時代の中流階級にとって、一般的なガーデニング用品となった。

当初は見た目に美しい芝生を求めていた彼らだが、男女が親しくなる口実になるようなパーティーや遊びも庭でやりたいと思うようになる。芝生はクロッケーにもってこいの場所だった。クロッケーはおそらくアイルランドから伝わったスポーツで、平らな芝生と、球をくぐらせる金属のフープ（小門）、ボールを打つためのマレット（木槌）さえあればできる。クロッケーはすぐに人気になった。1868年には、イングランド南部に位置するグロスターシャーのモートン・イン・マーシュにあったバディングの工場の近くで、誰でも参加できる第1回の競技会が開催された。

そんななか、バーミンガムにいた小さなグループが、クロッケー用の芝生で屋外テニスをしようと試みた。とはいえ、ボールは屋内の木の床でもほとんど弾まないのに、芝生の上で弾むわけがない。そこで彼らが注目したのは、中空のゴムボールだ。反発係数がおよそ0・7と従来のボールよりはるかに高い。ゴムボールをドイツから取り寄せて試したところ、芝生でやるテニスに最適であることがわかった。彼らはこのローンテニスの概念を誰にも伝えなかったようだが、まもなく立派な称号の付いたウォルター・クロプトン・ウィングフィールド少佐が同じアイデアを思いついた。

ウィングフィールドは1874年までに、古来のテニスを行なえる新しい改良型コートの特許をイギリスで申請した。彼は大胆にも、その競技を「スフェリスティキ」と呼んだ。「ボール」と「ゲーム」を意味するギリシャ語を組み合わせた造語だが、この言葉は定着せず、必然的に「ローンテニス」と呼ばれることになった。スポーツの機嫌を損ねることがあるかどうかは定かでないが、その後、旧来の屋内テニスに起きたのは、まさにそのようなことだった。われこそは正当なテニスであるという地位を確立するために、屋内テニスはイギリスで「リアルテニス」（いわゆる「コートテニス」）と改名されたのだ。

ウィングフィールドのテニスは貴族のあいだで一躍人気になり、ラケット4本と、ゴムボール1袋、ネット、支柱、ルールブックなどを収めたボックスセットを1箱5ギニー（現在の価値で約550ポンド）で発売し、何千箱も売りさばいた。最初の年だけで、現在の価値にして50万ポンドをゆうに超える売り上げとなった。

この流行にほかのメーカーも便乗し、ウィングフィールドの特許を侵害しないように用具やルールを変えて、独自のボックスセットをつくった。これが混乱を呼び、テニスもまた、フットボールが少し前に味わった産みの苦しみを経験することになる。そこで救いの手を差し伸べた数少ないスポーツ団体の一つが、メリルボン・クリケット・クラブ（ＭＣＣ）だ。乱立したさまざまなルールを整理して、統一ルールを考案した。１８７７年4月には、ウィンブルドンのオールイングランド・クロッケー・クラブが名称に「ローンテニス」を加え、まもなく男子トーナメントを立ち上げた。力をもっていた団体が主導権を握り、ウィングフィールドはテニス界から立ち去った。その後、彼は自転車のチームを結成したほか、料理の科学も研究したのだが、それはまた別の話だ。

賞金25ギニー（現在の約２７００ポンド）が懸かった本格的な選手権が創設されたことで、選手全員にとって明確なルールが必要になった。ルールづくりにかかわった一人、Ｊ・Ｍ・ヒースコートはボールについて、扱いやすく、よくバウンドし、見分けやすくするために白いフランネルで覆わなければならないとの基準をすでに提案していた[4]。コートは長さ78フィート（約24メートル）、幅27フィート（約8メートル）で、ネットの高さは3½フィート（約1メートル）とされた。ボールは直径2¼インチ（約57ミリ）、重さ1・5オンス（約43グラム）。ラケットの大きさや形は自由だった。

私有のコートやテニスクラブが増え、ローンテニスはさかんになっていく。すると英米が対戦する競技会が提案され、１９００年にアメリカ・マサチューセッツ州で第1回のデビスカップが開かれた。

イギリス側は勝利を確信していた。何しろこの競技発祥の地であるし、世界最高の選手をそろえていた（と思っていた）からだ。一方、故国を打ち負かそうと必死だったアメリカ側は、ホームアドバンテージを容赦なく利用するという、その後のデビスカップの流れをつくった。

イギリスチームは意気揚々と国を離れたものの、海の向こうで何が待ち受けているか想像もつかなかった。イギリス選手は力で相手を封じ込めるパワーゲームで知られていたが、アメリカ側はその力を封じ込める戦略をとった。まず彼らがやったのは、イギリス選手が疲れやすいように最も暑い日中に試合のスケジュールを組むことだった。ラケットについては、選手それぞれ異なるので何もしようがなかったが、ボールに関してはできることがあった。反発係数の低い軟らかいボールを選び、ラケットや芝生であまり弾まないようにした。さらに、コートを整備するときには、イギリス選手が慣れたコートよりも芝生を少しだけ長くして、ボールのスピードが遅くなるようにした。イギリス選手の一人、ローパー・バレットは、芝生が自国より2倍も長く、ボールは「軟らかくて、アメリカ選手がサーブすると、卵形のスモモが生きているみたいによじれてこっちに向かってくる」(5)と嘆いた。

イギリスは0－3で完敗を喫した。

その後、こんなことが二度と起きないよう、ボールの基準が定められた。しかし、ホームアドバンテージをもたらすコートの問題は依然として残った。それから90年ほど経った１９９０年代に、私はＩＴＦの技術委員会に加わったのだが、そのときもまだデビスカップでのコートスピードが懸案事項となっていた。最高水準の試験では、圧縮空気を用いた発射装置でボールを時速１０８キロで、コートの表面に対して16度の角度で発射する。そのボールの速度と方向を、バウンドの直前と直後に光センサーで測定する。そうして得られた水平方向と垂直方向の速度から、コートのペース・レーティング（球速等級）を割り出す。遅いコートではレートが29を下回るが、速いコートでは45を超える。

このシステムは有効ではあったのだが、熟練したオペレーターが必要だったうえ、発射装置用のコンプレッサーと、重いフライトケースを3箱持って、世界中を移動しなければならない。しかも、価格がおよそ4万ポンドで、世界に数台しかなかった。何も知らない私は、技術委員会の会合で、自分の研究チームならばシンプルな携帯型の装置を簡単に開発できると言ってしまった。しかも、1年以内に完成できるし、コストも数百ポンドしかかからないと、自信たっぷりに提案した。それはとんでもない間違いだった。

設計の条件としては、一つのフライトケースに収まり、かつ重さは現代の格安航空の重量制限を下回らなければならない。専門知識がない審判でも、トーナメントの準備に追われるなかで操作できるように、使いやすくする必要もあった。さらに、もともと使っていた最高水準の装置と同じ性能を実現しなければならない。なぜこの装置が高価なのかがようやくわかってきた。製作が難しいのだ。低価格の代替装置の開発に着手したのは、ベン・ヘラーとテリー・シニアという、私の研究室にいた二人のスポーツ工学者だ。テリーは、コンプレッサーの代わりに単純な足踏み式のポンプで空気を圧縮できる小型の発射装置を新たに設計し、開発した。ベンは速度を測定する装置を小型化し、外部電源を使わず充電可能なバッテリーだけで動作する分析用のハードウェアをつくった。

5年に及ぶ試行錯誤の末に、ようやく生産可能な装置が完成した。価格はおよそ400ポンド。私が当初言っていた数百ポンドにはほど遠い。その装置は「スプライト」という名称で、いまではトーナメントの前にコートをチェックするために利用されている。１９００年のデビスカップを再現してみようと、芝の長さを2倍にした芝生で測定してみたところ、ペース・レーティングは27だった。十分遅いコートの範疇に入る値ではあるが、それでも規定の範囲内だ。当時のアメリカチームの勝利はやっぱり有効だと思う。

ヘッドを大きくする

１９７７年のナスターゼとビラスの対戦で論争が巻き起こったことから、ＩＴＦはラケットに関するルールを設けざるをえなくなった。いまではＩＴＦの技術委員会がこれらのルールを管理し、調査データの分析に多くの時間を費やしている。ルールづくりにはかなり慎重を要する。不用意な語句を使ったためにルールがまったく違う意味にとられることもあるし、すぐに訴訟沙汰になることもあるからだ。

１９７０年代後半、ルールをつくった関係者はできるだけのことをやった。ラケットについて、彼らが望まないもの（スパゲッティ・ラケット）と望むもの（「通常の」ラケット）を伝えようとするルールを導入したのだ。問題は何が「通常」かを記述するのが一筋縄ではいかなかったことだ。ラケットに関する最初のルールは、きわめて単純なものだった。

ラケットはフレームとガットで構成されていなければならない。フレームの素材や重さ、大きさ、形は問わない。

スパゲッティ・ラケットの問題が起きたあと、ガットに関するルールは詳しくなった。

ガットは交互に編まれるか、交差した位置で接着されていなければならず、それぞれのガットはフレームにつながっていなければならない。

縦糸を張った面が二面あって滑りやすいスパゲッティ・ラケットは、これで禁止されることになった。それを明確にするために、礼儀を重んじるテニスらしく、こんな注意書きが添えられている。「この規定の意図は、この競技の性質を変えかねないボールの過度なスピンを防ぐことである」

スパゲッティ・ラケットに関していえば、このルールのおかげで、ウィンブルドン・テニス博物館の展示の一つとなった。しかし、当時すでに、一つの革命が起きようとしていた。ＩＴＦは数年のうちに、再びルールを改正せざるをえなくなる。

革命の主導者は、ハワード・ヘッド。みずからの姓「ヘッド」を冠したスキー用品会社を経営して成功を収めた人物だ。ファイバーグラスや金属を使った新型のスキー板を考案してスキーに革命を起こしたのち、その会社を売却して、テニス用品を製造する新会社「プリンス」を設立した。そして1976年、テニスをがらりと変える新型ラケットの特許を取得する。優れたデザイナーというのは、問題に対し、簡潔かつエレガントな解決策を見つける才能をもっているもので、プリンスの新型ラケ

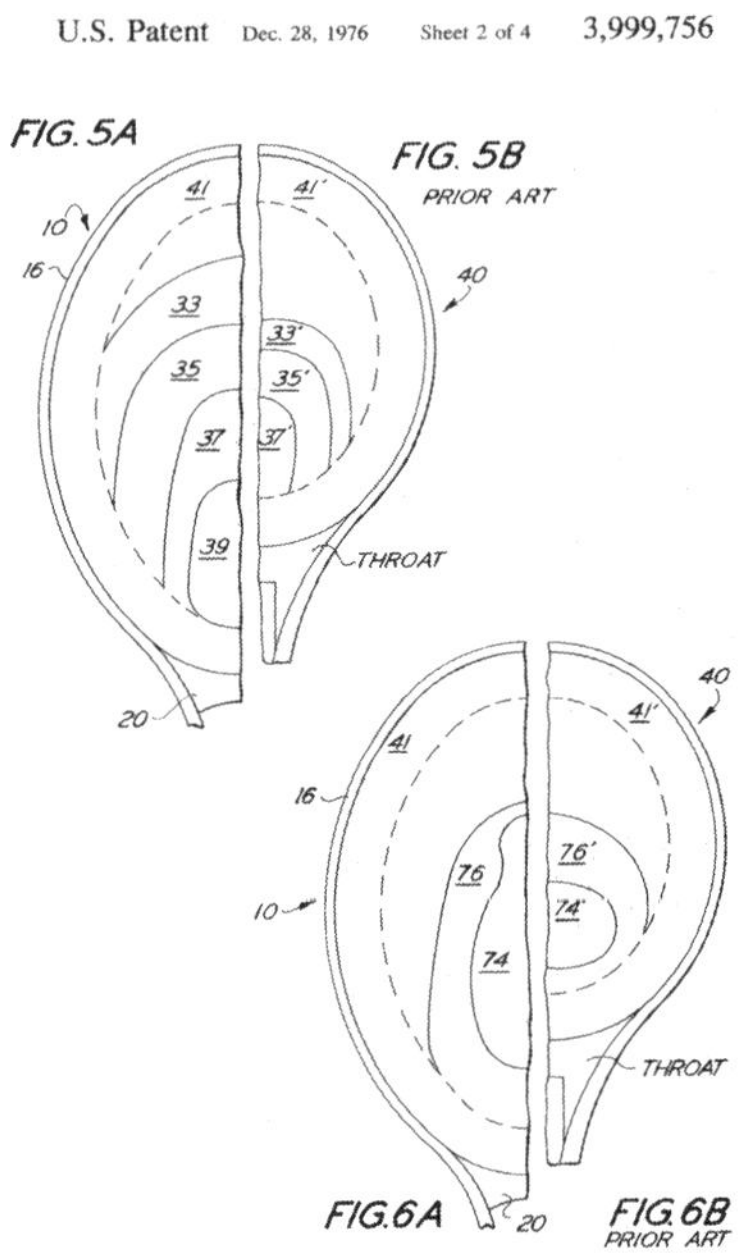

図13　1976年にハワード・ヘッドが取得した、特大のテニスラケットの特許。スロートをグリップのほうまで下げて、ボールの飛びがよい「スイートスポット」を広くした。ヘッドの特大ラケットの試作品と比較されているのは、アメリカのチャンピオン、アルシア・ギブソンの木製ラケット（右）。

ットにいたったヘッドのアイデアは、まさにそんな解決策だ。ラケットのヘッドを大きくしただけである。

これは別に新しいアイデアというわけではなかった。1921年と1922年のウィンブルドン選手権では、フランク・ドニスソープが木製の特大ラケットを使っている[6]。しかし、特大ラケットで問題になったのは、ガットを強く張りすぎるとラケットがゆがんでしまうことだった。当時、木製ラケットを強化するにはフレームを厚くするしかなかったが、そうすると今度は重くなりすぎてプレーに支障が出る。

そこでハワード・ヘッドは、素材として木材よりも堅固なアルミを用いることにした。ラケットの全長と重さを変えずに、フレームの下部を下げることで、ヘッドの幅と長さを延ばしたのだ。彼は発射装置で放った時速160キロ前後のボールで、自分の新型ラケットと標準的な木製ラケットの性能を比較してみた。

ボールがラケットに当たったとき、二つのことが起こる。一つは、ボールがラケットを後ろに押す（移動させる）こと。もう一つは、ラケットの中央付近にある重心を中心にしてラケットを回転させることだ。この移動と回転が一つになる点がラケットにあり、そこにボールを当てると、グリップが動かず、手では衝撃をほとんど感じない。その点は「打撃中心」と呼ばれる[7]。ハワード・ヘッドの説明によると、木製ラケットでは打撃中心がスロートの部分にあるため、そこにボールを当てることは不可能だという。彼は打撃中心を十分に含む位置までフレームを下げることで、ヘッドの重心とそれを一致させた。これで選手は衝撃の少ない打撃中心にボールを当てられるようになって、けがをしにくくなり、打ったときの感触もよくなった。ハワード・ヘッドはいわば、ラケットの「スイートスポット」の特許を取得したというわけだ。

フレームの幅が広がったことで、競技にもよい効果がもたらされた。グリップの長軸とフレームを離したために、重さを増すことなく慣性モーメントが高まったのだ（この概念は古代ギリシャ人が幅跳びのおもりに活用している）。ヘッドはラケットのフェイスの幅を10％広げて、慣性モーメントを21％高めた。これで、中心から外れた位置にボールが当たったときに、ラケットがグリップの部分でねじれにくくなり、ボールがネットを越す可能性が高まる。テニスの技術も習得しやすくなった。そのラケット「プリンス・クラシック」は、発売から3年後には市場で一番人気のラケットとなった。

ほかのメーカーも指をくわえて眺めていたわけではなく、ヘッドの大きいラケットをつくろうと、特許に指定されたサイズを下回る独自のラケットを考案した。プリンスのアルミ製ラケットに対抗してダンロップが発売したのは、グラファイトの短い断片で強化したナイロンを原料に射出成形で製作したラケットだ。ラケットをこの手法でつくるのは難しく、ダンロップのボブ・ヘインズのチームが考案した手法はかなり高度だったことから、デザイン・カウンシル賞に加え、英国女王賞の技術貢献部門賞まで受賞した。ダンロップの中型ラケット「200G」は、初めて発売されたグラファイト製ラケットで、1983年にジョン・マッケンローが肩のけがを克服するために採用して、出場したトーナメントのほとんどで優勝した(8)。

この動きは新たな革命の始まりを示すものでもあった。もはやラケットづくりに職人の技は不要になった。ラケットをつくる役目は、エンジニアや専門家が果たすようになったのだ。

カーボンファイバーの登場

1977年、ウィンブルドン選手権の100周年を記念する大会では、それまでの200年間と変わらず、ほとんどすべてのラケットが木製だった。しかし1981年になると、使用されるラケットの3分の2が、射出成形でつくったものか金属製になっていた。[9] それから5年も経つと、工場で生産される木製ラケットは一つ残らず姿を消した。

ラケットをこれ以上重くせずに長くできるようになったことで、サーブのスピードが上がり、競技の性質が元に戻せないほど変わってしまうのではないか。当時、ITFはそんな懸念を抱いた。そのため1981年、ITFはラケットの長さの上限を32インチ（約81センチ）とするルールを導入した。テニスラケットのメーカーは怒濤の発明合戦を繰り広げる。テニスラケットに関連する特許の数は、1950年から1975年までの25年間で64件だったのが、次の25年間では1000件を越えた。その立役者となったのは、スポーツに革命を起こした新素材、カーボンファイバー（炭素繊維）だ。

1963年、イギリス・ファーンバラの王立航空研究所のエンジニアたちが、金属と同等の強さをもつプラスチックをつくろうと、炭素の繊維を混ぜる試みを始めた。炭素を多く含んだ素材を熱して溶かしたあと、微細なメッシュを通して押し出し成形すると、長い髪の毛のような単繊維ができる。その単繊維を束ねて太さ1ミリの繊維をつくり、延伸操作を加えながら熱処理をすると、炭素分子が整列して剛性が増す。その繊維を冷却してクリーニングしたあと、100本以上平行に並べたものをエポキシ樹脂に浸す。それを冷却したものを使って、柔軟で方向がそろったカーボンファイバーの生地をつくる。

1980年代までには、製造技術が大幅に進歩して、F1のレーシングカーや航空機にもカーボンファイバーが利用され始めた。シートを層状に重ねて型に入れ、圧力をかけながら熱することで、ほぼあらゆる形や大きさの物体をつくることが可能だ。シートは繊維と平行の方向のほうが垂直の方向よりはるかに剛性が高いのだが、配置を変えることで、型の位置に応じてさまざまな剛性や強さをもたせることができる。ラケットのデザイナーの観点でいうと、ヘッドとグリップがつながる箇所など、強い負荷がかかる場所では、この特徴がとりわけ役に立つ。同様に、負荷があまりかからない箇所では、不要な素材を省いて重さを減らすことができる。

1970年代まで使われていた木製ラケットは、重さが380グラム前後だった。カーボンファイバー製のラケットは、重さがその3分の1しかない。

競技の性質が変わるのではないかとのITFの懸念は、確かにそのとおりだった。旧式の重い木製ラケットが使われていた時代には、選手が来るボールに対して横に立ち、流れるような長いスイングを見せたものだ。ビヨン・ボルグやジョン・マッケンローといった一流選手どうしの対戦は、ボレーやロブ、それにネット際での駆け引きも多く、創意工夫に満ちていた。一方、新型ラケットの登場で、ベースラインからの速いサーブと力強いリターンが主流になった。特に男子の試合は、ラリーがほとんどなく、サーブする側が優位に立つ、同じような場面が繰り返される単調な展開に思える。

テニス・サイエンスを切り開いたハワード・ブロディは、スピードガンやホークアイが登場する前に、タイブレークの数をサーブの平均スピードの指標に使えるとITFに提唱した。最も速いサーブを打てる選手がサーブで勝つので、対戦相手もサーブが速ければ、どうしてもタイブレークになってしまう、という理屈だ。サーブが速いほど、タイブレークになりやすい。テニスを観るなら、最初の12ゲームは放っておいて午後の軽食でも楽しみ、6－6のタイブレークになった頃に戻ってきて、本当の熱戦を楽しむのがいい、という冗談まであるほどだ。

そこで、ウィンブルドン、全米オープン、全豪オープン、全仏オープンという4大選手権からデータが集められ、分析された。すると明らかにタイブレークの数は増えていた（したがってサーブのスピードは上がっていた）。何らかの対策をとらなければならない。ＩＴＦがまず着手したのは、ラケットの長さの上限を29インチ（約74センチ）とすることだった。ラケットが長いほど、スイートスポットが先端寄りに移動し、スイングしたときにスイートスポットの移動速度が速くなる。ラケットの長さを制限すれば、ボールが当たる点がグリップに近くなり、サーブのスピードも上がらなくなるだろう。

次にとられた対策は、ボールの大型化だ。これは私がＩＴＦにかかわり始めた頃で、ボールを大きくした場合にプレーにどんな影響が出るかを調べてほしいと頼まれた。重さを変えずに、直径を６％大きくして、抗力を増すことでスピードを落としたいのだという。私は博士課程の学生を３人誘って、ボールの空力特性とラケットが受ける衝撃、コートの表面を研究させた。大型化したボールの試作品をつくったのは、テニスボールメーカーのペンだ。これをテニスラケットに当てて、跳ね返り方を調べた。１９７６年にハワード・ヘッドがやった実験と同じようなものだが、異なるのは、私たちの実験の対象がラケットではなく、ボールだということだ。ボールがラケットに与える衝撃、ボールの飛行、そしてボールの跳ね返りを表わす数理モデルの構築が始まった。

技術委員会のミーティングの前夜、私は現状報告のため、ＩＴＦのテクニカルマネージャー、アンドリュー・コーとバーで落ち合った。そこで話しているうちに、２杯目を頼む頃には、学生たちがつくった数理モデルをテニスのショットの予測に使えれば、かなり強力なモデルになりそうだということに、私たちは気づいた。そのあと私は夜更かしして、学生たちが別々につくったスプレッドシートを統合した。そして翌朝、予測ツールのバージョン1を完成させた。名づけて「テニスＧＵＴ」。「テニス大統一理論（Grand Unified Theory）」の略だ。宇宙の物理モデルを統一する理論を意識した、ちょっとした物理のジョークである。このテニスＧＵＴを使えば、ラケットの重さや大きさ、ボールの反発係数、コート表面の摩擦係数、さらには天候まで、入力するパラメーターを変えることで、あらゆるテニスのショットをシミュレーションできるだろう。

何より重要なのは、テニスＧＵＴを使うと、大型化したボールが競技をどの程度変えうるかを定量化できることだ（これを実験で測定するのはかなり難しい）。これで、ＩＴＦが競技を台無しにしていると感じている強力なサーブへの対応策が得られるかもしれない。このツールを使って予測した結果、ボールを大きくすると、受ける側がサーブに反応できる時間が2・5%ほど延びることがわかった。たいした時間ではないようにも思えるだろうが、強力なサーブを打つ選手からパワーを削いで情勢を変化させるのに十分であると見なされた。

大型化したボールに関する新ルールは、２００２年にＩＴＦによって導入された。残念ながら、ルールの草案に1カ所だけ変更が加えられたために、選手権で使われることはなくなった。会合では、このルールを導入すべきかどうかで意見が分かれたのを覚えている。草案では、芝などの速いコートでは大型化したボールを使用しなければならない、とされていた。しかし、これに反対する委員によって、速いコートでは大型化したボールを使用してもよい、と変更されたのだ。どういうわけか、このルールが合意にいたり、大型ボールを使うかどうかは選手権側が選べるようになった。選手権側は大型ボールを選ばなかった。

未来を予測する

テニスの現在のルールを見ると、大型ボールの条項は必要になったときのために、まだ残されている。テニスGUTはボールをめぐる研究を通じて得られた成果の一つであり、これによってITFはテニス用品のメーカーに対して先手を打てるようになった。サイモン・グッドウィルがテニスGUTをもとに開発したすばらしいソフトウェアのおかげで、ITFはモデルに必要なボールとラケットのパラメーターを測定する試験施設をつくることができた。ITFの研究所はいまや、風洞やボール打撃試験装置、スピンテスト装置のほか、ラケットの性能を測定するロボット装置まで備え、世界一のテニス試験施設となっている。

2007年、私たちはウィンブルドン博物館にある年代物のラケットの収蔵庫に入る許可を得た。古くは、ウィングフィールド少佐が1870年代に製作したものまである。収蔵品を試験に使うことはできないため、これらのラケットのデータをテニスGUTに入力して、ラケットの進化が競技にどのような影響を及ぼしたかを調べてみた。その結果、1970年代の木製ラケットを使うと最初のサーブは時速225キロ出るのに対し、カーボンファイバー製のラケットはそれより4％速い時速234キロまで出せることがわかった。サーブを受ける側は、相手がカーボンファイバー製のラケットを使うと、反応に使える時間が木製ラケットよりおよそ8％短くなる。[10] 速いサーブへの対策として開発された大型ボールを使っても、反応に使える時間は2％ほどしか長くならない。これではとても、競技の性質を以前と同じにすることなどできない。

だが、その後、目を見張る変化が起きる。新型ラケットを使う選手のほうが、それに適応し始めたのだ。その好例がアンドレ・アガシである。電光石火の反応を見せ、攻撃的なオープンスタンスのスタイルが持ち味の選手で、慎重に踏み出してスイングする木製ラケット時代の古いスタイルとは対照的だ。軽いカーボンファイバー製のラケットを手にしたおかげで、アガシはやってくるボールのほうに体を向け、右へ左へ跳びはねるように動いて、ボールを打ち返せるようになった。強靱な体幹の筋肉を使って体を回し、ボールのリターンに必要な力を生み出している。

解説者からは、この新しいテクニックで筋肉が物を言うことに対する不満がよく聞かれるようになった。とりわけ女子の場合はそうだった。新型ラケットは問題の原因にも解決策にもなった。ヘッドをさらに大きくしたラケットのおかげで、打つときに中心を外してもボールはネットを越えられるようになったし、ラケットが軽くなったおかげで、選手はラケットをちょうどよいタイミングで適切な位置にもっていけるようになった。現在では、ヘッドの大きいカーボンファイバー製ラケットが新たな標準となっている。

発明がいかにスポーツをつくり、その方向性を変えていくのか。テニスはそれを示す好例だ。数々の変化に対応するために、ＩＴＦは世界有数の研究施設をつくらなければならなかった。私は幸運にも、ボールのバウンドやスマッシュ、テニス用品の試験を行なうシステムの一部の開発を支援する立場にあった。そして、第三者の立場になって見てみると、そうした試験にはテクノロジーが欠かせないことに気づく。大型化したボールが空中を飛んでいるとき、選手がコートを走り回ったとき、あるいはイリ・ナスターゼがラケット・ドールでスパゲッティ・ラケットを振ったときにどんなことが起きるかを、テクノロジーは教えてくれるのだ。

意外だったのは、このテクノロジーを開発したことで、1世紀半も前の始まりから、テニスというスポーツを考えたことだった。次の章では、少し話を広げて、スポーツに対する私たちの見方を変えたテクノロジーのストーリーに耳を傾けてみたい。いまではあまりにもありふれていて、気にも留めなくなっている技術だ。

5 「論より証拠」までの奮闘——動きをとらえる

私が博士課程のときの指導教官、アラステア・コクラン博士は、ロイヤル・アンド・エンシェント・ゴルフクラブ・オブ・セントアンドリューズ（R&A）のテクニカルディレクターを務め、1968年にはゴルフの科学にまつわる独創的な教科書を執筆した。『完璧なスイングを追い求めて』というタイトルで、ゴルフクラブの力学特性や、ボールの空力特性をはじめ、ゴルフの科学に関するあらゆる側面をほぼ網羅した文献だ[1]。しかし、その本では、ゴルフボールがグリーンで跳ね返ったときの挙動が解明されていなかった。そこでアラステアは、ヨークシャーにあるスポーツターフ研究所の博士課程の学生に助成金を出すよう、R&Aを説得した。この研究所は、物理学に関するプロジェクトを進めるうえで設備に恵まれていたわけではなかったのだが、芝を研究する博士課程の学生にとっては、最高の立地にあった。ビングリーの町を見下ろす美しい森に囲まれた丘のてっぺんに位置し、周りには美しい緑の斜面が広がっている。

アラステアは、ボールがグリーンに乗ったときの挙動を私に解明してほしいと考えていた。ほとんどぴたりと止まるボールもあれば、まるでゴムで引っ張られているかのように後戻りするボールもある。そんな場面を何度も見てきたアラステアはこう考えた。この挙動の原因は芝にあるのか？　それとも、ボールの打ち方にあるのだろうか？

博士課程の席を与えられて有頂天になっていた私は、なぜそれまで誰もこの研究をやらなかったのかを尋ねることさえ忘れていた。案の定、最初の数カ月間、机の前に座って考えても、データを集める方法を思いつくことができなかった。この先3年間、ノートを手にグリーンのそばに座って、ゴルフを見ていればいいのか？　ショットが安定している一流のゴルファーに頼んでボールを打ってもらい、それを私がグリーンで観察することもできるかもしれない。だとしても、そのとき何を測定すればよいのか？　グリーンの芝の一部を採取して、研究室に持ち帰り、何かのマシンを使ってその芝に直接ボールを当てて、カメラでその様子を撮影するという案もあった。しかし、そんなマシンはまだ発明されていなかったし、ビデオカメラも持っていなかった。研究室の環境が実際のグリーンと異なるという問題もあった。外の天候を再現するシステムを屋内につくる必要もある。だとすれば、ゴルフ場のグリーンに野外実験場をつくるのがいちばんだ。

いまの私ならわかっていることだが、どんな疑問でもたいてい誰かがすでに抱いているものであり、自分が最初に思いついた人間だと思ってはいけない。その疑問の内容をきちんと理解して、すでに答えを見つけた人を探すことが肝心だ。アラステアは思い当たる人がいると言って、彼を訪ねてみるように提案してくれた。その彼とは、ハロルド・エジャートン。アメリカ・ボストンのマサチューセッツ工科大学（ＭＩＴ）にいた。

レジェンドに会う

ハロルド・ユージン・エジャートン博士は「ドク・エジャートン」と呼ばれていて、西部開拓時代のヒーローみたいだと、私は思っていた。しかし、それはとんだ勘違いで、博士は東部出身だった。当時、自分が訪ねていく人物がどんな人かあまり知らなかったのだが、「牛乳のしずくが落ちた瞬間」の写真を撮った人物だと、誰かが教えてくれた。見たことのある読者もいるだろう。牛乳を一滴落としたときにできる王冠のような形状、いわゆる「ミルククラウン」を赤い背景にとらえた、驚くべき写真だ。しずくが高いところから落下し、表面で跳ね返ったときの力学を伝えている。エジャートンはただの専門家ではない。アメリカ陸軍と共同で核爆発について研究した経歴をもつだけでなく、フランスの海洋探検家ジャック・クストーとともに水中写真の仕事もした人物だ。正真正銘のレジェンドである。

１９８６年春、私はボストンへ飛び、朝食付きの安宿に泊まった。主に記憶に残っているのは、どの家も木でできていたことだ。壁や天井、床まで、すべてが木製だ。いま思い返すと、それはまだインターネットがなかった時代なのだが、自分はいったいどうやって宿を見つけて予約したのだろうか。翌朝、ＭＩＴに着くと、キャンパスをうろうろして博士の研究室を見つけた。研究室に入るグレーの金属製のドアの前を行ったり来たりして、早すぎないように注意しながら、約束の時間ぴったりにドアをノックした。確か「どうぞ」と大きな声が聞こえたはずだ。部屋に入ると、学者らしい散らかったデスクの向こうに、頭が薄くなった丸顔の科学者が座っていた。その表情から、歓迎してくれていることがわかる。私の記憶では、博士はグレーのスーツと使い古したネクタイを身に着けていて、その後ろには、金属の窓枠を使った大きな窓があった。年をとっているように見えたが、そもそも22歳の博士課程の学生には、30歳を超えた人はみんな年をとっているように見えるものだ。そのとき博士は83歳だった。励ますような笑みを浮かべ、太い眉毛をいぶかしげに上げると、自己紹介するように言われた。私は自分がやりたいことを話した。ゴルフ場のグリーンにゴルフボールが落ちたときの挙動を測定したいのだと。すると、こんな答えが返ってきた。

「ストロボスコープをつくるんだな」

「簡単だよ」

「それでうまくいくはずだ」

ストロボスコープというのは、ドク・エジャートンの発明品で、フラッシュをごく短い間隔で規則的に放つ装置だ。フラッシュを高い頻度で放つと、一見ずっと光り続けているようだが、実際は切れかけの電球みたいにちかちかしている。しかし、フラッシュの頻度を徐々に低くしていくと、確かにフラッシュが繰り返し光っているのがわかってくる。エジャートンは実験室だけで使われていたこの目立たない装置を、人々が日常的に使えるツールに変え、それを使って驚きの写真を撮ってきた。多くはスポーツ写真だ。テニスやゴルフ、さらにはアイススケートが、エジャートンの興味の対象となってきた。

エジャートンが撮影した写真に、１９４０年代のテニス界のスター、ガッシー・モランのものがある。１９４９年のウィンブルドン選手権で、フリル付きの下着が見えるほど短いスカートをはいて物議をかもした女子選手だ。報道カメラマンが狂喜乱舞して下着のベストショットを狙う一方で、オールイングランド・ローンテニス・クラブは王室が何と思うか気が気ではなかった。それは大問題になり、国会で質問される事態にまで発展した。

エジャートンが彼女を説き伏せて撮影モデルを引き受けてもらえたのは、ちょっとした手柄に違いない。撮影に当たっては、部屋の明かりが消され、背景の壁を黒いカーテンで覆った。撮影のタイミングを合わせるために、エジャートンとモランは何度か練習をしたのだろう。３、２、１——カメラのシャッターを開けてストロボ・オン——サーブ——カメラのシャッターを閉じる——ストロボ・オフ、といった段取りだ。フラッシュは毎秒50回光り、シャッターはおよそ３分の２秒開いていたはずだから、30枚ほどの写真が多重露光で１枚に重ね合わされたことになる。

出来上がった写真には、出来事の経過が定性的に記録されている。写真にスケールが入っていれば、距離だけでなく、速度も測定することができる。スケールがない場合は、ボールのように大きさがわかっている物体を使ってもよい。私は長年そうやってきた。テニスボールは直径66ミリで、モランの写真では、ボールはサーブのあと、フラッシュとフラッシュのあいだに直径７個分の距離を進んでいる。50分の１秒で約０・５メートル進んだということだ。これをもとに計算すると、ボールの時速はおよそ90キロと推定される。

エジャートンが撮影した写真は、それまで肉眼では見えなかったアスリートの姿を伝えてくれた。これはスポーツをまったく新しい視点でとらえたものだ。とはいえ、エジャートンより先に同様の技術を考案した人たちはいる。エジャートンは先人からバトンを受け取ったにすぎない。それは19世紀までさかのぼる。彼らの名は、エドワード・マイブリッジとエティエンヌ゠ジュール・マレーだ。

動物の動きをとらえる

エドワード・マイブリッジとエティエンヌ゠ジュール・マレーはともに1830年生まれで、誕生日は数週間しか離れていない。マイブリッジの本名はエドワード・ジェームズ・マイブリッジなので、どちらもイニシャルはE・J・Mなのだが、それ以外の共通点はない[2]。マイブリッジは常に新しいものを求める冒険家で、世界を旅して有名になりたいと切望していた。一方、マレーは生真面目な科学者で、世界を一つの大きな実験と見なしていた。激しやすいマイブリッジは最低限の教育しか受けていなかったが、物覚えがよく、野心家で、ためらうことなく自己アピールにいそしんだ。マレーは学歴が高く、堅実で、自分の研究や発見を通じて名声を確立していくことに関心をもっていた。二人は数回しか会わなかったのだが、その短い会合が現在にいたるまでスポーツ界に影響を及ぼすことになる。

マイブリッジはテムズ川沿いの町、キングストンにあるさびれた市場の商人の息子として生まれた。いたずら好きで、いつも何か変なものに夢中になったり、「何か新しい仕掛けを発明」したりしてい

図14　1秒間に50回のフラッシュで記録した、ガッシー・モランのサーブ（上）。この写真を撮影したのは、ハロルド・エジャートン（下）だ。ラケットに当たったボールは時速およそ90キロで右へ飛んでいった。© 2010 MIT. Courtesy of MIT Museum

たと伝えられている。1851年にロンドンで開かれた万博がきっかけだったのだろうが、マイブリッジはアメリカに強く引かれるようになる。アメリカは万博で最大の展示スペースをとりながら、最も内容に乏しかったと揶揄されてはいたものの、そんななかでも、サミュエル・コルトの新しい連発式拳銃や、グッドイヤーの「硬質ゴムの間」、そして「ギリシャの奴隷」というあまりにもリアルなヌード像はしぶしぶながらも称賛された。[4] 翌年、22歳になったマイブリッジはキングストンを発ち、アメリカへ向かった。

一方、マレーはフランス・ブルゴーニュ地方の町、ボーヌで少年時代を過ごした。マイブリッジよりも恵まれた環境で育ち、頭脳明晰で、とりわけ手先が器用だった。学校の授業を難なくこなしていくと、医師をめざすようになる。マイブリッジがアメリカへ行く頃には、マレーはパリの医学校で最終試験に向けて勉学に励んでいた。

いつもパズルやおもちゃ、機械装置をつくってばかりいたマレーは、病院での実習期間中に「脈波計」と呼ばれる携帯型の装置を発明した。これは、手首に装着する世界初の心拍計だ。現在使われている心拍計は電気で動くが、マレーの装置は完全に機械式で、機器を設計する彼の天才的な能力がよく表われている。脈波計は、はがき大の木製の土台を備え、それを患者の伸ばした腕に水平に載せる。血管の上に載せたばねが、脈に合わせてレバーをそっと上下に動かすと、垂直に立てたカードに塗った黒いすすが削れて白い線が入る。カードがぜんまい仕掛けでまっすぐなレールに沿って動くことによって、現在の病院で見るような波形が描かれる。

マレーは医師の試験に落ちたのだが、さいわいにもこの装置が商業的な成功を収めた。この発明に

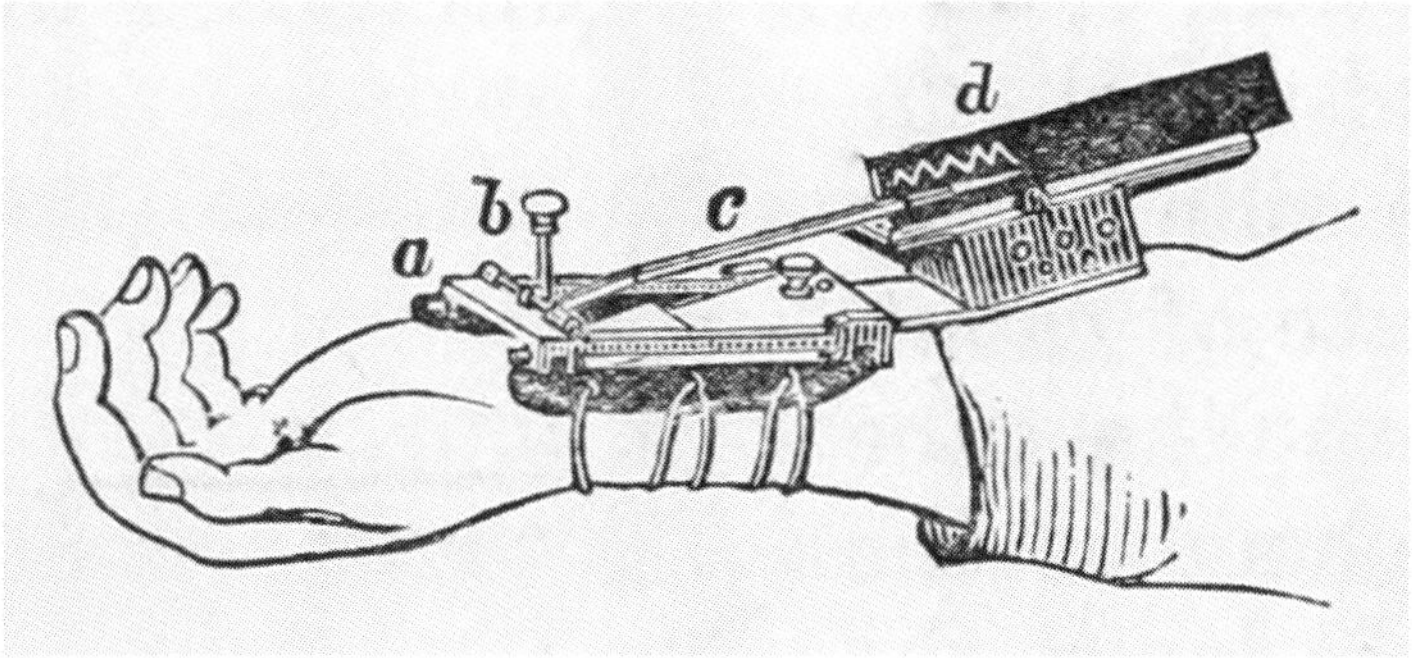

図15　エティエンヌ＝ジュール・マレーが設計して製作した脈波計。手首に着ける世界初の心拍計だ。ストラップで腕に固定し、鋼鉄のばねを使って象牙の部品を動脈に押し当てる。これでレバーcが上下に動き、すすを塗ったカードdに線を刻む。カードはぜんまい仕掛けで動き、脈拍がカード上に線となって記録される。

よる権利使用料でマレーは自立でき、それからまもなく、生理学という新しい分野で研究者として独立した。それからまもなく、走り方の分析に興味をもち始める。といっても、人間ではなく、馬の足並みだ。19世紀には、馬は依然として最も重要な移動手段であり、とりわけ競走馬の足並みについてはふだんから議論の対象になっていた。馬が駆け抜けていくときに蹄の音は聞こえるものの、その足の運び方は速すぎて見えず、馬のすべての蹄が一度に地面を離れるのかどうかがよくある議論の一つだった。馬がギャロップのときに宙を舞っているなんて、くだらない考えだろうか？

マレーは新技術の開発を進めるなかで、馬は扱いにくいことに気づき、対象を人間に戻すことにした。彼が設計したのは、走っている最中に足にかかる圧力を測定する、独創的な靴だ。左右の靴底に空気室があり、一歩ごとに拡大と収縮を繰り返す。収縮すると中にあった少量の空気が、柔軟性のある細いゴム管を通じて排出され、体に取りつけた脈波計のようなぜんまい仕掛けの記録装

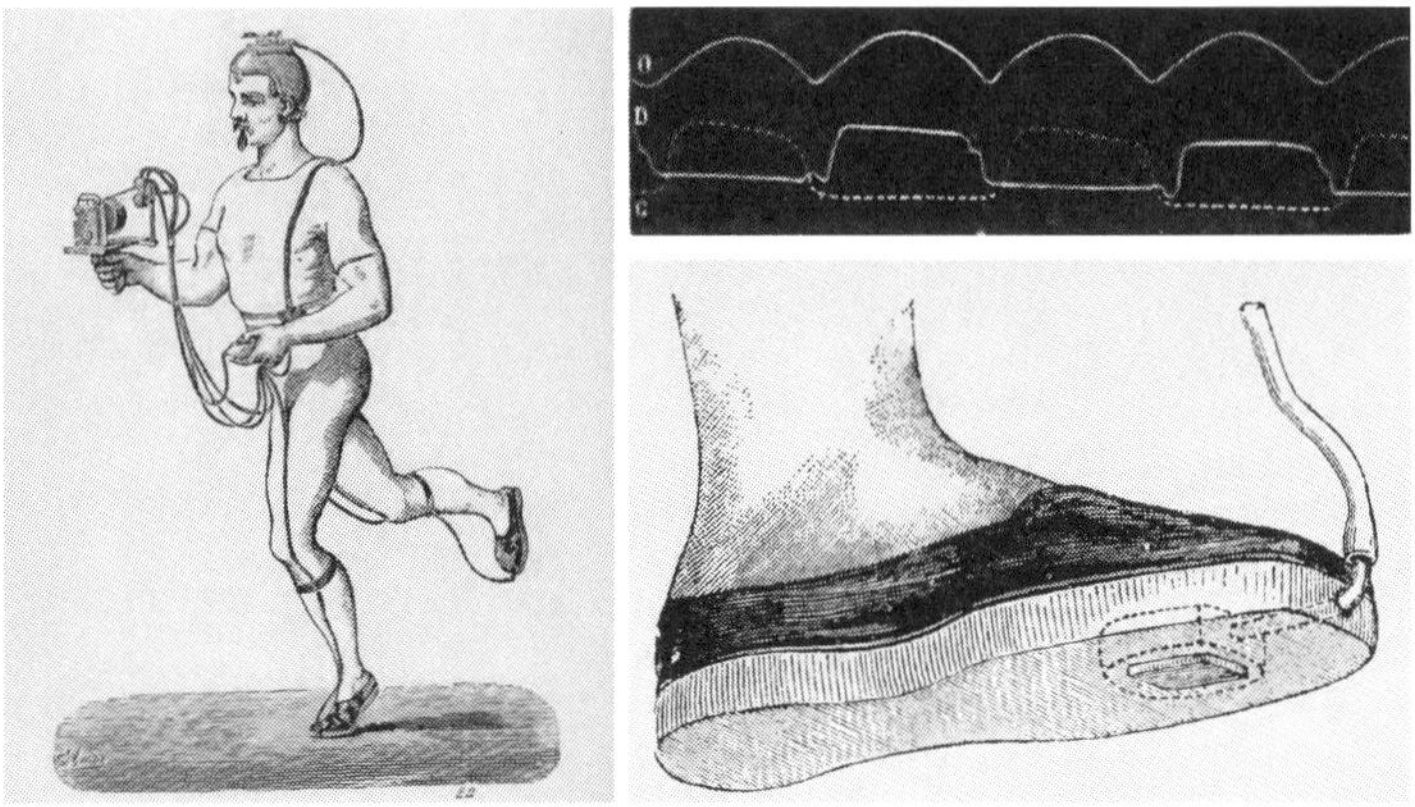

図16　走り方を測定するためにマレーが考案した、独創的な手法。靴底内にある空気室（右下）の圧力の変化がゴム管を通じて、ランナーの手にした回転ドラム（左）の針に伝わり、すすで黒く塗ったグラフ紙に記録される。その記録（右上）は、足の下の圧力（CとD）のほか、頭頂部に固定された3つ目の器具で測定した頭の動き（O）を表わしている。

置に送られる。一歩を踏み出したとき、押し出された空気がゴム管を通って体のほうまで上がり、針を動かして、足にかかった圧力をグラフ紙に記録する仕組みだ。

いま読むと古くさく思えるかもしれないが、当時は最先端の技術であり、現代の私たちが使っている電子システムの根本はマレーの機械と変わらない。現代では、圧電性のシートを靴の中に仕込んでいる。シートがわずかに曲がると、その曲がり具合に比例した大きさの電荷がそのシートに生じる。それを電圧の変化として測定するのだ。電圧の変化がつくるデジタルの軌跡は、マレーが紙に記録したものと変わらない。

マレーが測定したのは、人間の歩き方と走り方だ。走っているときには両足が地面を離れていることを示し、足を地面に着けている時間を短く、空中での時間を長くすることがよい記録につながることを初めて明らかにした。1873年にフランス語で刊行された彼の著書『動物の運動機構』[5]は、パフォーマンスを向上させる科学の手引き書としては初めてのものだった。その後、マレーは再び馬の足並みの解明に取り組み始めた。「動物の運動機構を探る研究は、ほとんど行なわれていない」とマレーは書いている。「この分野は、馬の足並みに関する問題よりもさらに困難で、大きな議論を巻き起こしてきた」。マレーにしてみれば、馬がどのように移動しているかについて議論がまとまらないのは、それを調べられる機器を持っていないからだった。馬の走り方さえ記録できないのに、4本の足がすべて地面を離れているかどうかをどうやって議論するというのか。自分はこの議論にきっぱりと決着をつけるのにもってこいの機器をもっていると、マレーは考えていた。

マレーはみずから考案した人間用の靴を馬向けに改造し、足並みをグラフに記録して、馬の4本の足がすべて同時に地面を離れていることを明らかにした。彼はアーティストを雇い、グラフから脚や蹄の位置を推測して、馬の走り方の復元図を描かせた。国際的なニュースになってもおかしくない成果だったが、世間の反応は冷ややかなものだった。グラフを見てもよくわからないし、復元図も正しくないように見えたのだ。人々が納得できるようなものではなかったのが問題だった。

マレーは自著を英語に翻訳して、さらなる対策を講じた。

馬は飛んでいた

1874年、『動物の運動機構』の英訳が大西洋を渡り、リーランド・スタンフォードという人物の手に渡った。カリフォルニア州の元知事で、スタンフォード大学の創設者である。この大学に、44歳になったマイブリッジがいた。彼は20年にわたって異国で波瀾万丈の日々を送り、世間に名を知られていた。といっても、彼自身が夢見ていた形ではなかったかもしれない。殺人容疑で裁判を受けていたのだ。

あの手この手でアメリカ中を旅した末に、マイブリッジはサンフランシスコに落ち着いて、写真や書籍の地味な出版業者として働いていた。しかし、乗合馬車に乗っているときに大きな事故に遭い、頭部に瀕死の重傷を負って、それ以来、重い頭痛を抱えることになる。療養のためにロンドンに戻り、医師の勧めで新鮮な空気のなかをたくさん歩いた。マイブリッジはこの機会を無駄にするような人物ではない。歩きながら、科学と写真技術の学習に時間を費やした。そしてサンフランシスコに戻り、「ヘリオス」という名でプロの写真家として活動し始めた。

彼の写真は印象的だ。ある1枚には、ヨセミテ渓谷の断崖の端に平気で座っている彼自身の姿が写っている。マイブリッジの写真はよく売れたし、彼は結婚もした。男性と女性の比率が7対1というゴールドラッシュの街では、なかなかできないことだ。すべてが順調にいっていた矢先、悲劇が彼を襲う。妻が不倫していることがわかり、しかも生まれたばかりの子どもは彼の子ではないことまで判明したのだ。マイブリッジは銃を見つけると、辺鄙な農場にいる妻の愛人を探し出し、玄関先で射殺した。彼は殺人容疑で逮捕され、刑務所で4カ月過ごしたのち、1875年2月に裁判にかけられた。裁判官は12人の既婚男性からなる陪審団に有罪の評決を下すよう求めたものの、陪審団はそれに同意しなかった。既婚男性として、自分がそんな目に遭ったらマイブリッジと同じことをするだろうし、彼は十分に苦しんだというのがその理由だ。マイブリッジは無罪となった。

その後、離婚訴訟に発展したのは避けられない流れではあったが、その最中、妻が突然帰らぬ人となる。マイブリッジは赤ちゃんを孤児院に預けた。彼はもう若くはなかった。頭は白髪交じりで、長いあごひげはもじゃもじゃ、人を威圧するような目つきの男だった。

リーランド・スタンフォードにとって、マイブリッジが人殺しかどうかは関係なかった。マレーの著書に刺激を受けたスタンフォードは、馬に関する自分の研究に資金をつぎ込んで、マイブリッジに写真を撮影してもらい、馬が空中を飛んでいることを示したいと考えた。依頼を受けたマイブリッジは、機械式シャッターの改良に着手し、露光時間を2000分の1秒まで短くすることができた。これぐらい短ければ、ギャロップで駆ける馬を撮影しても画像はぶれない。二人が初めて撮影した写真は、写りは悪かったが、すべての蹄が空中にあるという、探し求めていた証拠をとらえていた。しかし、マイブリッジが生涯そうであったように、今回もほしいものを手に入れるために近道をした。アーティストを雇って、もっとましな絵を描いてもらい、それを写真に撮り、本物と偽ったのだ。彼らの説に反対する人々はだまされなかった。

二人は一からやり直すことにした。スタンフォードは私財を投じて、カメラを12台並べた野外実験場をつくった。駆け抜ける馬の写真を、1枚だけでなく、次々に12枚撮影するための仕掛けだ。そのなかの1枚に、追い求めていた証拠がとらえられるはずだ。1878年6月15日、スタンフォードの馬「サリー・ガードナー」が実験場の走路を駆け始めた。そこを横断する仕掛け線を馬が切ると、カメラのシャッターが切れる仕組みだ。9台目のカメラの手前で、馬は仕掛け線におびえて、空中高くジャンプした。今回は、あらゆる疑惑を排除するために、マイブリッジは記者を暗室に招いて、彼らの目の前で写真乾板を現像することにした。浮かび上がった馬の連続写真の1枚に、馬が宙を舞っている姿が写っていた。記者たちは目を見張り、すっかり納得した。これこそが、スタンフォードの追い求めていた証拠だ。その写真は世界中に広まり、いまもあちこちに出回っている。

当時マイブリッジが解決しようとしていた問題のいくつかは、私自身の研究で遭遇するものでもある。野外でどのように写真を撮影するか、カメラのシャッターを切る方法、そして、写真から距離や速度をどうやって測定するか、といったものだ。最後の問題に対する解決策は難しくない。マイブリッジは走路の向こう側に白く塗った木の壁を設置し、そこに21インチ（約53センチ）間隔で垂直の線を引いて、順番に番号を振っている。写真で見ると、大きな定規の前を馬が走っているように見える。

しかし、現像の場面を見なかった人たちは、静止画像だけでは依然として納得しなかった。馬の脚の位置があまりにも不自然で、単に信じられなかったのだ。マイブリッジはマレーからこんな提案をもらった。マレーの著書に載ったイラストを、ゾエトロープ（回転のぞき絵）という当時人気のおもちゃに入れてもいいという提案だ。このおもちゃは直径50センチほどのリング状をしていて、内部に収めた一連の静止画を使って、動きのあるアニメーションを映し出す。ゾエトロープには画像を見るためのスロット（細長い穴）があり、見る人がリングを回しながらスロットの向こうをのぞくと、静止画と静止画の隔たりを脳が埋めて、画像が動いているように見える。

しかし、マイブリッジは絵ではなく、実際の写真を使った。馬の姿勢が不自然で信じられない1枚があっても、連続写真をゾエトロープに収めて回転させれば、馬がギャロップしているように見えて、彼の写真が真実であるのが明らかになる。生まれつき演出上手のマイブリッジは、ゾエトロープに幻灯機を取りつけ、大型のスクリーンに写真を投影して、大勢の人たちが見えるようにした。いまではビデオで動画が簡単に撮れるし、好きな場面で一時停止ができるほか、実際の速さでもスローモーションでも再生可能だ。マイブリッジはそれをどうすれば実現できるかを、誰よりも早く示した。これで彼の名声は揺るぎないものになった。

移動する人の動き

マイブリッジはカメラを24台に倍増し、扱いにくい仕掛け線に代えて、電気式のタイマーを使うことにした。これで彼は、馬ではなく人間を撮影できるようになる。マイブリッジはこの装置をサンフランシスコの地元の体育館に持っていき、アスリートの走りや跳躍、投擲の様子を撮影した。全米を講演して回る長い旅にも出たほか、みずからの悪名を利用してヨーロッパにも足を運んだ。マレーはマイブリッジをパリに招き、仲間の科学者たちに向けて講演してもらった。白髪交じりの長いひげを生やしたマイブリッジは、マレーには著名な教授のように見えたという。馬やアスリート、ボクサーのアニメーションを上映してパリの科学者たちを魅了した。マイブリッジがスタンフォードと共同で馬が駆けている瞬間の姿をとらえることができたのは、マレーの著書に触発されたからだ。マイブリッジは、人間の動きの解明と測定に写真をどのように利用できるかを示した。今度は、マレーがマイブリッジから刺激を受けて、みずからの研究を一歩進める番だ。

マレーは、12台あるいは24台のカメラを一列に並べるのは、実際の実験には実用的でないことに気づいた。何か有用な分析を行なおうと思ったら、動きの瞬間を一つの視点から正確に撮影する必要がある。翌年には、マレーはその条件を満たす一つのカメラシステムを開発した。それはライフル銃のような見かけで、引き金の上方に回転ドラムを備えている。写真乾板の前方でスロットの開いたホイールをぜんまい仕掛けの機構で回転させて、被写体を多重露光で1枚の写真乾板に重ね撮りする仕組みだ。写真を撮るためには、被写体にカメラを向けて、引き金を引けばよい。

このシステムが優れているのは、スロットの数を増やせば1秒間に撮影できるコマ数も増やせるし、スロットの幅を広げれば露光時間を長くできるという点だ。マレーはひと夏かけて実験に取り組み、その後、同じ年の科学雑誌『ラ・ナチュール』に走る男性の写真を掲載した。マレーの写真は、ほぼあらゆる点でマイブリッジの写真よりも優れていた。

さらにマレーは、現代の生体力学者になじみ深い実験も行なった。被写体に真っ黒な服を着せ、関節の部分に明るい金属のボタンを付けて、関節の位置を示したのだ。また、ボタンどうしを白い帯で結んで、四肢の区間を示してもいる。これを着た被写体が暗闇のなかを走れば、棒線画が動いているように記録される。マレーはこの新技法を「クロノフォトグラフィ（動体記録連続写真）」と呼んだ。

マレーもマイブリッジも、スポーツのさまざまな場面で人の動きを分析し続けた。マレーはますます名をあげ、政府から多額の助成金を得て、パリにあるブローニュの森に生理学研究所を建設した。その跡地には、全仏オープンが開かれるテニス競技場「ローラン・ギャロス」が立っている。マイブリッジはペンシルベニア大学から委託を受けて、身体活動中の人々を撮影し、世界各地をめぐってそ

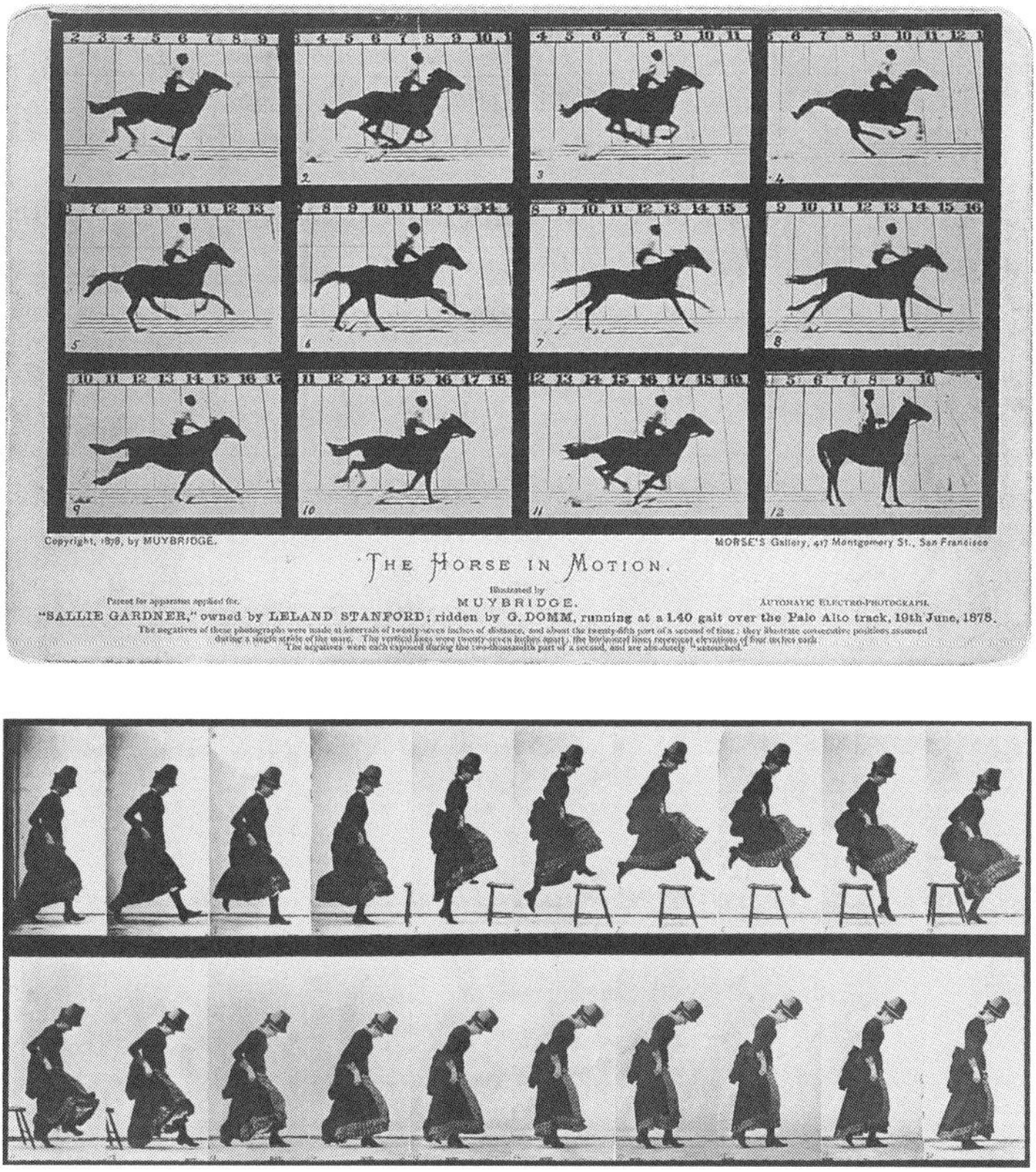

図17　動物や人の動きをとらえた、マイブリッジの革命的な写真。（上）リーランド・スタンフォードの馬「サリー・ガードナー」を撮影した1878年の写真。（下）マイブリッジの1887年の著書『動物の運動』より。

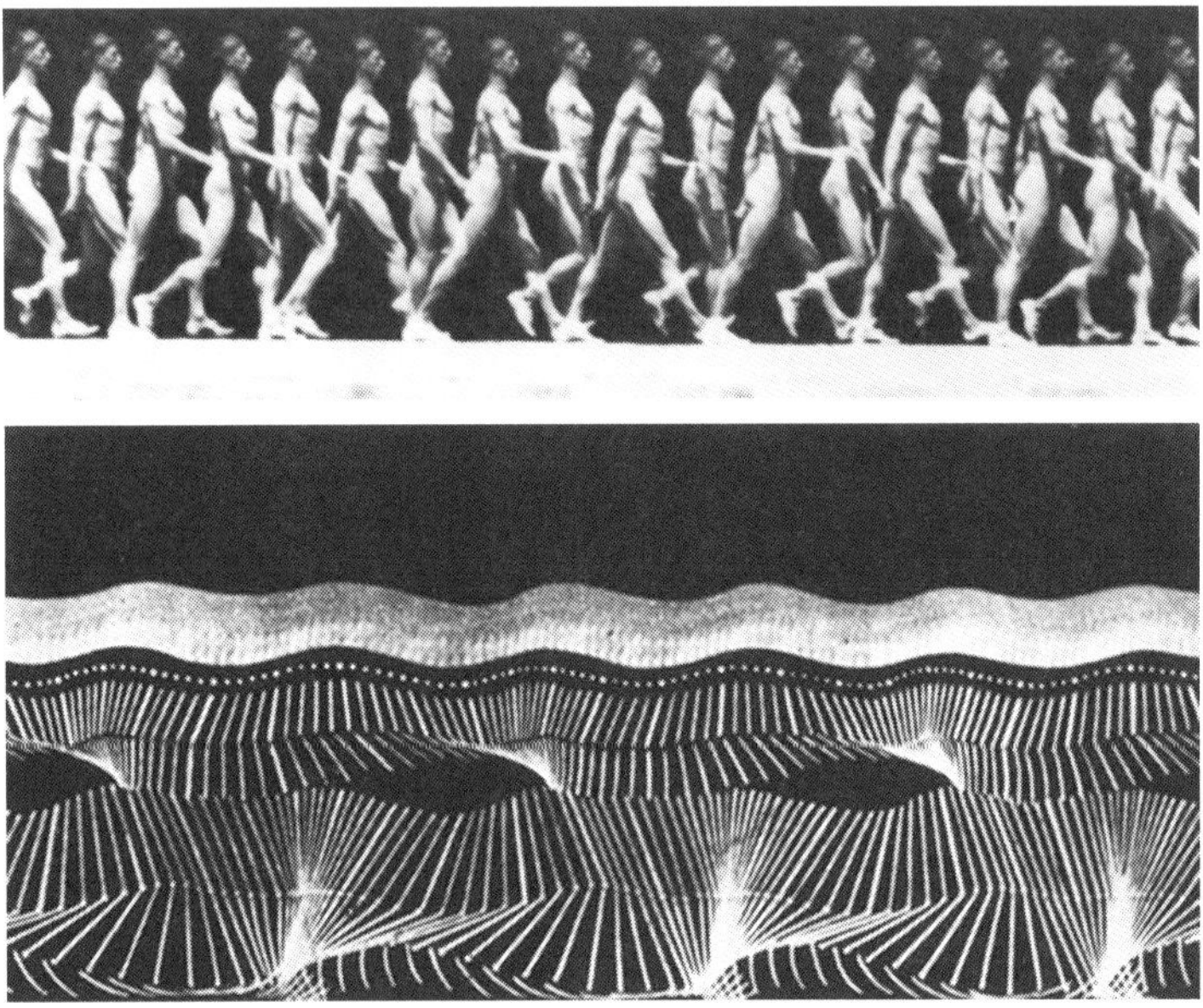

図18　マレーはマイブリッジの技法を改良して、1台のカメラと動く写真乾板、速いシャッターを備えた装置を開発した。また、被写体に黒い服を着せて撮影する「クロノフォトグラフィ」も考案した。黒い服には、関節の部分に光を反射するボタンが付けられ、ボタンどうしは白い帯で結ばれている。

の成果を披露した。その写真の影響力は絶大で、100年以上経ったいまも、彼の著書『動物の運動』は出版されている。
やがて映画撮影用のカメラが登場するとマイブリッジの技法は時代遅れになり、それ以上の改良はできなかったようだ。マイブリッジは1904年、ロンドンのキングストン・アポン・テムズにある自宅の裏庭で帰らぬ人となった。どうやら五大湖の縮尺模型をつくろうとしていて、半身裸だったようだ。

ゴルフボールの動きを撮る

時代はとんで1980年代、

私はハロルド・エジャートンのアドバイスをしっかりと胸に刻み、アメリカからイギリスに戻ってきた。指導教官は奔走してくれていたようで、タイトリストのゴルフボールを製造するアクシュネット社にかけ合って、装置の資金を集めてくれていた。研究結果を誰よりも早く見せるのが、助成の条件だった。

マイブリッジ、マレー、エジャートンという3人から着想を得て、野外実験場の設置が可能だとわかり、写真を使えば私の求める情報を測定できることも明らかになった。重要な原則がいくつかある。ちょうどよい瞬間にカメラのシャッターを切って撮影すること。露光時間を短くして、動きの速い被写体がぴたりと止まっているように写すこと。そして、スケールになるような何かを写真に入れることだ。

実験の手はずを整えるため、まず知る必要があったのは、ゴルフボールがグリーンに落下するスピードだった。アクシュネット社はゴルフボールの軌跡を再現した最先端のコンピューターモデルを提供してくれた。その結果を見て驚いた。ドライバーで打ったボールは時速およそ97キロでグリーンに落下し、さらに毎分2000～3000回転という驚異的なバックスピン（逆回転）がかかっている（比較のために挙げると、昔なつかしいLPレコードは毎分33⅓回転という遅さだ）。9番アイアンなどで打ったもっと短くて遅いショットでも時速65キロで落下し、さらにバックスピンは9000～1万回転と、ドライバーよりはるかに大きい。

私の研究全体にとって重要な鍵を握るのは、バックスピンだ。ボールが落下した瞬間にぴたりと止まるグリーンがある一方で、前方へ跳ね返ったボールが2回目のバウンドで後ろに戻るグリーンもある。このようなボールの動きをどうやって測定すればよいのか？

マイブリッジのように何台ものカメラを一列に並べるのは現実的でないし、マレーが考案した銃形のカメラはすばらしいが、それをつくる資金はない。結局、ストロボスコープを使うエジャートンの手法をとることにした。計算した結果、グリーンでのボールの着地から跳ね返りを1枚の写真にとらえるためには、毎秒200点以上の画像を撮影しなければならないことがわかった。予算で買えるなかで最高の性能をもつストロボと、カメラとしてブロニカという名機を購入した。カメラは背面のカートリッジを取り替えることで、ポラロイドもロールフィルムも撮影できるタイプのものだ。これで予算の半分以上が消えた。

当然ながら、ボールをグリーン上のちょうどよい場所にちょうどよいタイミングで着地させなければならないという難題もあった。そのとき、野球のピッチングマシンを使えば、好きなスピードと回転でボールを発射できることがわかった。これはちょっと化け物みたいな装置だ。二つのホイールがそれぞれ反対方向に回転し、そのあいだには小さな隙間がある。ボールを滑り台のようなものから転がして、ホイールの隙間を通すと、反対側からボールが飛び出す仕組みだ。ホイールの回転を速くすると、ボールのスピードも上がる。ホイールが垂直に立つようにマシンの方向を変え、下のホイールの回転を上より速くすると、ボールにバックスピンをかけられる。

私は予算の一部を使ってマシンを改良し、ホイールの隙間を狭くしてゴルフボールを発射できるようにした。試しにゴルフ場でボールを空に向けて発射してみると、ボールは隣のフィールドまで飛んでいって、どこかに消えてしまった。マシンを地面に向けて発射してみると、ボールはドスンという音を立てて芝に衝突し、芝を深くえぐって、前方へ何度か跳ねていった。私は工具のドライバーで芝をつついて直し、誰にもばれないように、足でしっかり踏みつけておいた。

実用上、解決しなければならない問題が山のようにあった。ボールの発射装置とストロボスコープには電源が必要だったのだが、電源の場所はたいていグリーンから遠い。そのため、ガソリンで動かす1・5キロワットの発電機を買った。太陽の光が強すぎて写真が真っ白になってしまうため、黒いテントを張り、その中にボールを発射するようにした。ボールの勢いで芝に「ピッチマーク」という深いへこみができてしまうので、装置全体に車輪を付けて、1回発射するたびに装置を数センチずらせるようにしなければならなかった。へこみを修復する道具も数ポンドで購入した。18番グリーンにずらりと並んだピッチマークほど、ゴルフ場の管理人が嫌がるものはないからだ。

何かを決断するたび、連鎖反応のように装置や道具が増えて、ついには実験に使う装置一式を運ぶために大型のバンを使わなければならなくなった。初めての野外実験に向かうとき、あまりにも興奮しすぎて、研究所の駐車場の出入り口に立っていた高い石の門柱にバンの脇をこすってしまった。大きなへこみができたバンを必死でバックして門柱から引き離そうとしている私を、みんなが窓に駆け寄って見ていた。いま思い出しても恥ずかしい。

こうして最初の実験場となるゴルフ場のグリーンに到着した。一日働きづめで頑張ったが、ボールの衝突の写真は30枚しか撮れなかった。撮影済みのネガは、ちゃんと写っていない可能性もあったので、プロの現像所に出して現像してもらうようなことはせず、研究所の暗室にこもって自分で現像した。処理を終えたネガを赤い光の下で見たとき、ほっとしたのを覚えている。そこには、グリーンに衝突したボールの描いた軌跡が見事に写っていた。実験がうまくいったというあのときの驚きと興奮は、いまも残っている。

それぞれの写真には、芝で跳ね返ったボールの動きが多重露光で20点前後写っていて、空中を舞う芝の破片や砂まで見える。あらかじめゴルフボールに線を書いておいたので、ボールの回転を測定することができる。さらに、写真にスケールを入れるというマイブリッジのアイデアを拝借して、衝突面に格子状のスケールを置いていったん露光し、それを取り除いてからボールを発射した。

歩みは遅かったが、博士課程を終えるまでに20回ほどゴルフコースに通い、ドライバーと5番アイアン、9番アイアンによる打球のシミュレーションをおよそ1000回記録した。結論は何かって?イギリスの内陸にある軟らかいグリーンは、あまり上手ではないゴルファーにもやさしいということだ。そうしたグリーンでは、ボールにスピンをかけるのが得意ではなくても、たいてい1回目のバウンドでボールは止まる。一方、海辺のゴルフコースでは、ゴルフの腕前が如実に表われる。ボールに十分スピンをかければ、1回目のバウンドでボールは勢いが抑えられ、いったん前へ跳ね返るものの、ある程度のバックスピンを残している。ボールは次のバウンドでぴたりと止まるだろうし、グリーン上でバックすることさえあるだろう。

ボールがグリーンに衝突したあとにバックスピンを維持できるかどうかを分ける境界は、グリーンのつくりによって異なる。芝の種類や土壌の成分、湿り具合、保守体制に左右される。ゴルフ場の管理人にアドバイスするとしたら、グリーンの造成に砂を利用し、排水をよくしたうえで、フェスク(ウシノケグサ属の草本)やベントグラス(ヌカボ属の草本)といった干ばつに強い良質な芝を植えることだろう。一年生のイチゴツナギは避けておきたい。

以上、3年に及んだ研究を2段落でまとめてみた。

レンズを通して

博士課程を終えたあと、イングランド北部のシェフィールドで機械工学の講師を務めることになった。私は機械の仕組みを分析するような根気強さはなかったから、もっと刺激的な研究対象であるスポーツに自然と目が向くようになり、スポーツ工学の研究センターを設立した。この施設はやがて、この分野の研究センターとしては（おそらく）世界最大にまで拡大することになる。

1990年代半ばには、初めての博士課程の学生、マット・カレを研究室に迎えた。マットは私のように野外実験場を利用して、ゴルフではなくクリケット（これも私が苦手なスポーツ）を研究した。マットの手法で大きく進歩したのは、フィルムカメラの代わりに、新たに開発されたデジタルカメラを導入したことだ。コダックは、ニコンやキヤノンといった標準的なカメラを使い、フィルムを光電性のコンピューターチップに置き換えた。私が最初に購入したものは8000ポンド（現在の約1万4000ポンド）もして、画素数が1012×1524、つまり150万画素だった。当時、これが世界最高のデジタルカメラだった。ちなみに、私が現在使っている携帯電話は1200万画素のセンサーをもつすばらしいカメラを備えている。いまでは、5000万画素のカメラまで売られているほどだ。

私の時代には、すべての写真の測定作業をプロジェクターと紙を使って手で行なわなければならなかったものだが、デジタル写真を使ったマットは、優れた画像処理アルゴリズムを利用して面倒な作業をすべてコンピューターに任せることができた。彼は私の3倍もの数の衝突実験を行なった。クリケット場の管理人は、完璧な三柱門をつくるのにマットの実験結果を役立てることができた。私は研究対象をテニスとサッカーに移したが、その頃には、デジタルカメラで動画の撮影や保存ができるようになっていた。センサーの感度も上がって、毎秒200コマの撮影も可能になった。いま最大の問題は、巨大なファイルのダウンロードに時間がかかることと、ファイルを保存するために大きくてかさばるハードディスクが必要なことだ。

私が博士課程でやった研究は、スチルカメラとネガフィルムを使ったスポーツ関連の実験としてはおそらく最も後期のものだろう。真っ暗な暗室で、鼻をつく薬品のにおいに包まれて、不安を抱えながらフィルムを現像する喜びを、いまの博士課程の学生が経験できないのはいささか残念だ。とはいえ、私の時代よりもはるかに速く正確に画像を撮影できるようになったのは、よいことでもある。いまの学生たちにとっての課題は、そもそも写真をどうやって撮るかではなく、どんどん高速かつ高性能になってくるデジタルカメラをどのように活用してデータを分析するかだ。それらはもはやカメラではない。前面にレンズが付いたコンピューターチップだ。

人間の動きの分析が一気に簡単になった。私の現在のモーションキャプチャー実験室は30台以上のデジタルカメラを備え、それらをすべてつなぎ合わせて、テニスコートぐらいの空間で人間の走りや跳躍、回転を瞬時にとらえることができる。このシステムはマレーが考案したシステムをデジタル化したようなものだ。マレーは体のさまざまな部位の動きを追跡するために明るい色のボタンを使っていたが、現在の私たちはマーカーとして、直径数ミリの小さな球を、救急隊員の上着に使われているような反射テープで覆って使っている。カメラでマーカーの位置を3次元で記録すると、高性能のコンピューターとアルゴリズムでアスリートの動きが自動的にスケルトン（骨組み）として生成され、目の前のスクリーンに映し出される。

ビデオカメラがデジタルになると、プロスポーツに利用されるようになるのは自然な流れだった。とりわけよく知られているのは、ホークアイだ。テニスコートの周りにはこのカメラが10台設置されていて、ボールの3次元の位置を3カ所以上から三角法で測定できる。ホークアイを開発した会社が売り込み先として考えていたのは、スポーツ業界というよりも、番組をもっと盛り上げようとしているテレビ業界だった。ほどなく、ボールの落下地点がラインの内側か外側かを判定（ラインコール）するときに、テレビに映し出されるホークアイによる判定が、競技場にいる審判の判定と異なることがあるという奇妙な状況が生まれた。テニスは、自宅でテレビを見ている視聴者のほうが、コート上の審判よりも試合で起きていることをよく把握できるという容認できない状況に陥った。

国際テニス連盟（ITF）は2003年、ホークアイなどのシステムが正式なラインコールに利用可能かどうかを評価するよう求められた。しばらくすると私はいつの間にか、ジェイミー・ケーペル＝デイヴィス（現在ITFのテクニカルマネージャー）とともにテニスコートで四つんばいになって、ベビーパウダーをまぶしたラインを見つめていた。これから、発射装置でラインを目がけてボールを発射し、毎秒2000コマというハイスピードカメラを使ってボールの挙動を記録する。ベビーパウダーをまぶしたラインに目を凝らし、ボールが残した跡を見てみると、ボールは地面に当たったあとにぺしゃんこになり、地面を滑っていることがわかった。パウダーの跡は楕円形になっている。目で見る限り、ボールは明らかにラインを外し、20センチ以上滑ってから跳ね返った。それは完全にラインを越えているように見えたが、スローモーション映像を見てみると、ボールはわずかにラインに接していた。肉眼の判定では「アウト」だが、カメラの判定では「イン」だ。問題は、ホークアイをどのように活用するかだった。

ホークアイ社は精度についてはいささか煮え切らない発言を繰り返しているのに、コートに重ねて表示する彼らのグラフィックはミリ単位の測定値だとうたっている。本当にこんなことが可能なのか？　速いサーブだと時速およそ108キロでコートに当たる。これを1ミリの精度で測定しようとすると、フレームレートが毎秒3万コマのカメラが必要だ。しかし、ホークアイが使っている高性能カメラは毎秒60コマしか録画できない。フレームレートがこの程度しかないと、コートの表面に猛スピードで向かってくる速いサーブは、一つのコマから次のコマまでに1ミリどころか、50センチほども移動することになる。着地した瞬間のボールを映像にとらえられる確率はごくわずかだ。ならば、ホークアイはなぜミリ単位の精度があると主張できるのか？

ホークアイのシステムにはそれを実現する技術上の仕掛けがあるのだろう。そうした技術というのは、実際に開発しようとして初めて思いつくものだ。太陽の具合で画面に影ができたらどうするか。カメラから最も遠いコーナーをどうやって正確に測定するのか。スタンドの観客が大歓声をあげてカメラが揺れたら、どうやって調整するのか。実際のアルゴリズムは企業秘密なので、ここからは私の推測になる。まず、すべてのカメラが撮影した全部のコマをざっと調べて、最も速く移動している物体を見つけるのだろう。ボール、選手の腕や脚の動き、観客の誰か、あるいは、通り過ぎるハトということもありえそうだ。このなかでもボールだけが軌道を描くので、比較的特定しやすく、ほかの要素を無視することができる。いったんボールの軌道を特定したら、少なくとも3台のカメラからのデータを統合して、ボールの3次元の位置を決定する。ボールは約50センチ間隔でしか記録されないとはいえ、毎秒60コマの映像から点と点をつなぎ合わせれば、ボールが飛んだ軌跡を描くことができる。

おそらく次に行なわれるのは、点と点を結ぶ最適な線を数学的に求めて、連続した軌跡を描くことだ。こうすれば、地面にいたる軌跡を描画して、着地した地点を推測することができる。跳ね返った地点についても同様に推測できる。着地点と跳ね返った地点の距離が、地面を滑った距離になる。ホークアイのシステムは10台のカメラを使っているので、3台のカメラの組み合わせを変えることによって、最大で120パターンの軌跡が得られる。それらの軌跡の平均をとれば、ボールが芝に当たった地点をかなり正確に推測できるだろう。

ITFによる試験を受けるまで、ホークアイは自社のシステムの本当の精度を知らなかったのではないかと、私はにらんでいる。選手権に使用する認可を得るために、同社はコート上での厳しい試験をひと通り受けるだけでなく、人間の線審のいる試合でも試験を受けなければならなかった。試験を終えるには何週間もかかった。最終的に、システムのすべての判定が線審の判定と一致したうえで、超高速度カメラによる測定で平均プラスマイナス5ミリの精度を達成しなければならない。誤差が10ミリを超える測定が一つでもあれば、不合格となる。これは相当厳しい試験で、当然ながら最初はいくつか問題があったのだが、2005年10月、ホークアイはテニスで初の自動ライン判定システムとして認められた。

ホークアイはほとんどの場合、ボールをかなり正確に追跡するのだが、それでも何かがうまくいかないこともあり、それを訂正するための技術者がスタンバイしている。論争を呼ぶような判定がなされることは避けられなかった。実際、2007年のウィンブルドン決勝において、ロジャー・フェデラーとラファエル・ナダルの対戦の第4セットでそうした事態が起きた。フェデラーはセットカウント2－1でリードしていたが、第4セットでは2ゲームの差を追う展開になり、自分のサービスゲームで30－30という局面を迎えていた。それは、試合の結果を左右する瞬間だ。フェデラーがポイントをとれば、おそらく勢いに乗ってセットをとり、試合にも勝つだろう。一方、ナダルがポイントをとれば敗退をまぬかれ、第5セットも奪える可能性が出てくる。フェデラーの最初のサーブはコートに入ったが、ナダルのリターンがアウトと判定された。BBCのカメラとスタジオの解説者たちは、アウトという判定に納得していた。しかし、ナダルはホークアイによるビデオ判定を要求できる権利の一つを行使した。驚くべきことに、ホークアイはわずか1ミリだけ「イン」だと判定した。

いつもは冷静なフェデラーも、これには堪忍袋の緒が切れた。観客にも聞こえるほどの大声でののしり、ホークアイのスイッチを切るよう審判に求めた。「こんなんじゃ、やってられないよ。いったいどうすれば、あのボールがインになるんだ?」

フェデラーはリズムを崩し、ナダルが第4セットをとって、2－2のタイにもち込んだ。フェデラーは最終セットで調子を取り戻し、そのまま決勝を制したのだが、この結果はひょっとしたら幸運だったのかもしれない。そうじゃなければ、論争はいまも続いていただろう。とはいえ、疑問は残る。ホークアイは私たちが思っているほど優れたシステムなのか?

問題は結局のところ、私たちがホークアイに何を期待するかになる。どのような測定システムであっても、一定レベルのエラーは常にあるものだ。ホークアイは自社のシステムの精度が約3ミリであると公表している。[6]工学では通常、これは誤差がプラスマイナス3ミリであることを意味しているから、判定が1ミリ「イン」ということは、実際には4ミリ「イン」である可能性も、2ミリ「アウト」である可能性もあるし、そのあいだのどこかである可能性もあるということだ。ホークアイが実際にできるのは、ボールがアウトである可能性よりもインである可能性のほうが高いと報告することだけである。

ホークアイはこの問題を回避するために、地面に落下したボールのアニメーションをコンピューターで生成し、落下地点を楕円形で表示する。楕円形の縁はぼやけていて、一部で指摘があったように数学的に不確定な要素があることを示している。それでも、きわどい判定には議論がつきまとう。それこそ、ホークアイが解消するはずの問題なのではあるが。

しかしついに、新たなシステムがITFによって認可された。その名もFOXTENN(フォックステン)だ。ホークアイが導入されて以降のデジタルカメラの進歩を生かしたシステムで、毎秒2500コマで撮影できるカメラを使っている。カメラがサービスラインに向けて設置されているだけでなく、補助として地面にレーザーが照射されている。きわどい判定になった場合、レーザーを使ってボールがインかアウトかを判定したうえで、誰もが目で見てわかるように、ボールがラインに当たっている実際の映像を流している。結局のところ、百聞は一見にしかずというわけだ(7)。こうすれば、フェデラーだって納得するだろう。

こうしたカメラシステムは、選手の追跡（トラッキング）にも取り入れられるようになった。マレーの手法ならば選手にマーカーを付けることになるのだが、それを実際の試合に使うのは現実的でない。そこでマーカーの代わりに、選手の全身を追跡するソフトウェアが作成された。「ブロブトラッキング」と呼ばれるものだ。大きな問題となるのは、選手の重心を特定することだ。成人の場合、へその近くにあるのだが、選手が体を曲げたりねじったりすると、重心も移動する。選手が体を大きく曲げた場合、重心が体の外に移動することもある。

私の研究室にいる博士課程の学生、マーカス・ダンはＩＴＦと共同で、スタンドの高い位置に設置された１台のカメラを使って、テニス選手を追跡する研究に取り組んだ。彼はどうにか選手のトラッキングに成功し、さらにもう一歩進んで、選手の足の運びもトラッキングした。ダンはみずからの成果に対しては非常に控えめな態度だが、彼が発明したのは、まさに低コストの足並み分析装置だ。マレーが知ったら誇らしく思うだろう。これで、選手の位置だけでなく、移動中の歩幅や、立っているときの足と足の間隔、単位時間当たりの歩数まで記録できるようになった。このシステムはどんなスポーツのどのような足の運びにも対応している。地元のスポーツスタジアムに設置されているほか、地元の病院にも導入され、医師が歩行異常を分析する一助となっている。

馬がギャロップ中に一瞬宙に浮いていることを、マレーがグラフで示したとき、人々が信じなかったのは、それを実際に目で見られなかったからだ。マイブリッジはその写真を提示したものの、足の曲がり方があまりにも奇妙だったために信じてもらえなかった。人々がようやく信じたのは、スチル写真をアニメーションにして、動きのある映像（初の動画）を見せたときだった。現代でもこれは同じ。のちほど紹介するように、私のいる研究所はイギリスのオリンピックチームと緊密に連携して、パフォーマンスの向上に取り組んでいる。どのような測定をするにしろ、それには必ずビデオが含まれる。コーチや選手は自分の日で映像を見たいからだ。

次の章では、マイブリッジやマレー、エジャートンが開発したカメラ技術を使って、再びスポーツの歴史をたどる。そこで取り上げるスポーツは、テクノロジーと切っても切れない関係にあり、テニスとともに、20世紀後半のスポーツテクノロジー革命を牽引した。

6 でこぼこの秘密──ゴルフ

学者になってからまだそれほど経っていない１９９７年、私は南カリフォルニアのカールズバッドという小さな町にある企業、キャロウェイゴルフが新設したゴルフボール部門のロビーを訪れた。創業者のイーリー・キャロウェイはもともと繊維業を営んでいたが、52歳で引退すると、カリフォルニアでみずからワイン醸造を始める。１９８１年にそのワイン会社を売却して再び引退すると、今度はゴルフのとりこになった。それから3年もしないうちに、ワイン会社で得た利益をつぎ込んで、キャロウェイゴルフを設立した。同社が売り出したドライバー「ビッグバーサ」（第一次世界大戦時代の大砲の名前に由来）は世界屈指の売り上げを誇るドライバーとなった。イーリー・キャロウェイは事業で得た利益を、次の大きな事業に投資するための手段と見なしており、ビッグバーサはその資金をたっぷり与えてくれた。次の冒険に乗り出す準備は万端だ。

新設されたゴルフボール部門を取り仕切るデイヴ・フェルカーが、ロビーにさっそうと現われた。私と握手すると、キャロウェイ初のゴルフボールを開発するためのスキルと専門知識を集める仕事を任されているんだと説明してくれた。その目的は「明らかに優れていて、その違いを楽しむことができる」ボールを開発することだという。イーリー・キャロウェイのキャッチフレーズだ。それだけでなく、そのボールを一から開発して、3年以内に完成させなければならない。

私は自分の博士論文を捜し出してきて、10分かけて研究の説明をした。そのあと私の計画について話し、東海岸にあるゴルフボール会社も訪れるつもりだと告げると、彼は単刀直入にこう言ってきた。「そちらには行かないでください。コンサルタントとしてキャロウェイと独占契約してください」。次の瞬間、私は契約書を片手に部屋を出ていた。そういえば、ここに入るとき受付も通っていなかった。確かに「楽しむことのできる違い」だと、私は思った。私の時間に対する報酬を記入して彼らに渡せば、契約を結ぶことができる。何人かの友人や同僚に相談し、頭に浮かんだ1日の報酬額を書き込んだ。明らかに法外な金額だと当時は思っていたのだが、彼らはひと言も言わずに承諾した。私はどうやら自分を安売りしていたようだと、そのとき気づいた。

キャロウェイがゴルフボールを発売したのは、ちょうど計画どおりの2000年だった。「ルール35」という製品だ。「軟らかめ」と「硬め」という二つの種類があり、それぞれ青と赤の箱に入っているのでわかりやすい。全米ゴルフ協会（USGA）が決めた34のゴルフのルールに従うだけでなく、キャロウェイが付け加えた35番目のルールにも従うという意味が、製品名に込められている。35番目のルールとは「楽しむこと」だ。発売した年には、キャロウェイはボールだけで3500万ドル相当の売り上げを記録した[1]。

キャロウェイはボールがグリーンに落ちたときの挙動にそれほど興味がなかったから、新型ゴルフボールの開発で私が果たした役割はごくわずかだった。とはいえ、このボールの設計や開発に注《そそ》ぎ込まれる労力は膨大であり、その数年という短い期間には、それまでの100年に及ぶ開発の歴史が映し出されている。

突起が付いたボール

ゴルフ発祥の地についてはさまざまな議論がある。スコットランドだという主張もあれば、オランダだという主張もあるし、ずっと昔までさかのぼれば、古代のギリシャやローマに行き着くとの見方もある。実際のところ、小さなボールがあれば、いつか誰かが棒を手に取って、それを打ち始めるものだ。ゴルフボールはもともと、削って丸くしたツゲ材でできていたのだが、17世紀には、革袋に鳥の羽毛を詰めてつくるようになっていた。4片の革を水に漬けて柔軟にし、裏表にして粗く縫い上げ、縫い残しておいた小さな隙間から裏返して引っくり返す。そして、その隙間から「シルクハットいっぱいの」ゆでたガチョウの羽毛をぎっしり詰め、隙間を縫って閉じたら完成だ。このボールは「フェザリー」と呼ばれるようになった。

　ボールが乾くにつれて革が縮み、乾きつつある羽毛を圧縮して、硬いボールができる。最高級のボールはもともとオランダでつくられていたが、その後、スコットランドのエディンバラ周辺のボール職人が製造法を学び始めた。1日に3～4個しかつくれず、最高級のボールは1個4～5シリングした。これは現在の約25ポンドに相当し、現代の平均的なゴルフボール1ダースの価格とだいたい同じだ。フェザリーの難点は、濡れると革がまた軟らかくなって、競技に使えなくなることだった。アイアンで思いっきり打ち損なうと、ボールが破裂して、羽毛が盛大に飛び散ることもあった。とはいえ、買ったばかりのフェザリーは良質で、きちんとオイルを塗って正しく打てば、ゆうに160メートルは飛んだ。

フェザリー産業は2世紀余り続いたが、1840年に大きな転機が訪れる。それはこんな出来事だった。セントアンドリューズにすむドクター・パターソンという聖職者が、シンガポールにいる宣教師からヒンドゥー教のビシュヌ神の像を受け取った。その像は、「グッタペルカ（ガタパーチャ）」というラテックスと似ていなくもない、硬いゴムのような物質の削りかすで梱包されていた。グッタペルカは東南アジアのアカテツ科の木の樹液からつくられたものだ。パターソンはビシュヌ像を棚に置くと、グッタペルカの削りかすをどうしようかと思案した。

グッタペルカはお湯の中で温めて溶かし、型に流し込むだけで取っ手や装身具、家具をつくることができ、しばらく前から素材として使われていた。防水効果があるので、パターソンは家族のブーツの底をグッタペルカで覆うことにした。温めて溶かし、焼き菓子の生地のように棒で伸ばしてシート状にしたものを、靴底に貼りつけた。靴の本体がすり切れてだめになっても、耐久性のあるグッタペルカは残っていたという。

パターソンの息子のロバートは、ゴルフに夢中になっていたが、高価なフェザリーを買うお金まではなかった。ならば、自分でつくってみたらどうか？　そのとき、グッタペルカを使うのがよさそうに思えた。母親のキッチンで、自分の靴底に残っていたグッタペルカをゆでて溶かし、それを丸めて直径4センチ弱の球をつくった。それをフェザリーのように白く塗り、セントアンドリューズのゴルフ場に持っていって試し打ちした。ボールは若干硬く感じたもののよく飛んだのだが、2回目のショットで粉々に砕けてしまった。グッタペルカは温度が低いと割れやすくなり、ちょっとひびが入っただけで、一気に砕けてしまう。ロバートはグッタペルカのかけらを拾い集め、もう一度キッチンへ持ち帰って温めた。今度は慎重に丸めた。すると確かにボールの持ちはよくなったものの、やがて砕けてしまうことには変わりなかった。

ロバートはあれこれ工夫を重ね、兄弟に秘密を打ち明けた。ロバートが勉学を終えて聖書神学校を設立しようとアメリカへ移り住むと、その兄弟が実験を引き継いだ。製造工程を見直し、気泡を取り除いてから何週間も寝かせておくことにしたほか、ボールに「パターソンの新素材」というスタンプを押し、そこに「特許」という単語も付け加えた。実際のところ、特許は取っていなかったのだが。

そのボールが利用され始めると、1848年には、ほかの選手たちがパターソンのまねをし始めた。価格がフェザリーの5分の1だったことから、すぐにフェザリーを上回る人気を獲得する。当初、フェザリー職人たちは商売が成り立たなくなるのではないかと心配したが、「ガッティ」と呼ばれるようになったそのボールが、ゴルフクラブやコーチ、キャディなどの需要も押し上げていることに、彼らは気づいた。しかもガッティには、製造に時間がかからず、破損してもゆでて軟らかくすれば傷を補修できるという利点があった。

そして、わくわくするようなことが起きる。ガッティはフェザリーに比べて扱いにくく、コントロールが難しいのだが、価格が安いためにゴルファーたちは我慢していた。当初、このボールには、空中で変な方向に曲がってしまう難点もあった。しかし、一日の始めよりも終わりのほうがうまく飛ばせることに、彼らは気づき始めた。その理由はボールの表面に付いた傷にあるのではないかと考え、ゴルファーたちは傷を直さずそのまま使うようになった。そのうち、プレーを始める前に、ボールにわざと傷を付けるようにもなった。

そんななか、エディンバラのすぐ東に位置する小さな町、マッセルバラでボールを製造していたウィリー・ダンが、ボールづくりの工程にひと工夫加えた。表面のきずを模した金属の鋳型を使って、熱したグッタペルカを圧縮し、表面に模様を付けたボールを作ったのだ。さまざまな模様のボールが登場し始めたが、なかでも人気が高かったのは、ブラックベリーのように小さな突起がいくつも表面に付いた模様（ブランブル）だった。ボールの飛びが抜群によかったのだ。

そのボールは価格が安かったが、まだわずかにもろく、粉々に割れやすかった。これを考慮に入れるルールが設けられ、打ったときの感触や音は不快だったが、プレーヤーはそれを我慢して使っていた。しかし、その頃、もう一つの革命が起きようとしていた。それを牽引したのは、サイエンスとテクノロジーの活用だ。

スピン博士

偉大な科学者のなかにはスポーツに関心をもっていた人物もいる。物理学の基本法則を説明するのに使えるというのが、その強い理由だろう。アイザック・ニュートンはケンブリッジ大学で光学を研究していた1671年、友人のヘンリー・オルデンバーグに宛てた手紙のなかで、テニスボールにスピンをかけると飛ぶ方向がいかに曲がるかを書き、ボールの周りの空気の圧力が均等でないためにそれが起こるのだと説明した。ノーベル賞物理学者のレイリー卿は1877年、研究の合間を縫って「テニスボールの不規則な飛行」という論文を執筆している。彼の門下生の一人で、電子の発見によりノーベル賞を受賞したジョゼフ・J・トムソンは、1910年に「ゴルフボールの力学」という論文を書いた。そのなかで、ゴルフボールの軌道を、陰極線管の中の電子の軌道と比較している。

数学者のピーター・ガスリー・テイトもスポーツに関心をもっていた。エドワード・マイブリッジやエティエンヌ゠ジュール・マレーが生まれた1年後の1831年にスコットランドのダルキースに生まれたテイトは、エディンバラ大学とケンブリッジ大学で学び、物理学にまつわる重要な論文を次々に執筆した。研究者人生のなかで44日に1本の論文を執筆するという多作ぶりだ。1860年には、エディンバラ大学の自然哲学教授に就任し、世を去るまで41年にわたってその座にあった。熱心なゴルファーでもあり、セントアンドリューズでプレーするときには1日で回れるだけコースを回り、最高で1日5ラウンドしたこともあったという。

テイトはゴルフの力学に並々ならぬ関心を寄せ、このテーマで13本の論文を書いた。三男のフレディは熟達したゴルファーで、全英アマチュアゴルフ選手権で2回優勝する腕前の持ち主であり、父親の地下室でゴルフの実験を手伝った。実験を始めてすぐ、テイトは「アンダースピン」がゴルフで重要な要素の一つであることに気づく。現代の私たちが「バックスピン」と呼んでいる逆回転だ。このアンダースピンによって、遠くへ飛ばすドライバーショットでボールがわずかに凹状に上向く軌跡を描くのだと、彼は説明した。その後、空中で止まったような動きを見せてから、一気にすとんと落ちて飛行を終える。

　テイトの導き出した結論に批評家たちは唖然とした。ボールにスピンをかけていると言い張るなんていったいどういうことか、と。スピンをまったくかけずにクリーンに打つのが正しいショットであるべきだというのだ。テイトはそんな批判に耳を貸さず、みずからの数理モデルの構築を続けた。それは長く骨の折れる作業だったに違いない。何カ月もかけて計算を繰り返し、一つの軌跡を描いていく（そのために助手がいるんだと思う）。そうしてテイトは、アンダースピンがボールとクラブの相互作用によって引き起こされ、重力に逆らう揚力を生むのだと結論づけた。ボールの回転が速いほど、揚力は大きくなる。テイトが推定したボールの初速は時速２６０キロ余り。これはＵＳＧＡやＲ＆Ａが現在のゴルフボールの試験に使っている基準と驚くほど近い[2]。

　私がいちばん好きなのは、テイトがスピンを測定した実験だ。長いテープの一方の端をボールに接着し、もう一方の端を床に接着する。フレディがそのボールを粘土の振り子に向けて打ち、その後、テープがねじれた回数を数えるのだ。テイトが出したスピンの測定値は、毎分１８００〜３６００回転。これは、私が博士課程にいるときアクシュネット社からもらった値に近い。テイトは大胆にも、ボールに加えるスピンを増やすためにクラブのフェースに溝をつくるべきだと提案しているが、この特徴はいまのクラブでは当たり前になっている。

息子と取り組んだ実験はきっと楽しかっただろうが、フレディは残念ながらボーア戦争中の1900年2月に亡くなった。父親であるテイトは悲しみに暮れ、体を壊して、同じ年にこの世を去った。物理学に関する大量の論文と、ゴルフボールの力学を理解するうえでの基礎知識を遺して。

ハスケルボール

1970年代に学校に通っていた頃、クラスにいた臆病な男子二人が、運動場で古いゴルフボールを見つけた。二人はそれを半分に切ると、糸ゴムを固く巻いてつくった球が中に入っているのを発見した。糸ゴムをほどいてみると、その長さは40メートルもあることがわかった。放課後、二人は大通りを横断するように糸ゴムを高く張り、何も知らずに通り過ぎる乗用車のアンテナに引っかけて遊んでいた。バスが来ると、二人は糸ゴムを捨てて逃げた。私はどうしてもゴルフボールを手に入れて、中身を見たくなった。ようやく手に入れると、ゴルフボールを父親の庭の物置小屋に持っていって、半分に切った。糸ゴムに覆われてボールの中心に入っていたのは、白い液体の入った小袋だ。もちろん、その小袋を破いて開けてみた。中身の液体がどんな味なのか確かめてみたい衝動にかられたが、そこまではしなかった。しなくてよかったと思う。当時のゴルフボールメーカーは水や糖蜜、蜂蜜、ひまし油、グリセリン、苛性ソーダ、水銀を使っていたという。そのボールに使われていた物質が何なのかまでは確かめなかったが。

こうしたボールがどのように考案されたかを伝える逸話はいくつかあるが、そこに登場するのは、アメリカのオハイオ州に暮らしていた二人の人物、コバーン・ハスケルとバートラム・ワークだ。時は20世紀に入る頃、テイトがエディンバラでゴルフボールの実験を行なっていた時代である。ハスケルはクリーヴランド出身の比較的裕福な30代男性で、義父の仕事を手伝って自転車を売っていた。一方、ワークはアクロンの近くでグッドリッチというゴム工場を経営していた。タイヤやレインコート、ゴムシートのほか、グッタペルカのゴルフボールも少量ではあるが製造していた。

ハスケルとワークはゴルフ仲間だった。ハスケルはフォアサム（4人が2組に分かれて行なうゴルフの競技）で自分がいちばん下手だと感じていて、ちょっとでも自分が有利になれるボールがほしいと思っていた。このあとの展開にはいくもの違った話があり、詳しくはジョン・マーティンの名著『ゴルフボールの奇妙な歴史』に書かれている。(3) いちばんもっともらしい話はこうだ。ハスケルがグッドリッチの工場にいるワークを訪ね、その辺にあった糸ゴムを拾い上げて、自分の指に巻きつけ始めた。無意識にやったのか意図的にやったのかはわからないが、やがて糸ゴムはハスケルの手の中で小さなボールになった。それを床で弾ませてみると、跳ね返って天井のほうまで高く上がった。いつもプレーに使っている扱いにくいガッティのことを考えたハスケルは、糸ゴムを巻いたボールを何かで覆うことができれば、完璧なゴルフボールができることに気づいた。そのアイデアを聞いたワークは、グッタペルカを使えばいいと提案した。二人はすぐに特許を申請し、1899年4月11日に認められた。

当初は手づくりだったが、まもなく供給が需要に追いつかなくなる。この「ハスケルボール」（たぶん「ワークボール」だとしっくりこなかったのだろう）はイギリスではほとんど手に入らず、1個の価格は1ポンド（現在の価値で100ポンドをゆうに超える）もした。しかし、とりわけブランドを表面に付けるようになると、すぐにゴルフボールの定番になった。数年後には、糸ゴムを巻いたゴルフボールの性能を高めようと、いくつもの模様が登場した。エリエーザー・ケンプシャルという人物は、1902年から1904年のあいだにゴルフ関連の特許を毎週一つずつ認可されていた。

乱立する特許

昔の特許のなかには、あまり科学的でないものもあった（いまでもそうかもしれないが）。特許弁護士は、特許の申請内容がどれほど常軌を逸していようと、誰がそのアイデアを最初に思いついたかを判断するだけで、必ずしもその科学的な内容をチェックするわけではない。ゴルフの分野では、この新たに生まれた実入りのよい業界で、ひと財産築きたいと思っている発明家たちがあちらこちらにいたようだ。とりわけ注目されたのはガッティの表面に施す模様だが、彼らはなぜその模様がよいのかをきちんと理解していたわけではなかった。ある特許を申請した発明家たちの話は酒場のジョークみたいだ。プロのゴルファー、音楽教授、ストーブ製造業者の3人が特許事務所に入ってきた。表面がなめらかなゴルフボールに、小さなくぼみをいくつも施すというのだ。現在のボールに施されているくぼみ（ディンプル）に驚くほど似ている。3人の言い分では、小さな突起を付けるよりもボールが丸くなり、転がりがよくなるのだという。これはよいアイデアなのだが、肝心なところをわかっていなかった。空気力学についてもっとよく理解していたら、ひと財産築けただろうに。

エディンバラで銃を製造していたアレグザンダー・ヘンリーは、少なくともボールの飛行について何かしら理解していた。ヘンリーは1898年、ボールの頂点から反対側の頂点にかけて、曲線状の溝を付けたゴルフボールの特許を申請した。ライフル銃をつくっていたヘンリーは明らかに、銃身の内側に刻まれたらせん状の溝から着想を得ている。銃弾には必ずわずかにバランスの偏りがあるため、銃身の溝で回転を付けることで、銃弾が飛んでいるときのバランスを均等にするのだ。これは数千年前に古代ギリシャ人がやりを投げるときに行なったのと同じやり方だ。

回転する銃弾や砲弾についての研究で、回転によって銃弾が一定方向にわずかにそれることがわかっていて、銃の製造業者はそれを補正するために照準を改良する必要があった。1852年、グスタフ・マグヌスはベルリン・アカデミーの前で実験を披露し、風洞の中で円柱を回転させると一方へ曲がってしまうことを示した。それ以来、空中を飛ぶボールを一方向へそらせるスピンの効果は「マグヌス効果」として知られている。

エディンバラに話を戻すと、ヘンリーが考案した見事なアイデアというのは、ゴルフボールに曲線状の溝を付けることによって、ライフル銃で撃った銃弾のようなスピンをかけ、空中でボールを安定させようということだった。もしヘンリーがテイトの論文を読んでいたら（テイトはヘンリーがいた場所からわずか数マイルのところで研究していた）、重要なのはライフル銃のようなスピンではなく、アンダースピンなのだと気づいたことだろう。そうなると、ヘンリーの発明は無用になってしまう。

20世紀初頭には、ゴルフボールにまつわるこうした特許が何百もあった。いまは何万とあるが、そのなかである一つの特許は申請内容が精緻である点で群を抜いていた。その特許を申請したイギリスのレスターの技術者ウィリアム・テイラーは、自身の発明で「ボールの飛行が改善され……その軌道は直線的になるが、とりわけ飛行の最終段階ではわずかに上昇する傾向がある」と述べている。[4]どうやらテイラーは、テイト教授が見事に描写していた軌道をできるだけ再現するゴルフボールを考案したようだ。

テイラーの指定では、彼の新型ボールには、当時人気のあったブランブル模様ではなく、突起を反転させて小さなくぼみをいくつも付ける。現在「ディンプル」と呼ばれているそのくぼみの仕様を、テイラーはきわめて精緻に指定している。くぼみは直径0・09～0・15インチ（2・3～3・8ミリ）、深さ0・014インチ（0・36ミリ）で、ボールの表面の4分の1～4分の3を覆う、といった具合だ。くぼみの形状については、深さは浅くすべきだが、その縁辺部は急勾配にすべきであると、やや月のクレーターに似た形を指定していて、その細かさには目を見張る。その急勾配が、空中で静止する動きにとって大切なのだと、テイラーは述べている。

まるでテイラーは、現代のメーカーのような風洞や試験場をもっていたかのようだ。彼はテイトの教え子だったに違いないと言う人もいる。だが、テイラーはゴルフ業界では無名だった。果たして、ウィリアム・テイラーとは何者なのか？

テイラーは1865年6月11日、現在のロンドン中央部にあたるハックニーに生まれた。[5]村の鍛冶屋や車大工の仕事を観察してものづくりを学び、路面電車の登場後は、ハックニーが村からロンドンの活気あふれる自治区に変貌を遂げたのも目の当たりにしたことだろう。兄弟そろって、科学だけでなく、ものづくりの技術にも強く心引かれていた。自分たちで旋盤をつくり、建具づくりを学び、電話や蓄音機まで自作した。テイラーはレンズや拡大鏡、望遠鏡にも興味をもった。科学研究に使う器具をつくる職人の見習いを終えると、テイラーは器具づくりの技術を生かして、幻灯機のようなものを製作した。ハックニーからほど近い王立研究所では当時、マイブリッジが幻灯機を使って聴衆を驚かせていた。

その後、レスターにある兄の会社に入り、結婚して、1901年には8歳の長女を筆頭に4人の娘の親となっていた。その頃、ストレスに苦しみ始めたようで、何か趣味をもってはどうかと医師に勧められた。そこでテイラーが選んだのが、ゴルフだった。ゴルフを始めるとすぐ、ゴルフボールのデザインがあまりにも多すぎることに戸惑い、どうすればボールを改良できるのかと思案するようになった。100年後のイーリー・キャロウェイと同様、彼にも信条があった。「他人がつくっているものをつくる暇があったら、まだ誰も思いついていない新しいものをつくり出せ」というのがそれである。これまでに登場した無数のデザインにないものを探し始め、趣味だったゴルフはまもなく、ナーボロウ・ホールの近くに借りた工房での研究プロジェクトとなった。

海の向こうのパリでは、エティエンヌ゠ジュール・マレーが研究の対象を生体力学から空気力学へと移していた。そのしばらく前から、人間が空を飛ぶ構想が議論されていたことから、マレーは翼の周りの気流を可視化して説明できるように、みずから設計した風洞を製作した。設計の概念はいたって簡潔だ。空気中で物体を飛ばしてその動きを測定するのではなく、固定した物体に空気を吹きつけ

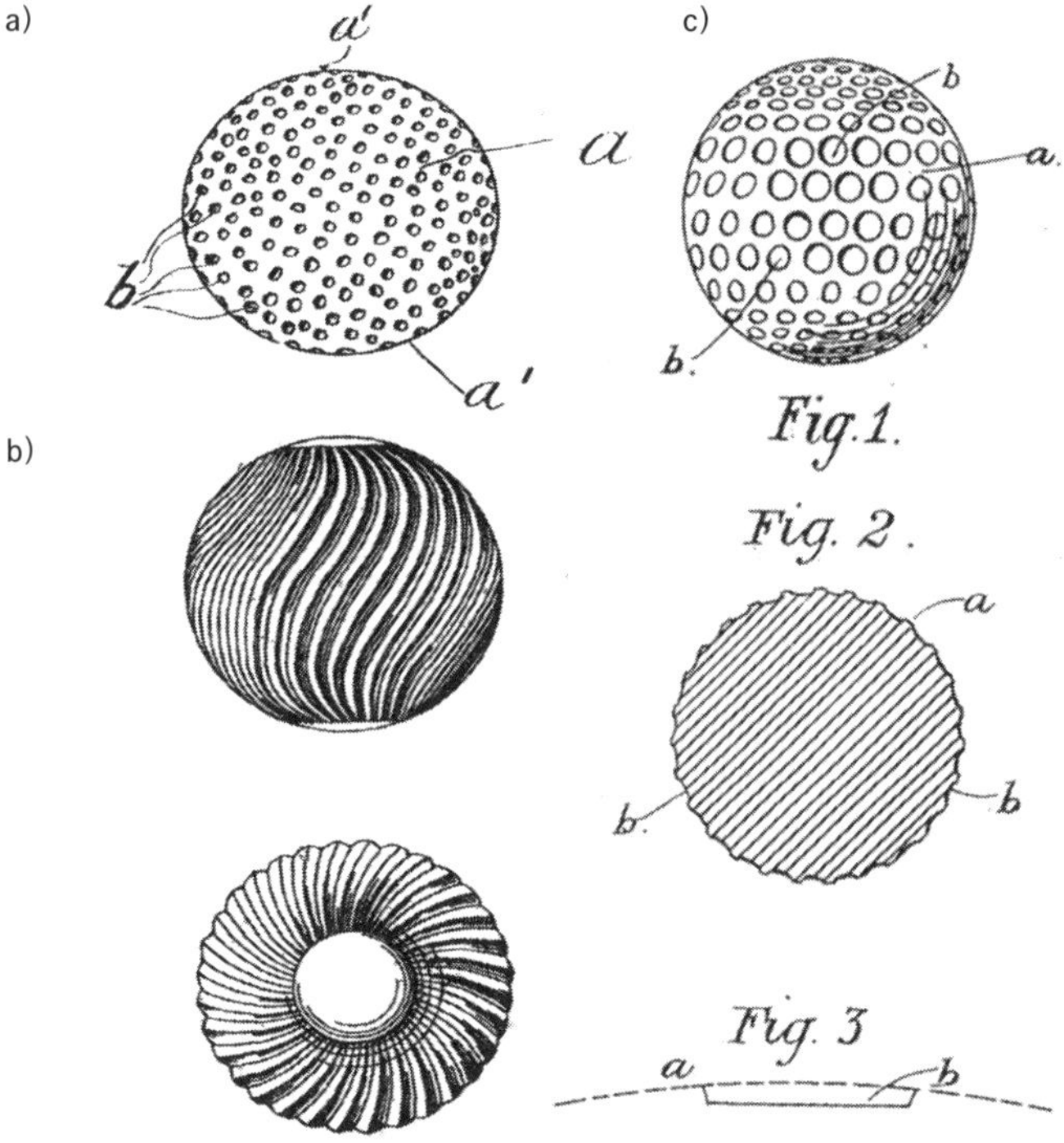

図 19　(a) ロンドン南西部のファーニー（プロゴルファー）、マクハーディ（音楽教授）、フロイ（ストーブ製造業者）の各氏による特許。くぼみのあるゴルフボールの初期の試作品だ。(b) エディンバラのアレグザンダー・ヘンリー（銃の製造業者）による特許。打ったときにまっすぐ飛ぶように、曲線状の溝が掘られたゴルフボールだ。(c) レスターのウィリアム・テイラーが1905年に出した特許。ディンプルのあるゴルフボールとしては最初の特許だ。

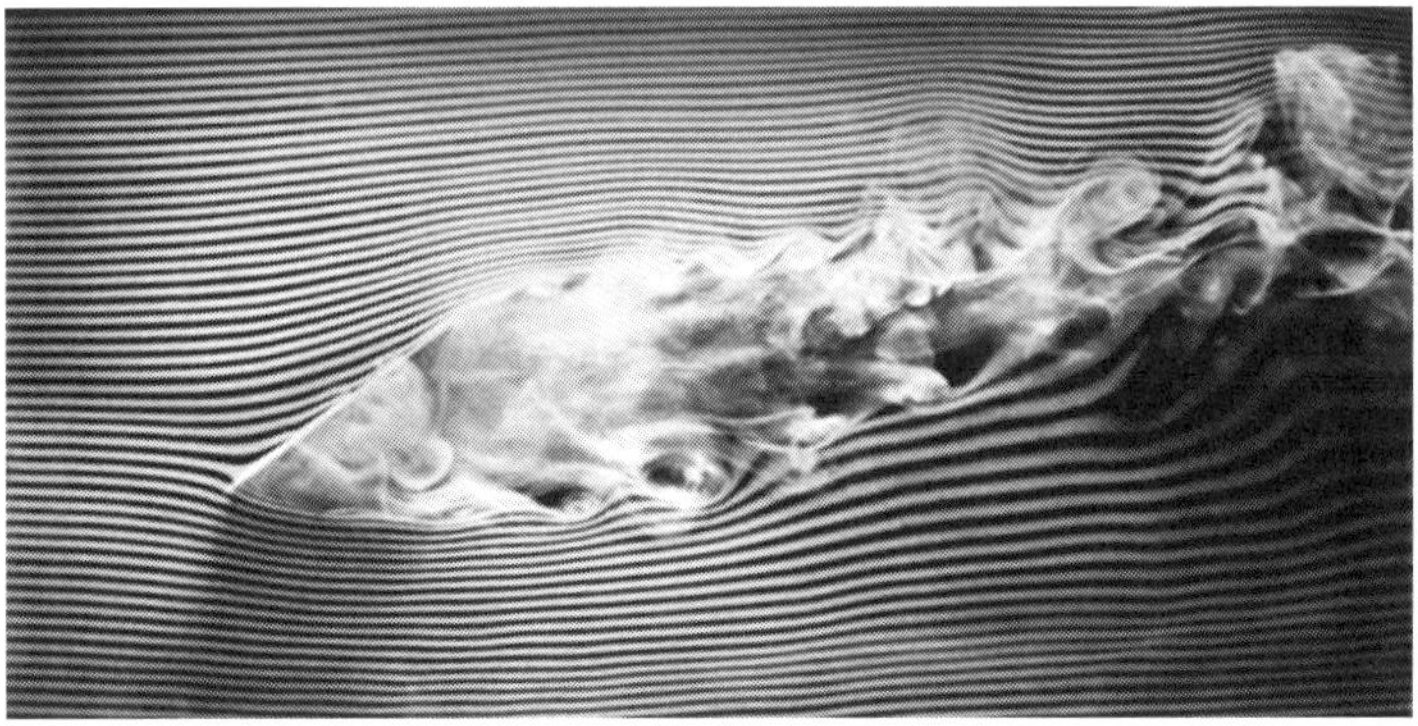

図20　エティエンヌ＝ジュール・マレーが開発した風洞の写真。30度の角度で配置した板に、左から風を当てたときの気流を示している。© Cinémathèque Française

る。空気の流れが見えるように、57本の細いパイプから煙を出し、空気の流れを2枚の板で挟み込んだ。前方の板はガラス張りにした。マレーはこの風洞について1901年9月の『ラ・ナチュール』誌で詳述し、記事をこんな言葉で締めくくった。「この手法によって、さまざまな問題を解決できるのではないかと考えた方々もおられるだろう。ここに詳しく説明したから、誰でも使ってかまわない」

テイラーもこれを読んだのかもしれない。この記事が掲載されてまもなく、テイラーは前面がガラス張りの風洞を自作し、さまざまなゴルフボールに煙を当てる実験をしているからだ。こうしてボールのデザインを一つに絞り込むと、鋳型をつくる装置を開発し、鋳型を作成して、ゴルフボールをつくり上げた。テイラーはボールを実際に打って試験する装置の設計と製作まで、みずから手がけた。それは1平方メートルの土台の上に高さ1メートルほどのピラミッド形の枠組みが据えられた装置で、地面に水平に置いて使用する。ピラミッドの頂点には軸が斜めに取りつけられ、そこにゴルフクラブを固定すると、三角形の面に沿って時計の針のようにクラブを回転できるようになっている。クラブを振り上げると、ケーブルに付いたおもりが引っ張り上げられ、留め具で止まる。引き金を引くと留め具が外れ、おもりが落下するにつれてクラブが回転し、ティーに置いたゴルフボールに当たる仕組みだ。

この独創的な装置を使うことで、テイラーはさまざまなボールのデザインを試すために、クラブを用いた打撃試験を繰り返し行なえるようになった。近くの野原に装置を据え、ボールが飛ぶ距離を測定した。テイラーは書類を作成し、イギリスの特許を申請して、１９０６年4月26日に認められた。彼のデザインを指す「ディンプル」という言葉は、妻のエスターの案だ。

テイラーの特許のライセンスを最初に得たのは、アメリカのスポーツ用品メーカー、スポルディングだった。「ディンプル・ゴルフボール」と呼んで、平均的なボールの2倍近い、1ダース９ドルという高値で発売した。第一次世界大戦が始まるまでに、スポルディングは6万個ものディンプル・ゴルフボールを売り、現在の価値で１３００万ドルもの売り上げを記録した。そのデザインはあまりにも優れていたので、大戦後に特許が切れたときには、ほとんどすべてのメーカーが、テイラーが考案した３３６個のディンプルをボールに施したほどだ。

テイラーがゴルフ業界から姿を消したのはこの頃だ。彼の会社が発売したレンズが、第一次世界大戦中に空中からの偵察や双眼鏡、距離計、銃の照準に使われ、その需要が増大した（テイラーはその功績に対して大英帝国四等勲章を授与された）。一方、テイラーのゴルフボールの特許は切れ、ゴルフ業界は彼なしで進んでいく。テイラーは世界最高のレンズづくりを続けた。急速に発展しつつあったハリウッドでは、ほとんどのスターがテイラーの精巧なレンズの前に立った。世界最高の水準を維持するためには、製品のチェックと計測を製造工程に組み込むしかないということに、テイラーは気づいていた。そこで、彼はレンズの表面を測定するために「タリサーフ」という装置を開発し、レンズ全体に触針を走らせることで、表面の粗さを100万分の1インチの精度で測定した。テイラーは1932年、英国機械技術者協会の会長にまでのぼりつめたが、なぜかゴルフ業界での実績については、同協会のアーカイブでまったく触れられていない。

テイラーの遺産はゴルフ業界の外へ伝わった。とりわけスポーツで、でこぼこ模様を使って物体の空力特性を変えると、「ゴルフボールのディンプルのような」効果を発揮するとよく言われる。テイラーは、ゴルフボールでディンプルの効果を初めて理解し、それを利用した最初の人物だった。

ボールの大きさをめぐる攻防

世界一遠くへ飛ぶボールを開発したい、あるいは少なくとも「世界一遠くへ飛ぶ」と言いたいとの願望は、どのメーカーももっているものだ。糸ゴムをもっときつく巻いてボールをさらに硬くし、クラブに当たったときの反発係数を高めたり、ボールの大きさや重さを変えて試してみたり、極端な例では、小さくて重いボールもあった。こうすると飛行中に抗力が小さくなるほか、突風の影響を受けにくくなり、フェアウェイでもよく転がるようになる。重いので飛ばすのに大きな力がいるから、男性ゴルファーに好まれた。その対極にあるのが、大きくて軽いボールだ。空中を漂うように飛ぶうえ、水に浮くから、池などのウォーターハザードによくボールを落としてしまうゴルファーには役立つ。

風が強いイギリスのゴルフコースでは小さめのボールが、アメリカのコースでは大きめのボールが好まれた。

ハスケルボールとテイラーのディンプルによって飛距離が25ヤード前後伸び、発売されるどのボールも飛距離を5ヤード以上伸ばせると宣伝するようになった。USGAとR&Aは懸念を抱き始める。ゴルフボールがあまり飛びすぎると、ゴルフコースの距離が足りなくなり、競技の魅力が失われるのではないかと。そこでUSGAは1920年、R&Aと会議を開くことにした。会議では激しい応酬が続いた（その65年後、私が博士課程に入ったときでさえもまだ、両者のあいだには、ピリピリした雰囲気を感じたものだ）。R&Aは小さめのボールを、USGAは大きめのボールを好んだが、どういうわけか小さめのボールが選ばれた。直径は1・62インチ（41ミリ）、重さは1・62オンス（46グラム）と決まった。

USGAの不満は高まる一方で、10年余り経った1931年、USGAはアメリカでは大きめのボールを使って競技すると一方的に決定した。その後40年にわたり、世界では2種類のボールが使われることになる。重さは同じだが、アメリカのボールは直径が1・68インチで、イギリスのボールより4％大きく、抗力が8％高かった。

USGAはボールの初速に関する規定を設けて、標準的なクラブで打ったときの初速を秒速250フィート（約76メートル）以下に制限した。これは、1890年代にP・G・テイトの実験で得られた秒速よりわずかに速い。しかし、R&Aは1968年になると、ボールの大きさに対する考え方を変えた。世界にはスコットランドのゴルフコースとは違ったタイプのコースがいくつもあるし、そのうえ、イギリスの選手はアメリカでプレーすると完敗する結果に終わっていた。考え方を変える潮時だったのかもしれない。こうして大きめのボールがすべての選手権に導入されたのだが、全英オープンだけは例外で、かたくなにボールの変更を拒み、1974年になってようやく変更を受け入れたのだった。

しかし、統括団体とメーカーの戦いは続く。1976年になるとボールの飛距離に関する基準が導入され、飛距離の上限は271・4メートルとされた。飛距離には、空中を飛んだ距離だけでなく、地面で跳ね返って転がる距離も含まれる。この距離の測定には、「アイアン・バイロン」と呼ばれるゴルフスイングロボットが使われた。もともとゴルフシャフトメーカーのトゥルーテンパーが製作したロボットで、20世紀初頭にウィリアム・テイラーがつくった装置とそれほど違わないが、肘と手首を模した関節を備えている点が異なる。

2002年になると、アイアン・バイロンに代わって、はるかに高度な屋内試験施設が使われるようになる。(6) そこにあるのは2種類の装置だ。一つは、機械式の試験装置を使ってゴルフボールを発射し、標準的なショットで打ち出したときの初期条件（速度、回転、クラブのフェースから飛ぶ角度）を測定する。次に、二つの回転ホイールを備えた装置でボールを発射する。これは、私がグリーンに向けてゴルフボールを発射するのに使った装置と似たものだ。互いに逆回転するホイールの隙間から、ゴルフボールを25メートルのトンネルに向けてさまざまな速度や回転で発射して、ボールの揚力や抗力の特性を測定する。

打ち出しの初期条件と空力特性が得られれば、ボールの軌道や、フェアウェイに落ちたときの挙動、その後のバウンドや転がりを仮想の世界でシミュレーションできる。私も似たような手法を博士課程の研究やテニスGUTで使った。ボールが芝に衝突したときの最も単純なモデルでは、第1章でマクマーンとグリーンが足と走路の相互作用をモデル化したときのように、ばねや緩衝装置に見立ててシミュレーションする。USGAはこれと似たようなことをやったか、おそらく実際の芝でいくつもの試験を実施して、着地時の速度と回転、角度を入力すれば、表から実際のバウンドと転がりを調べられるようにした。ボールの飛距離は、新たな規約で320ヤード（292・6メートル）まで伸びた。

2002年には、ボールのサイズと重さ、その最大初速、最大飛距離が固まった。メーカーが独自性を発揮できる唯一の道は、ボールがクラブに当たってから芝に落ちるまでの軌跡だけとなった。そこでまた、ディンプルが注目されることとなる。

クライシス

1970年代まで、ほとんどのゴルフボールでは336個のテイラーのディンプルが「アッティ」のパターンで配置されていた。これは、ニュージャージー州でたくさんの鋳型をつくったラルフ・アッティにちなんだ名前だ。意外にも、「ディンプル」という単語が特許で初めて使われたのは1970年だった。その特許はゴルフ用品メーカーのアクシュネットが申請したもので、彼らが新たに考案した皿形のディンプルをつくれば、3～5ヤード遠くまで飛ぶとされている。ほかにも、三角形に配置したディンプルを組み合わせたタイトリストの二十面体パターン、一つのボールに5種類のディンプルを使ったハイ・ベロシティ・コア・ボールなど、いくつもの特許が次々に申請された。ディンプルの形状も大きめ、小さめ、深め、浅めとさまざまで、ディンプルどうしの距離も離したり近づけたりと、ほぼあらゆるデザインが試された。しかし、どのデザインも3～5ヤード遠くまで飛ぶとされている。

メーカーはテイラーの手法をまねて、試験場でボールのテストをした。ディンプルの大きさの違いは100分の1インチのレベルまで小さくなったので、鋳型から出したときにボールを正確に計測することが重要になった。たいていはタリサーフのような装置が使われたが、その装置を発明したのがディンプルの発明者と同じであることは知られていなかった。

ゴルフボールの空力特性を測定するために、世界中の風洞で膨大な時間が費やされてきた。風洞はいまや部屋全体を占める巨大な装置となっている。ボールはスティングと呼ばれる細くて硬い水平の棒に支えられ、背後から気流を当てられる。スティングは直角に曲がって、下方にあるフォースプレートという装置につながっており、そこでボールに当たる気流の力を測定する。

どの研究でも、抗力はボールの断面積と「抵抗係数」に比例することが示されている。抵抗係数は業界ではC_dと呼ばれていて、うっとりするほど簡潔な数字であり、気流が物体の周りをどのように流れているかを教えてくれる。航空機の翼など、典型的な流線形の物体は、C_dが0・04と小さい。体を立てて自転車に乗っている長髪のサイクリストはC_dが1・1だ。表面がなめらかなボールはその中間で、およそ0・5となる。

風速がきわめて遅い場合、表面がなめらかなボールを横切る気流は、そのそれぞれの層が整然となって表面を流れていくので、層流となる。ボールの表面と接している層は静止しているが、そこから離れたほかの層は滑るように動いていく。便せんの分厚い束がテーブルに置いてあるとしよう。その上に手を置いて前方へ滑らせると、一番上の何枚かは簡単に動くが、その下の紙、とりわけテーブルと接している一番下の紙はまったく動かない。空気力学では、表面と接している動きの遅い部分を「境界層」と呼ぶ。空中では厚さが数十分の一ミリしかない、ごく薄い層だ。これが、ゴルフボールの飛行によい効果も悪い効果ももたらす原因である。

スピードの遅い気流は層流になるのに対し、速い気流は乱流となる。この現象は、キッチンのシンクで蛇口から水道の水を流してみるとよくわかる。水をゆっくり流すと、水はなめらかなパイプのように整った形で出てくるが、蛇口を徐々に開けていくと、流れが速くなり、なめらかだった水の流れが乱れて激流となる。流体の流れというものは、スピードがある程度速くなると必ず、層流から乱流へと変わる。

空気がボールに当たると、まず前面にぶつかってから、側面へ向かう。ボールと接している境界層はボールの周りを移動するうちに遅くなり、やがてあまりにも遅くなってボールの表面から離れてしまう。気流はボールの上下の頂点近くで離れる。その後流（伴流）は大きく、大きな抗力が生じる。

風速を上げると、境界層の気流はやがて乱流に変わる。これによって、ボールから離れた高速の気流と、ボールに近い低速の気流が混じり合うことになる。境界層はほかの層よりわずかに速くなるので、ボールの背後にまで移動し、後流が小さくなり、抗力も小さくなる。空気力学では、この層流から乱流への移行、そして抗力が低くなる現象を「ドラッグクライシス」と呼んでいる。

表面がなめらかなボールでドラッグクライシスが起きる速度は非常に速く、人間の能力ではまず出せない。しかし、ボールの表面に凹凸を付けると、ドラッグクライシスが起きる速度が、ゴルフのショットで出せる程度まで下がる。まさにこれが、ガッティで起きた現象だ。プレーを始めたときには、ボールの表面はなめらかで、抵抗係数は0・5前後と高いが、プレーを続けているうちにボールの表面が粗くなると、境界層が乱流になって、ボールの後方まで離れないので、後流が小さくなる。その結果、抵抗係数が0・2ほどまで下がって、ボールの飛距離が伸びるのだ。

テイラーは風洞を使った実験でこの効果を目の当たりにしたに違いない。ドラッグクライシスを低速で起こすために、ボールの表面にディンプルを施したのだろう。そこで鍵となったのは、ディンプルのくぼみの縁だった。ちょうどよい急勾配を施せば、層流の境界層が、ボールの表面から離れることなく、乱流に変わる。1990年代には、コンピューターを使った流体力学研究や設計が可能になり、製造にかかる時間が短くなったことで、ディンプルの設計も比較的早くできるようになった。メーカーは思いつく限りのディンプルの形状やパターンを調べて、さまざまなプレースタイルに合った飛び方をするボールを開発した。

ボールの表面のでこぼこは、尾根と谷の連なりとして表現することができる(7)。ゴルフボールのディンプルというのは、拡大して見ると、浅くて幅広い谷と平らで狭い尾根が連なっているように見える。ガッティに当初付けられていたブランブルのパターンはこれとは逆で、とても狭い谷のあいだに、台地のように広い尾根がある形状だった。抗力を下げるうえで肝心なのは、境界層の動きを活発に保つことだ。クレーター状のディンプルの縁にはこの効果があるが、広い台地状のブランブルは境界層の速度を遅くするだけだ（サッカーボールのパネルの働きと同じ）。つまり、抗力を低くしたかったら、ディンプルのほうがブランブルよりもよく、ブランブルのほうがなめらかな表面よりもよいということだ。

ゴルフクラブをつくる多くのメーカーが、キャロウェイのクラブをまねて、ヘッドの大きいクラブを発売した。しかし、ヘッドがだんだん大きくなるなか、私たちの研究所の空気力学者であるジョン・ハート博士が、ヘッドの大きさよりも抗力が重要になってきたことに気づいた。ハートはクラブの上部に「リブレット」という突起を付けた。これがディンプルのような働きをして、クラブの上部を流れる境界層に乱流をつくり出し、抗力が下がって、スイングスピードが増した。私たちがこの特許をゴルフクラブメーカーのピンに提供したところ、同社はこのアイデアを取り入れたG25というドライバーを開発した。これが同社で最も売れたドライバーとなった。

メーカーによる技術革新と、競技の性質を損なわないためにUSGAとR&Aに求められた対策。ゴルフはこれら二つの取り組みが表われた好例だ。何よりも懸念されたのは、ボールの飛距離が伸びすぎてゴルフコースの長さが足りなくなり、ゴルファーが競技に魅力を感じなくなって、ゴルフをやめてしまうことだった。そうなってしまったら、ゴルフ業界全体が打撃を受ける。統括団体は飛距離を定期的に見直している。2017年の報告書では、男性のアマチュアゴルファーの飛距離が21年間で4%伸びて、190メートルになったという。トップ10に入るプロゴルファーがトーナメントで出した飛距離はさらに長いものの、規定の限度に8メートル足りなかった。いまのところ、現在の規定はボールの飛距離の伸びをうまく抑えているようだ。

報告書では、２００４〜２０１６年は「規制によって安定した」期間だったが、２０１７年には飛距離の伸びが２〜３メートルにもなったとされている[8]。原因としては、天候に恵まれたことや、とりわけ調子のよい選手がそろっていたことなど、この年特有の変動があったとも考えられる。とはいえ、報告書の随所に表われているのは、「我々には規則があり、その行使をためらわない」との暗黙のメッセージだ。

次の章では、時間をめぐる旅で次に出合うスポーツを見ていこう。あらゆるスポーツのなかでも、最もテクノロジーを駆使したスポーツだ。選手が時速１００キロ以上のスピードを出すその競技には、ゴルフボールのディンプルのように、空力特性が選手のパフォーマンスをいかに大きく高めるかが表われている。

7 そり遊びから競技へ——ボブスレー

スイスのチューリッヒから南東に190キロ。平らな谷間に位置するすてきな市場の町、クールで列車を乗り換えた。携帯電話で現在地を調べると、目的地のサンモリッツまでは残り50キロだが、到着までにあと2時間を要する。時速25キロで走る列車なんて、急行とは言えない。どうしてこんなに遅いのか？　故障しているのか？　乗車前はそんなことを思ったものだが、乗ってみると、自分の了見がいかに狭かったかがわかる。列車は急峻な峡谷を登り、万年雪が残る境界線を越えて山岳地帯に入り、深い谷間に架かった橋を渡ってゆく。はるか下を流れるのは、緑色に澄んだ川だ。積雪が厚くなるにつれて、時が止まったように凍りついた滝を目にする。列車は標高2000メートル近い山頂に向けて、まだ登ってゆく。

サンモリッツに行く目的は、ケンジントン・テレビのドキュメンタリーの第2弾として、冬季オリンピックにまつわる実験を行なうためだった。[1] 列車に乗っていると突然、今回の実験のテーマとなるスポーツの原型のような光景を目にした。分厚いコートを着て満面の笑みを浮かべた人たちが、2台のそりに乗って、鉄道橋の下をあっという間に通り過ぎ、つづら折りの雪道を滑り降りていったのだ。かつてこの地を訪れたヴィクトリア時代の裕福な旅人も、こんなふうにして楽しんだに違いない。彼らが興じたのは、世界的にも珍しい独特なスポーツ、ボブスレーだ。

ボブスレーをテレビで見たことがある人は多いだろうが、生で見たことがある人はなかなかいないだろう。ボブスレーには、男子2人乗り、女子2人乗り、そして男子4人乗りの競技がある。ほかにも、従来のそりに近いリュージュやスケルトンという競技もある。スケルトンでは頭から滑走するのに対し、リュージュでは足から滑り降りる。

1855年、ヨハネス・バドルットと妻のマリアがサンモリッツに小さなホテルを購入した。夫妻はホテルの名前を「クルムホテル」と変え、ホテルの拡張に乗り出す。1864年、短い夏に不満を抱えた夫妻は、イギリス人の常連客たちにある話を持ちかけた。よろしければまた冬に戻ってきて、ここで過ごしていただけないでしょうか、もしお気に召さなかったら旅費をお支払いします、と。その代わり、冬の滞在が気に入ったら、すべての友人にこのホテルを勧めてほしいというのが、夫妻の要望だった。常連客たちはその話に乗り、クリスマスに到着してイースターまで滞在し、日焼けして幸せそうに帰っていった。冬の観光産業が栄えると、娯楽も次々に現われる。観光客たちはそりを地元の業者から借りて、通りで即席のレースに興じた。

一方、サンモリッツから80キロ北に位置するライバルの温泉町、ダヴォスも冬の観光客を受け入れていた。1883年には、ダヴォスでトボガンぞりの最初のレースが開催され、「ダヴォス国際トボガンクラブ」が創設された。これに刺激されたのが、サンモリッツに滞在する観光客と、5人の裕福なイギリス紳士で構成されたクルムホテルのアウトドア・アミューズメント委員会だ。彼らは、サンモリッツから雪原を抜けてクレスタにいたる独自のそりレースを開催することを決めた。サンモリッツでは地元の人たちが道路でのそり遊びに眉をひそめていたから、このレースを開催することで、道路を使わずにそりを楽しめる利点もあった。

滞在客のもてなしに熱心だったバドルット夫妻は、ホテルの従業員たちにそりのコースを人力で造らせた。そうして雪原に完成したのは、難しい斜面（バンク）やカーブのあるコース「クレスタ・ラン」だ。オープンは1885年1月1日。滑るときには、そりに座って足を前に出し、体はほとんど起こした状態で、わずかに後ろに傾ける。そのうち、あるアメリカ人観光客が台座の低いそりを使い始めた。フィラデルフィアのアレン&カンパニーが製作した「フレキシブル・フライヤー」というそりで、前部に付いたT字形のバーがそりのランナー（滑走部）につながっている。そのバーを押すとランナーが曲がって、そりが方向を変える仕組みだ。体を起こして座った姿勢ではこのバーを足で操作できるし、うつ伏せに寝て頭から先に滑るときには手で操作することもできる。やがて誰もが頭を先にする姿勢をとるようになった。

それから2年後の1887年には、サンモリッツ・トボガンクラブが創設された。当初の委員には、シェプリー夫人、カズンズ嬢、そして、トップハム、クリーマー、ワトソンの諸氏が名を連ねている。1888年には、そりの全長を長くした「ボブスレッド」、現在のボブスレーが登場し始めた。ボブ

図21　1936年のそり「フレキシブル・フライヤー」。
写真はインディアナポリス子ども博物館提供。

スレーの歴史には二つの論点がある。一つは、誰が発明したか。もう一つは、名前の由来だ。国際オリンピック委員会は、スイスで1860年代にボブスレーというウィンタースポーツが考案されたとしている。一方、アメリカの『タイムズ・ユニオン』紙は1880年代にニューヨーク州オールバニーで誕生したと主張し、国際ボブスレー・スケルトン連盟はこのトピックにいっさい触れず、サンモリッツで最初のボブスレー・クラブが生まれたとだけ述べている。もっと古い文献には、ウィルソン・スミスというイギリス人発明家の名前が挙がっている。そりを進めるために乗り手が体を前後に揺する（ボブする）ので、「ボブスレッド」（ボブするそり）と名づけたのだという。

こうした数々の説の誤解を正したのが、マックス・トリエの著書『ボブスレーの100

年』だ。[2]これは、ボブスレーの誕生100周年を記念して1990年に出版された書籍で、同年に開催された展覧会のタイトルでもある。トリエの主張は明快だ。「ボブスレッド」という用語は1839年には、木こりが森から丸太や材木を運び出すために用いた輸送手段を指すために使われていたのだという。2台のそりが連結されていて、前のそりが後ろのそりをトレーラーのように引っ張る形になっている。現代のタンクローリーのようなものだ。後ろのトレーラーが切り離され、それを前で引っ張っていた牽引車だけの状態になると「ボブテイル」と呼ばれる。そこから、このそりが「ボブスレッド」と呼ばれるようになったらしい。

1885年までには、オールバニーの冬の祭りで、複数人が乗るボブスレーレースが開催されるようになっていた。そして1888年12月、この街に住むスティーヴン・ホイットニーが休暇でダヴォスを訪れたとき、もっとたくさんの人がそりに乗れるよう、2台のそりを長い板でつなげた。それを見たサンモリッツのクリスチャン・マティスという鍛冶屋が、操縦装置とブレーキを備えた複数人乗りのそりを製作した。クレスタ・ランは一人乗りのそり用に設計されていたのだが、1892年3月19日には、この地で最初のボブスレーレースが開催された。参加したのは5チーム。このとき2位になったのが、ウィルソン、スミス、ダフ、ジョーンズのチームだった。おそらく最初の二人の名前から、ウィルソン・スミスがボブスレーの発明者だという長年にわたって語られてきた神話が生まれたのだろう。

台座の低いそりに一人で乗る選手と、大きなボブスレーに乗るチームのあいだには対立があったに違いない。1903年に開かれた競技会では、ボブスレー向けのコースを新設するための募金活動が行なわれている。大型のそりをクレスタ・ランから追い出すためだったのだろう。このとき1万1000スイスフランの寄付が集まり、まもなくクルムホテルの敷地から下のツェレリーナにいたるコースの建設が始まった。そして1904年1月1日、最初のレースが開催された。それ以降、サンモリッツはボブスレーの代名詞となっている。

サンモリッツにある二つのコースは天然の雪と氷を材料にして、毎年新たに降った雪でつくられる。コースづくりは特殊な技能を要するため、同じ家族だけで何代も続けられてきた。夏に訪れると、コースはアイスキャンディーが溶けて棒だけが残ったような状態だ。目にするのは、かすかに残ったコースの輪郭と、その両端の建物しかない。11月に最初の大雪が降ると、南チロルからやってきた作業員たちがショベルで雪をかき集める作業を始める。まさに丘を彫刻するように下りながら、毎年同じコースを再現しようとしている。サンモリッツとツェレリーナを結ぶこのボブスレーコース「オリンピア・ボブ・ラン」では2万立方メートルを超す雪と水を使って、上のサンモリッツから谷底のツェレリーナまで、斜度14％の斜面をそりが滑降する。もちろん、まっすぐに下るわけではない。昔のイギリス人観光客のために、たくさんのカーブが設けられ、それぞれにサニーコーナー（日当たりのよい角）、ホースシュー（馬蹄）、デヴィルズ・ダイク（悪魔の土手）といった独創的な名前が付けられていて、丘を下るほど過酷になってくる。ホースシューを曲がるときには、4G（重力加速度の4倍）を超える力が乗り手にかかる[3]。比較のために例を挙げると、スペースシャトルの打ち上げ時にかかる力は3Gだ（かかる時間はボブスレーよりもはるかに長いが）。

サンモリッツの歴史を考えれば、ボブスレーの博物館があるのは意外ではなかった。19世紀後半にさかのぼる種々雑多な道具や装備が展示されている。これは、スイスのボブスレーチームでパイロット（前に座って操縦する選手）を務めるドナルド・ホルスタインの自慢のコレクションだ。小さな町によくあるように、サンモリッツでも多くの住民が複数の仕事をもっているが、博物館を管理しているドナルドも例外ではない。地元の自転車店も営み、さらには、観光客を乗せてボブスレーのコースを滑走する有料サービスもやっている。ボブスレーの博物館では、「お手を触れないでください」というよくある注意書きはなく、展示品にさわり放題だ。ボブスレーに何千回も座ってきたであろうドナルドにとって、そりは展示ケースのなかで保存されるものではなく、生きているものなのだ。私はボブスレーに座りたくて仕方がなかったから、願ってもないことだった。

壁際には、2倍の長さのそりが立てかけてあった。「マティス」という名前が刻まれている。「ボブという言葉は、そりをもっと速く滑らせるために乗り手が体を前後にボブする（揺する）ことに由来すると考えられていますが、それは正しくありません」とドナルドは話す。「木こりが森で丸太を運び出すときに使ったそりの名前に由来するんです」。ドナルドは専門家だけによく知っている。私は同意するように、おとなしくうなずいた。

マティスのそりは、鍛冶屋がつくったものらしく、2本の鎖を使って操縦するようになっている。鎖の先には手で持てる環が付いている。単純に右か左の鎖を引いて、そりの先を行きたい方向へ向ける仕組みになっている。後方の乗り手の両側には、熊手のような器具の端につながったハンドブレーキのレバーがあり、それを引くと、器具が押されて鋤のように雪に食い込んで、ブレーキがかかる。素朴だが効果的だ。

ドナルドが次に見せてくれたのも2倍の長さのそりだが、花柄の分厚いクッションがあしらわれていた。クルムホテルのロビーに置いてベンチにしてもよさそうなもので、そりの下にはランナーが付いているし、前にはバンパーも備わっているが、滑る目的でつくられたわけではなさそうだ。その隣に展示されている粗い白黒写真には、このそりにまたがって座っている王子が写っている。当時、サンモリッツを訪れた王子はたくさんいたのだろう。

1898年に自動車に丸いハンドルが搭載されると、その後まもなくボブスレーにもハンドルが付いたようだ。ボブスレーには5人乗りという変わったバリエーションもあるのだが、この場合、全員が頭を前に向けてうつ伏せになり、まるで倒れたドミノのように、それぞれの選手が前の選手の上に重なる形になる。ハンドルの軸はかなり短くて、ドライバーは操縦しながら肘をつくことができたし、ハンドルに顎をぶつけずに済んだ。ある写真には、笑いながらこの状態で乗っている楽しそうな男女のグループが写っている。ただ、男女混成のグループはいささか性的に問題があると受け取られたようで、やがて男子のみに制限されたのだと、ドナルドが教えてくれた。

第一次世界大戦と第二次世界大戦の戦間期には、ファイヤーアーベント・ボブスレーが流行した。そりはすべて鋼鉄でできていて、流線形の短い覆いが足元に付いている。ランナーは従来の丸い棒よりも摩擦が小さいU字形の断面をしている。後方のランナーはボールベアリングの付いた軸を使っているため、氷の形状に合わせて動くことができた。

1940年代後半には、前方の覆いが車のボンネットのように長くなり、パイロットの脚全体とハンドルが覆われるようになった。これで空力特性は向上しただろうが、ドナルドの考えでは、理由が何であるにしろ、スポンサーのロゴを入れるスペースをつくる目的もあったのではないかという。ボブスレーは昔もいまもお金のかかるスポーツなのだ。座席は麻の帯を編んでつくられていて、デッキチェアのように、そりの枠から危なっかしく吊られている。この座席に座って、時速100キロ以上で斜面を滑降している場面を想像してみた。座席の上でぶらぶら揺れる自分のお尻と、高速で移動する氷とのあいだに何もない状態というのは、どんな気分だろうか。

現在のボブスレーは、ずんぐりした鼻先からブレーカー（後ろでブレーキを担当する選手）のところまで覆いがかぶさっていて、1940年代のものに比べてはるかに頑丈そうに見える。発砲プラスチック製の小さな座席が取りつけられ、床板もしっかりしていて安心感がある。丸いハンドルは1940年代以降に姿を消し、左右に取りつけられたケーブルと滑車を使って方向を変えるマティスのそりのデザインに逆戻りした。ブレーキも相変わらず素朴で、昔と同じ2本のレバーを上に引くと、下に付いた熊手のような器具が鋤のように氷に食い込む仕組みだ。

限界を超え続ける

選手やボブスレーの能力が年々向上すると、コースをそれに合わせる必要が出てきた。サンモリッツでいちばん印象に残っているカーブは、そりを180度ぐるっと曲がらせるホースシューだろう。そりはカーブに差しかかるときには平坦なコースを滑っていくが、カーブに入ると氷の壁をのぼり、加速で垂直の氷に張りつくようにして曲がる。1950年代にはボブスレーの時速は140キロにも達していて、ホースシューには常設の石の壁が設けられ、そこに氷の壁を毎年つくるようになった。コースをさらに下っていくと、時速は160キロまで上がり、野原に設けられた古いフィニッシュ地点の長さでは、そりが止まらなくなった。そこで、フィニッシュ後に100メートルほど折り返してまた斜面をのぼるコースを新設し、その先に新しいフィニッシュハウスを設けた。

競技の変遷とともに、ボブスレーのデザインに関する厳しい規定も設けられた。まず、重量制限が課された。2人乗りのボブスレーの場合、そりだけで170キロ、選手を含めた総重量が390キロまでに制限された。(4) ここでちょっと釈然としないのは、ガリレオが400年以上前にピサの斜塔から重さの異なる2個の球を落として、あらゆる物体の加速度が質量にかかわらず等しいことを示したのに、なぜボブスレーに重量制限を設けなければならないのかということだ。(5) 重さにかかわらず加速度が同じなら、ボブスレーの重量は関係ないはずだ。じつは、ガリレオの実験では抗力（空気抵抗）のことが考慮に入れられていない。もしガリレオが球状の砲弾と、大きさが同じではるかに軽い風船玉を落としていたら、砲弾のほうが明らかに先に着地しただろう。風船玉にかかる上向きの抗力が大きく、下向きの重力がその分打ち消されるので、落下速度が下がるのだ。この実験は真空、あるいは抗力を無視できる空間でのみ有効である。ボブスレーのように、わずかな記録の差が勝敗を左右するスポーツでは、抗力が物を言うから、そりの重さも重要になってくる。

ボブスレーのルールに詳しい組織の一つに、スポーツ用品研究開発研究所（ＦＥＳ）がある。1962年、当時のドイツ民主共和国（東ドイツ）チームのパフォーマンスを高める技術を開発するために、ベルリンで創設された研究所だ。1970年代後半になると、チームは機体の側面を覆い、ゴム製の器具とプッシュバー（スタート時にそりを押すときに使うバー）を備えたそりを携えて、突然ボブスレー界に登場した。１９８４年のサラエボ五輪では、旧ソ連が東ドイツに対抗して、葉巻型のボブスレーを投入したが、スピードは速くても操縦が難しかった[6]。衝撃を吸収するサスペンションシステムを備え、それぞれのランナーが独立した動きをとれたものの、危険が大きすぎて事故が増え始めた。

統括団体がそりをどのように規制すべきか頭をひねる一方で、もっと安全に練習したり、コースに慣れたりする方法を模索する人たちもいた。カリフォルニア大学デイヴィス校のモント・ハバードが開発したのは、アメリカのオリンピックチームのトレーニングを補助するためのＶＲ（仮想現実）を使ったボブスレー・シミュレーターだ。ニュートンの法則を3次元空間に適用して、コースを滑走するボブスレーの動きをモデル化した。測定したコースを面としてモデル化し、コンピューターのプログラムを用いて、屋内に据えつけたボブスレーの動きをサーボモーターで制御する。前方のスクリーンにはシミュレーションしたコースが表示され、それに合わせて、ＶＲを使った遊園地の乗り物のように、ボブスレーを左右に動かすことができる。選手たちは実験室から一歩も外へ出ることなく、コースに慣れることができるのだ[7]。

そりのランナーと氷の摩擦はきわめて重要で、ランナーの素材や塗装、氷の温度、そしてランナーの形状に左右される。肝心なのは、操縦できるぐらいの摩擦を得ながら、その摩擦でスピードを落とさないことだ。スケルトンやリュージュでは、19世紀にあった初期のフレキシブル・フライヤーのように、選手が自分の体を使ってそりの枠をねじることでランナーを曲げて、方向を変える。

2010年、私はサウサンプトン大学のジェームズ・ロッシュという博士課程の学生の学外試験官をしていた。彼はイギリスチームのためにスケルトンのデザインを研究していた二人の学生の一人で、ハバードと似たような数学的手法を使って、コースを滑走する最良の経路と、選手がその経路をとれるそりのデザインを突き止めようとしていた。スケルトンでは、選手がスタート時に片方の手でそりを押して勢いをつけてから、頭を前に向けてそりに飛び乗る。当時、私のチームの仕事は、選手が乗る金属製のサドルの形状を決めることだった。サドルは、そりをうまくコントロールできるように十分きつくなくてはならないが、選手が乗れないほどきつすぎてもだめだ。うれしいことに、2010年のバンクーバー五輪では、イギリスのエイミー・ウィリアムズが金メダルに輝いた。

現在のボブスレーは前部と後部に分かれ、それらは玉継ぎ手で連結されていて、カーブで前部がねじれるようになっている。これで、ランナーがコースの形状に合わせて常に氷と接触するようになる。ランナーの摩擦はボブスレーの重量によっても異なる。そりが重いほど、ランナーが氷に深く食い込み、摩擦が大きくなる。私が知らなかったことの一つに、カーブで摩擦が大きくなる現象がある。これは、Gの力が増すせいでランナーがさらに強く氷に押しつけられるためだ。ボブスレーの設計者はそれを認識していて、わずかに揚力をもたせることで、下向きの力を最小限に抑え、氷との摩擦を小さくしている。だが、気をつけなければならないのは、揚力を得たボブスレーが急カーブから浮き上がって跳ね返ると、空中へ飛んでいってしまうおそれがあることだ。もしこんな事態になったら、空中でボブスレーを制御する術はない。

ボブスレーがサンモリッツのホースシューのカーブを180度曲がる場面を見ると、背筋がぞくぞくする。カーブの内側の真ん中にある観戦エリアで立って見ていると、氷の壁に囲まれた状態だ。まず右のほうから低いうなりが聞こえてきて、それがだんだん大きくなったかと思ったら、選手たちを乗せたボブスレーが眼前の氷の上に現われる。ほとんどさわれそうなほど近い。選手たちが左へ消えてもまだ、その残像が残っている。そりはガタガタという音を立てながら、さらに下の平らな氷を滑り降りていく。

どのスポーツにも、それに付随する仕事が複雑に絡み合った独自の「エコシステム」がある。サンモリッツでは、コースづくりを担当する人たちはそれぞれ一つのゾーンを受けもち、氷に付いた傷を直したり、積もった雪を掃いて取り除いたりと、整備に余念がない。ボブスレーのメーカーは工学とアートを駆使してそりを設計し、新たに開発したボブスレーを、生まれたばかりの赤ちゃんのように大事にコースへ送り出す。そして、重量0・5トン近いボブスレーに乗り、氷の滑り台で壁に当たらないよう避けながら、できるだけ最善のコースをとろうと力を合わせてそりを操る選手たちがいる。タイムは0・01秒の差まで測定される。最高時速は160キロにもなるから、この差はフィニッシュ時の距離にして40センチしかない。滑るコースを少しでも間違えると、大きな差がついてしまう。

天然の雪で氷の滑走コースをつくるのは容易ではなく、バンクやカーブを正しい状態に保つためには鋭い目と根気が必要だ。シーズンは3カ月しか続かない。コースづくりに注いだ努力とエネルギーは、春の日差しの到来とともに溶けて消えてしまう。一時期、スイスだけでボブスレーの天然のコースがほかに60カ所以上もあったが、いまではコンクリートで強化した人工のコースも、オーストリアのイーグルスやカナダのウィスラー、ロシアのソチなど、世界各地にある。どのコースも、サンモリッツにある元祖のコースの難所をまねようとしている。こうした人工のコースの登場で滑走できるシーズンの期間が倍になり、そりのスピードと難易度が上がった。時には上がりすぎてしまうこともあるのだが。

サンモリッツには雪と氷、斜面が豊富にある。クルムホテルのアウトドア・アミューズメント委員会がサンモリッツ・ボブスレー・クラブを創設した大胆さとずうずうしさには目を見張る。彼らの言葉を借りれば、「さまざまな人たちがクレスタ・ランを利用できるようにするために、適切と考えられる額の資金を拠出する目的」があったという。(8) ボブスレーの普及に尽力したバドルット家は、自分たちが考案したウィンタースポーツが冬季オリンピックの目玉競技になると思っていたのだろうか?

新旧対決

現代のボブスレーは昔のものに比べて低く、流線形をしている。ミサイルのように細長い形をしているが、選手たちが十分入れる空間は確保されている。ランナーの上部に設置された覆いは、前方と後方に太くて短い翼のような構造を備えているが、選手たち自身を覆うことは許されていない。競技規則はきわめて厳格で、ボブスレーの上部と後部は開放しなければならず、すべての装備は固定され、滑走中に変更してはならない。穴やフェアリング、ボルテックス・ジェネレーター(渦流生成器)といった、空力特性を改善する機能を付加することは許されていない。ランナーは所定の材料を使って製作し、めっきや塗装を施してはならない。

空力抵抗はボブスレーの断面積に正比例するので、機体を小さくかつ狭くするほど、大きなメリットが得られる。しかし、規則ではボブスレーの大きさの下限も定められているうえ、機体のあらゆるカーブの形状まで指定されていて、前部は外側にふくらんだ形にしなければならない。

今回いっしょに仕事をしたテレビプロデューサーは、現代と1940年代のボブスレーを比較するために、どんな魔法を使ったのか、ドイツのボブスレー選手二人を呼び寄せていた。その二人、マックス・アルントとアレックス・レーディガーは、サンモリッツで開かれた2013年世界選手権の4人乗りで金メダルに輝くなど、それまでに13個ものメダルを獲得した実績の持ち主だ。

二人にはまず、現代の標準的なボブスレーに乗ってもらった。私はフィニッシュ地点で待ち、頭上のライブ映像を観る。二人はライクラ素材の黒いウェアに身を包み、スパイク付きのシューズを履いて、ドイツの国旗をあしらった流線形のヘルメットをかぶっていた。マックスがボブスレーのコックピットに身をかがめ、レバーを引くと、そりを押すためのプッシュバーが前に飛び出した。雪が激しく降り始めたので、チロル出身の作業員が魔女のほうきのような道具でスタート地点の雪を取り除いた。マックスとアレックスがボブスレーをスタート地点までゆっくりと押し、体を少し前後に揺らしてリズムをとる。そして二人は一気にスタートし、重さ170キロのボブスレーを目いっぱい押し始めた。マックスが横からそりに乗り、アレックスがその後ろに滑り込むと、まるでタコが穴に隠れるように、二人の腕がすんなりとそりの中に収まった。目に見えるのは、頭のてっぺんだけだ。プッシュバーが機体に格納された。

最初の50メートルのタイムがスクリーンに表示された。5秒2。この前のサンモリッツでの世界選手権で出た記録に匹敵するタイムだ。スクリーンは自動的にさまざまなカーブの映像に切り替わる。なかには激しい雪でよく見えない場所もあった。サニーコーナー、ホースシュー、デヴィルズ・ダイク、ブリッジを過ぎ、最高時速に達したところでマーティノーのカーブに入った。このときの時速は134キロ弱。フィニッシュ時のタイムは1分11秒80だった。

アレックスが鋤のような形状のブレーキをかけると、雪の上に平行な線を何本も残して、ボブスレーが私の目の前で止まった。

「ラインが見えなかった」と、マックスがヘルメット越しにくぐもった声で言った。「雪が多すぎるよ」。作業員が人力でボブスレーを小型トラックに載せ、マックスとアレックスもそのトラックに乗り込むと、スタート地点まで丘を登っていった。

プロデューサーは1940年代のそりとウェアを、どこからか魔法のように調達していた。二人は現代のライクラ素材のウェアを脱ぎ、分厚いウールのジャンパーと重いズボン、革のヘルメット、片目ずつ分かれたゴーグル、そして、底に太い鋼鉄の鋲が付いた重いミリタリーブーツというでたちに着替えた。そりもまた、分厚く短いウィングの付いたカーボンファイバー製の流線形の機体ではなく、シャシーは単純で、前部はずんぐりしていて、座席は麻でできている。

スタート位置につく二人を大きなスクリーンで観る。現代のボブスレーと比べると、1940年代のボブスレーは珍しい巨大魚の骨みたいに見えて、奇妙な感じだ。アレックスは後ろに位置して、シャシーから垂直に2本立った棒を握り、マックスはコックピットのほうへ身をかがめて前で押す。明らかに現代のボブスレーよりも効率が悪そうだ。二人は機体に積もった雪を払い落とし、走り始めた

図22　(上と左)サンモリッツで、マックス・アルントがブレーカーのアレックス・レーディガーとともに1940年代のそりを押す。(右)ホースシューのカーブを曲がる。
© Kensington Communications

が、そのスピードは遅い。ブーツに氷が分厚くつき、明らかに滑っていた。機体は開放されているから、飛び乗るのは簡単そうだった。

スタート時のタイムがスクリーンに表示された。8秒24。最初にタイムをロスすると、フィニッシュ時にはその3倍遅くなるのだと、マックスは言っていた。この比率で考えると、現代のボブスレーより9秒遅れるかもしれない。サニーコーナー、ホースシューを通過する。最高時速とフィニッシュのタイムがスクリーンに表示された。時速108キロ、1分27秒01。現代のボブスレーより16秒も遅い。

私は二人のボブスレーが斜面を登ってくると思って、コースを見下ろした。しかし、いつまで経っても来ない。最終コーナーで転倒したのだろうか？　落ち着き払った作業員が、ケーブルを繰り出しながらコースを歩いていく。もう一人の作業員がウィンチのスイッチを入れると、ケーブルがぴんと張った。コースを見下ろすと、作業員のかぶったつばの広い帽子が、斜面の地面すれすれに見えてきた。その体がだんだん見えてくると、作業員はボブスレーの後ろに乗って立っていることがわかった。ケーブルで引っ張られているのだ。マックスとアレックスが腕を高々と上げた。

ここでようやく、私の心配は杞憂だったことに気づいた。もちろん二人は大丈夫だ。転倒などしていない。１９４０年代のボブスレーは現代のものよりはるかに遅く、フィニッシュ後の上り斜面を上がれないことを、私はすっかり忘れていた。二人が乗ったボブスレーは、80年前のボブスレーと同じ位置で止まったのである。

マックスとアレックスがトラックに飛び乗ると、私は二人に会うため、後を追って丘を登った。やってきたのは、スタート地点を見下ろす風変わりな名前のカフェ「ドラキュラ・スタート・ハウス」。天井からは、ウィンタースポーツの古い用具が吊り下げられ、店内にはホットワインの香りが漂っている。とても居心地がよく、円形のカウンターには数十人が座れるだろう。窓のそばでは、コートや冬の装備がかすかに湯気を立てていた。

ボブスレーを操縦するとき、精神状態がどれくらい影響するのか、そして身体能力の影響はどの程度あるかが、私は気になっていた。私は2種類のボブスレーを操縦するときの反応を調べようと、マックスに心拍計を装着していた。現代のボブスレーでは、スタートラインにいるときの心拍数は毎分

70拍だった。これはゆっくり歩いているときと同じぐらいだ。心拍数はスタートしてボブスレーを押し始めると急上昇し、ホースシューのカーブでおよそ120拍まで上がったのがピークで、ゴール地点ではまた70拍まで下がった。

古いボブスレーに乗った感想を、マックスに尋ねてみた。

「スタートでは緊張したね。古いボブに乗ったことがなかったから」

その気持ちは心拍数に表われている。古いボブスレーに乗ったときには、スタートラインですでに心拍数が毎分130拍まで上昇していた。現代のボブスレーで測定した最大値よりも高い。だが、その後の数値の推移から、マックスが真のプロフェッショナルであることがうかがえる。ボブスレーに乗り込んだとたん、心拍数は80拍まで下がり、ホースシューでは94拍までしか上がらず、フィニッシュの前にはすでに70拍強まで下がっていた。ボブスレーの操縦を問題なくできることがわかったら、落ち着いて楽しむことができたのだと、マックスは教えてくれた。ホースシューで心拍数があまり上がらなかったのは、スピードが遅くてカーブがそれほど脅威ではなかったからだろう。時速100キロで4Gの力を受けながら垂直の壁をカーブするときにリラックスできるのは、オリンピック選手ぐらいだ。

その日、同じ雪の状態で、現代のボブスレーは古いボブスレーより16秒ほども速かった。記録は17%縮まったことになる。このうちおよそ3%がスタートの出遅れ、14%が滑走によるものだった。この14%という数字は、私が作成した単純な数理モデルから導き出した。ハバードやロッシュのモデルに似たものだ[9]。

古いボブスレーでは、マックスとアレックスは上半身を起こして座り、風をまともに受ける。このため、断面積はかなり大きい。一方、葉巻のような形をした現代のボブスレーでは、断面積が最小限に抑えられる。古いボブスレーの側面は完全に開放されているうえ、粗いウールのジャンパーと旧式のヘルメットを身に着けているので、抵抗係数も上がる。現代のボブスレーでは、側面が閉じられ、表面がなめらかに仕上げられているので、抵抗係数も小さくなる。

私のモデルでは、ボブスレーの設計を向上させたことで、抗力が3分の2減ったと推定された。これでマックスとアレックスは現代のボブスレーで23％速く滑走することができ、タイムが16秒縮まった。仮に新旧のボブスレーが並んで同時にスタートしたとしたら、現代のボブスレーは４００メートルの差をつけて先にフィニッシュしただろう。[10]

ブレーカーに挑戦

サンモリッツは、バドルット家の尽力でウィンターツーリズムの世界的な中心地になって以来、あまり変わってこなかったようだ。クルムホテルにクリスマスからイースターまで滞在すると、宿泊費は創業当時よりもはるかに高くなるとはいえ、いまでも美しい冬の空気を吸いにたくさんの人がこの地を訪れる。サンモリッツを発つ前の晩、ボブスレー博物館のオーナーを務めるドナルド・ホルスタインから、こんな話をもちかけられた。彼が翌朝４人乗りボブスレーで観光客を乗せてサンモリッツとツェレリーナを結ぶコースを滑降するとき、ブレーカーを務めてみないか、と。私は二つ返事で話に乗った。

その晩、私はなかなか寝つけなかった。ボブスレーを押したはいいけれど、うまく乗り込めずに私が置き去りにされる場面を、何度も夢で見たからだ。翌朝、おぼつかない足取りでスタート地点に歩いていき、ヘルメットとジャケットを選び、プロのブレーカーらしく見えるよう最善を尽くして、ドナルドからの指示を待った。

「観光客に続いて後ろに乗ってくれればいいですよ。誰かが押してくれますから。ブレーキの心配はいりません。私のところにフットブレーキがあるので」

自分の役目が単なるおもりだとわかって、心底ほっとした。これは楽しくなりそうだ。マックスとアレックスがやっていたように、私たちはボブスレーをスタート地点まで押していき、記念写真を撮ってから乗り込んだ。パイロットのドナルドを先頭に、二人の観光客を挟んで、私は精いっぱいブレーカーのふりをした。中はぎゅうぎゅう詰めで、体を前にかがめてよく探さないと床面についているハンドホールド（握り）を見つけられなかった。肘はシャシーの金属枠に載せた状態だ。ボブスレーの中は意外とごちゃごちゃしていて、金属の枠組みやボルトが体に食い込む。座っている薄いクッションが滑って心配だ。誰かが押してくれると、ボブスレーはガタガタいいながら狭いU字形の氷のコースを滑り始めた。ヘルメットを通して風のうなりが聞こえる。氷の壁を右へ曲がると、サニーコーナーが一気に迫ってくるのが見えた。

氷の上からどのように見えるのか、早く知りたくて仕方がなかった。カーブに差しかかると、そりは傾き始め、左手にそそり立つ氷の壁を通過するときには完全に横向きになっていた。周りを眺める間もなく、頭が大きな力に押され、膝のあいだから上げられなくなった。きたない床板以外、何も見えない。カーブで強力なGがかかることをすっかり忘れていた。

頭が跳ね上がるように戻るとすぐ、左へ曲がるホースシューのカーブに入り、また頭が下へ押しつけられた。そのあとも、力の大きさは異なるものの、カーブに入るたびに同じことを繰り返す。やがて私の後ろのほうでブレーキが氷を引っかく音が聞こえ、ドナルドが熟練の技で機体を止めた。

ボブスレーを降りた私は少し頭がぼうっとしたが、気分は爽快だった。観光客たちに、やりましたね、楽しみましたかと声をかけて感想を聞くと、私たちはボブスレーを押して、バンの後ろに積み込み、車に乗ってスタート地点の駐車場まで戻った。腕と首が痛むことに気づいた。でも、サンモリッツからツェレリーナへ下るコースを時速100キロ以上で滑り降りたのだ。やりたいことリストから消して、二度とやらなければいいだけの話じゃないか。

丘のてっぺんで、ドナルドがボブスレーをスタート地点まで押し始めたのを見て、いささか困惑した。「もう1回？」と戸惑いながら聞いてみると、「もう1回ですよ」という答えが返ってきた。

こうして、違う観光客といっしょに再び滑り降りた。どうにか頭を上げ続けて、カーブをこの目で見ようと努力したのだが、4Gの加速度にはどうやっても逆らえなかった。頭の重さが約5キロだとしたら、ホースシューを曲がるときには、実質的に20キロになるということだ。頭を持ち上げられないわけだ。2度目の滑走を終えると、頭が少しふらふらして、ちょっと吐きそうになった。もう1回やるのかと、ドナルドにおそるおそる聞いてみた。答えは聞く前からわかっていた。「はい、全部でたった4回ですから」

私はどうにか頑張って、残りの2回を笑顔と涙目で乗りきった。吐き気は一日中収まらなかったし、腕と脚のあざは消えるのに3日かかり、首の痛みは1週間続いた。それ以来、私はマックスやアレックスのようなボブスレー選手を賞賛の目で見るようになった。来る日も来る日もひどい苦痛に耐えなければならないのに、勝てないかもしれない。それには競技に専念する強い気持ちと、才能、そして、手に入れられる最高の技術が必要だ。それと、ちょっと頭がいかれていないといけない。

次の章では、現在に近づき、限りなくシンプルなスポーツの選手でも、勝つためにはどんなことでもするという例を紹介する。次のスポーツでは、テクノロジーがいささか手に負えなくなる。テクノロジーが野放しで発展していったとき、スポーツで何が起きるかを見ていこう。

8 未知の領域へ飛び込む――水泳

旧東ドイツのドレスデンにある1960年代のプールの脇で、私は水泳選手のパウル・ビーダーマンの筋骨隆々の体に水着を着せようと七転八倒していた。水着といっても、それは硬いポリウレタンのシートを水着の形に貼り合わせたものだ。真っ黒な水着は、彼の足首から首元まで、肩と腕を除いてすっぽり覆っている。脚の部分を通すときには、滑りやすくするために足をビニール袋で覆っておいたのだが、水着をトランクスのところまで上げるのに、たっぷり20分もかかってしまった。ストラップを胸のところまで引っ張り上げる。背中のファスナーを上げるのに助けが必要だ。人間の形をしたソーセージみたいだと、誰かが言っていた。

私は慎重にファスナーを引き上げた。その両脇の肩甲骨がY字形に引き締まる。プールの熱気で、ひと筋の汗が背中を流れ落ちるのを感じながら、少しずつファスナーを閉じていった。この瞬間に3

００ドルもするこの水着「Ｘグライド」が、無残にも裂けてしまうことがあるから要注意なのだ。これを書いている時点で、パウルは水泳の男子２００メートルと４００メートルの自由形で世界記録をもっている。「自由形」というのは、最高のタイムを出すためにどんな泳ぎ方を使ってもいいのだが、実質的にはクロールのことを指す。

パウルの名前を聞いたことがあるとすれば、それは２００９年にローマで開かれた世界選手権のときではないだろうか。彼は２００メートル自由形決勝で、あのマイケル・フェルプスを２メートル以上も引き離して破るというとんでもない快挙を成し遂げた。１分42秒という彼の世界記録は、フェルプスがその前年に出した記録より１秒近く速い。

ローマでの世界選手権では、合計で43個もの記録が更新された。そのうち11個はこの大会で出た新記録がまた破られたものだ。いったい何が起きたのか？　世界記録の価値が、だんだん薄れてきた。

世界記録が立て続けに更新された理由は明らかだと、解説者たちは話す。もはや選手自身の実力ではなく、水着が物を言うようになったというのだ。テクノロジーの進歩があまりにも早すぎて、選手がその渦中で置き去りにされていると、彼らは訴える。決勝後の記者会見で、フェルプスはこんな質問を受けた。「負けた相手は選手ですか？　それともテクノロジーですか？」

それに対し、フェルプスは選手に負けたと丁重に答え、敗因は自分自身にある、準備がうまくいかなかったと語った。一方、フェルプスのコーチはもう少し率直に答えた。「このスポーツはいま大混乱に陥っています。何かしら手を打たないと、試合に出場する選手がいなくなるのではないでしょうか」。統括団体が脅威にさらされているのは明らかだ。何か対策をとらないと、フェルプスが二度と泳がなくなる。

世界選手権の前の数カ月間、選手たちは急速に変わる水着を必死になって調べていた。どの水着を選ぶべきか。自分のスポンサーの水着がベストではなかったら、どうすればいいのか。ライバルには自分より有利な条件をもってほしくなかった。しかし、なかには違う考え方の選手もいた。北京五輪で2個の金メダルを獲得したイギリスのレベッカ・アドリントンは、新型の水着を着用することは技術的なドーピングと同じだとして、水着の変更を拒んだ。

水着はどれだけの効果があったのか？　ドーピングなのか？　禁止すべきなのか？　統括団体である国際水泳連盟（ＦＩＮＡ）の動向に全世界が注目した。

100万ドルのマーメイド

もちろん、いつもこんなことが起きていたわけではない。歴史を遠くさかのぼると、水着を何も着ずに泳いでいた時代もあったのだ。浴場や温泉が大好きだった古代ギリシャや古代ローマの人たちは、水泳が体の鍛錬によいことをわかっていた。アテネ沖の湾で水泳大会が開かれていた証拠もある。

中世には、水泳は病気を広める原因だとして敬遠されたが、17世紀には再び人々が温泉に集まるようになる。このとき、特に男女混浴の温泉では、何を着用するかが大きな問題になった。女性は服が密着して体の線が目立たないように、ごわごわしたキャンバス地のガウンを着用するよう奨励された。男性はズボン下と胴衣を着た。

娯楽としての水泳が広まり始めたのは、19世紀半ばになってからだ。余暇の時間が増え、鉄道網が広がり、海辺で休暇を過ごす人が多くなった。1860年までにはイギリスで全裸での水浴びが禁じられ、1870年代には水着を指すswimming suitという言葉が使われ始めた[1]。初期の水着はその時代の下着に似ている傾向があり、男性の水着は股引のように足首まで覆うものだった。女性の水着はもっと複雑で、足首まであるゆったりしたドレスの裾におもりが付いていた。水中でドレスが浮き上がらないようにするためだ。1896年の最初のオリンピックのものと思われる古い映像を見ると、女性は帽子をかぶり、長袖のブラウスに足首までのスカート、レギンス、ゴム底のズック靴といういでたちで、全身を覆って泳いでいる。たくさんの人に呆然と見つめられ、女性たちは緊張して何をしていいかわからない様子だ[2]。

20世紀初頭には、男性は肩から膝までを覆うウール製のワンピースの水着を着るようになっていた。女性の水着は依然としてゆったりしたもので、短いスカートの付いた上衣の下に、膝まであるだぶだぶのズボンもはいている。慎ましさを押しつけることが何よりも重要で、女性が水泳で競争することはまったく求められていなかった。そんな状況を変えたのが、アネット・ケラーマンだ。

ケラーマンはまさに孤軍奮闘で革命を起こした。1887年にオーストラリア南東部のニューサウスウェールズ州で、音楽家の家庭に生まれ、6歳になる頃には、くる病（ビタミンDの欠乏で足の骨が変形する病気）で歩きづらくなり、脚を鍛えるために水泳を始めた[3]。16歳までには、出場したすべての大会で優勝し、地元の水族館の水槽で魚といっしょに泳いで来場者を楽しませ、さらには、メルボルンのシアター・ロイヤルでの劇中で見事な潜水を披露した。

その後、ひと儲けしようと父親とともにイギリスへ渡り、イギリス海峡横断に挑戦してイギリス人を熱狂させた。3度の横断挑戦はいずれも失敗に終わったものの、その代わり、よどんだテムズ川を11キロ余り泳いで名をなした。当時のテムズ川は、生き物がほとんど生きられないほど汚染が深刻だった。

もちろん、ケラーマンは当時の女性に求められていたような水着を着て競泳やパフォーマンスを行なったわけではない。スカートの裾におもりを付けて泳げば、溺れて死んでしまう。そこでケラーマンは、男性のワンピースの水着をもとに独自の水着をつくった。黒いウールを編んだもので、男性の水着のように肩から太腿の中ほどまでを覆い、腕は半袖になっている。足首と膝を見せているので、当時としてはかなりきわどい格好だ。王族のために公開競技をしてほしいとの依頼を受けたときには、オーストラリアではこうした水着はごくふつうなのだと抗議したにもかかわらず、脚全体を覆うように言われてしまった。そこでケラーマンが出した答えは、当時の人々にとって予想外だったかもしれない。水着にタイツを縫いつけて、全身を覆うワンピースの水着をつくったのだ。確かに言われたとおりにしてはいたのだが、水着は意図せず体の曲線に沿って全身をぴったりと覆い、現代の水着のように、その引き締まった体つきを際立たせていた。慎ましやかに露出を控えながらも、体の線をあらわにしている。この水着は彼女のトレードマークになった。

ケラーマンは1907年にアメリカに渡り、テーマパークで興行を始め、水泳や潜水、曲線美を大勢の観客に披露した。一方で、ある騒動も起こしている。ボストン近くのリヴィア・ビーチで、約5キロ沖の灯台まで泳ごうと、襟ぐりが深いワンピースの水着を着て歩いていたときのことだ。両腕と

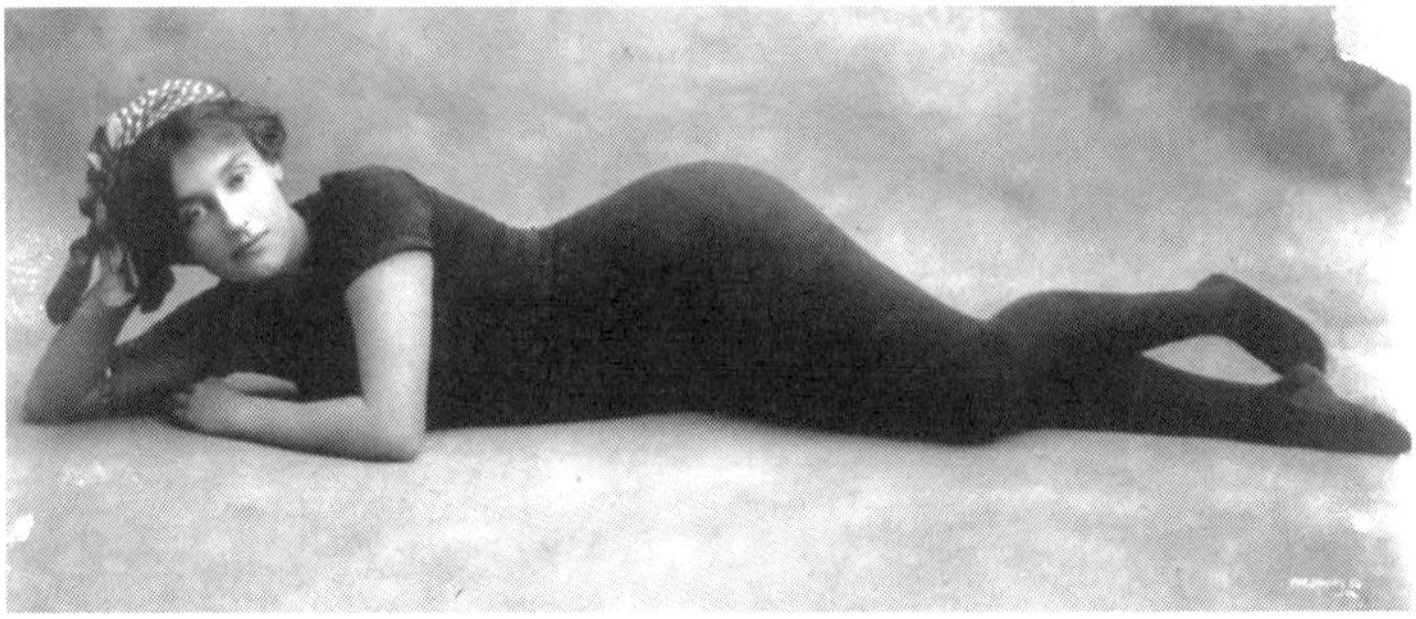

図23　トレードマークの全身を覆う水着を着たアネット・ケラーマン。
1905～1910年頃撮影。

両脚をあらわにした彼女を、肌をすっぽり覆った女性たちが取り囲み、驚いた様子で指さした。警官が呼ばれ、彼女はわいせつ行為で逮捕された。

その後の審問で、ケラーマンは洗濯物干しロープ1本に干せる以上の服を着たら泳げないし、単純にそんな格好で泳ぐのは賢明とはいえないと、裁判官に向けて弁明した。水泳は世界最高の運動だと、彼女は言った。水泳をしたことで、くる病が治ったからだ。裁判官は納得した。ビーチを歩くときには品位を保ち、水に入る直前までローブをまとっていれば、短い水着を着用してかまわないことになった。

そんなケラーマンに目を付けたのが、ハリウッドだ。彼女は100万ドルをつぎ込んだサイレント映画『神の娘』の主役の座を獲得した。製作費は現在の価値でおよそ2500万ドルにもなる額で、それまでで最も高額であり、主演女優がヌードになったのも初めてだった。ケラーマンはみずからの名声を生かして、男女平等を訴え、女性の健康や権利向上、水泳をテーマに全米を講演して回った。

リヴィア・ビーチでの一件はわざと仕組んだものだった可能性もあるが、ケラーマンが言っていたことは確かに正しい。泳ぎたいと思ったら、体にぴったりくっついて、水の抵抗を受けにくい水着が必要だ。女子の競泳は最初の4回のオリンピックでは開かれなかったが、1912年のストックホルム五輪でようやく認められた。どの選手もケラーマンの水着に似た、短いワンピースの水着を着用していたが、素材はウールではなくシルクだった。シルクは濡れると最大5キロほどの重さになる。シルクで問題だったのは、濡れると下が透けて見えることだった。節度を保つためには水着の下に下着をはかなければならない。女子には怖いお目付役が常に付き添っていた。

図24　1912年のストックホルム五輪で金メダルに輝いた、イギリスの競泳女子400メートルリレーのメンバーたち。左から、ベル・ムーア、ジェニー・フレッチャー、アニー・スピアーズ、アイリーン・スティア。シルクの水着を着ている。

その頃、ケラーマンの故郷であるシドニーでは、アレグザンダー・マクレーという名のスコットランド人が、下着を製造する工場を設立した。最初は「マクレー靴下製造所」という名前だったが、その後「マクレー・ニット工場」に変えた。当時、主な顧客は陸軍だった。遠くヨーロッパの戦争で戦っていた軍隊のために、ウールの靴下が大量に必要とされたからだ。戦争が終わると、マクレーは水着の製造へと事業を広げる。ケラーマンが着たような水着を製造し、少しずつ材料の量を減らしていった。肩のストラップを内向きにして肩甲骨のあいだを通し、2本を途中で1本にまとめて、水泳中にストラップが外れないようにした。これで腕や肩がストラップで邪魔されることなく、自由に水中を泳ぐことができるようになった。マクレーはこの新型水着を「レーサーバック」と名づけた。

マクレーは「マクレー・ニット工場」という名前がだんだん気に入らなくなってきた。水の中をすいすい泳ぐ選手たちのイメージと合っていないからだ。そこで、従業員を対象に新しいキャッチフレーズを募集し、採用された者には5ポンド（現在の約300ポンド）の賞金を出すことにした。見事選ばれたのは、こんなキャッチフレーズだ。

「スピード（Speedo）の水着でスピードに乗ろう」

スピードがオーストラリア生まれだとは知らなかったのだが、オーストラリア訛りでこのフレーズを発音して、オーストラリア人が名前の後ろに「O」を付けるのが好きだというのを思い出すと納得がいく（以前、クイーンズランドから来たジョンという名の熱心な研究員が私たちの研究所にいたのだが、みんな彼のことを「ジョノ」と呼んでいた）。マクレーは社名を「スピード・ニット工場」に変えた。

レーサーバックはよく売れた。肩全体の切れ込みはだんだん深くなり、許容される範囲をやや越してしまった。まさにケラーマンがアメリカで経験した事態の再発ともいえる騒動が、1932年のロサンゼルス五輪に出場した同胞のクレア・デニスの身に降りかかった。肌の露出の多いシルクのレーサーバックを着用したために、あわや失格という事態に陥ったのだ。デニスが200メートル平泳ぎで3分8秒2のタイムで予選を通過したあと、ライバルチームが彼女の水着について「肩甲骨を見せすぎ」だという不満を表明した。[4] 話し合いはかなり長引いたが、結局デニスは引き続き出場を許された。決勝で後続の選手を2秒近く引き離してゴールし、金メダルを獲得した。水泳では不要な部分を

図25　スピードの水着「レーサーバック」を着た男子の競泳選手たち。1920年代後半。

そぎ落とす方向へ進みつつあった。

苦悩の天才

1896年4月、ギリシャでの第1回近代オリンピックが終わった頃、アメリカのアイオワ州バーリントンにすむメアリー・エヴァリナ・カロザースという女性が、男児を出産した。その子はウォーレスと命名され、4人きょうだいの長男となる。聡明な少年に育ち、科学に強く興味を引かれていた。とりわけ好きだったのが、当時明らかになりつつあった原子の世界だった。しかし、父親は息子の野心や才能に気づいていなかったのか、ウォーレスに速記を学ばせようと学校に入れた。そんな父親の思いに反して、親元を離れたウォーレスは、大学の地下で化学の実験を始める。無類の化学好きが高じてハーバード大学に籍を移すと、そこでデュポンという企業に声をかけられた。

ゴムの加硫法はすでに50年前に発見されていたものの、その科学的な原理は依然としてはっきりわかっていなかった。こうした物質には「ポリマー」という名前が付いていた（ギリシャ語でポリは「多くの」、マーは「部分」を意味する）。ゴムとポリマーの仕組みについては、相反する二つの説があった。一つは多くの人に受け入れられていた説で、一つの液体に類似の分子がごちゃ混ぜに集まって一つになったというもの。どのようにして一つになったかは解明されていなかった。

二つ目は、1926年にデュッセルドルフのヘルマン・シュタウディンガーが同僚たちに披露した、かなり常識外れな説で、物議をかもした。ポリマーは同じ分子が数多く連なった長大な鎖で構成されているという説である。話を聞いた同僚たちは度肝を抜かれた。「アフリカのどこかで体長500メートル、体高100メートルのゾウが見つかったと聞いたときの動物学者と同じぐらい、大きな衝撃を受けた」と一人は話している[5]。

ゴムで覆われた糸は織物用につくられていたが、重いうえに、簡単に切れることが多かった。デュポンはこれを研究する価値があることに気づいていた。ポリマーの基本的な性質を理解できれば、まったく新しい素材を開発して莫大な利益を生み出せると。まず同社が見つけたかったのは、合成ゴムの新素材だ。化学研究に予算の半分が割り当てられ、カロザースは研究チームのリーダーに抜擢された。しかし、一つ問題があった。カロザースは無口な性格で、ひどい鬱に悩まされていると公言していたのだ。それでもデュポンは引き下がらず、彼を迎え入れた。

カロザースはシュタウディンガーが唱えた常識外れのポリマー説を支持していて、この説の正しさを証明しようと研究を始めた。ポリマーを科学的に深く理解しようとしたこの研究は、1930年までに成果を上げる。グッドイヤーが加硫法を偶然発見したときのように、カロザースの助手の一人が液体のポリマーを試験管に残したまま棚にしまった。一週間後にそれを見つけたとき、カロザースはそこに新素材ができていることに気づく。誰もが探していた合成ゴムである。燃料パイプ、靴底、ウェットスーツ、運動用のマットなど、チャールズ・グッドイヤーが考えたように、さまざまな用途をもつ素材だ。カロザースはこれを「ポリクロロプレン」と呼び、デュポンは「ネオプレン」と呼んだ。

カロザースは助手たちにほかのポリマー化合物を研究するよう、すぐに指示した。チームは運に恵まれる。ポリマーの混合物にガラス棒を浸して引き上げたところ、長い繊維状の透明な物質が出てきたのだ。ホットミルクにスプーンを入れて引き上げたときに、膜がくっついてきたようなものだ。デュポンはこの素材を「ナイロン」と名づけ、当時ストッキングに使われていた日本の絹に代わる繊維素材として売り出した。「ナイロン」という名前はすぐに広まった。

残念ながら、カロザースの鬱病は悪化し、みずからつくり出したポリマーの成功を目にすることはなかった。1937年、カロザースは青酸カリの錠剤をのんでみずから命を絶った。

小さくなる水着

カロザースがいなくなったあとも、彼の研究室は引き続き新たな糸の開発と既存の素材の改良に取り組んだ。もっと用途の広い合成ゴムも引き続き、開発目標だった。ネオプレンは優れた素材だったが、平らなシートとして供給されるため、用途が限られてしまう。ナイロンは世界中に広まったが、依然としてゴムのような柔軟性はなかった。探し求めていた素材をついに生み出せたのは、それから20年後の1958年のことだ。開発したのは、デュポンの科学者ジョゼフ・シヴァーズ。「ファイバーK」という、朝食用シリアルのような名前の素材だ。元の長さの5倍以上も切れずに伸ばすことができ、強くて軽いうえ、塩素や油にも比較的強い[6]。ファイバーKという名前は受けがよくなかったため、「ライクラ」と呼ばれることになった。

ライクラは衣料品の世界にまったく新しい可能性をもたらした。1970年代半ばのことを思い返すと、下着やズボンのウェストのあたりが、かゆかった記憶がある。ウェストバンドをよく見てみると、切れた灰色の細いゴムの先端がいくつも飛び出していたので、それを引っ張り出すのだが、状況は悪化する一方だった。ほかにも、水泳プールに飛び込んだときに水泳パンツが脱げて、プールの底のほうへ漂っていったという恥ずかしい記憶もある。ライクラは私にとっても、私のようにやせた数多くの子どもたちにとっても救世主となった。切れやすいゴムを使わなくてよくなっただけでなく、水泳パンツが脱げる事態を防いでくれる。

アネット・ケラーマンの登場から、私が飛び込みで恥ずかしい思いをするまでの50年ほどのあいだに、水着のサイズは大幅に小さくなった。アメリカでは第二次世界大戦中、衣料品業界は素材を節約するよう政府から求められていた。デザイナーにとってはこの言い訳があれば十分だった。男性の水着は胸からへそまで見せ、最後の一線は越えないデザインとなった。1948年のロンドン五輪までには、このデザインは当たり前になった。女性の水着はできる限り挑発的な方向へ小さくなっていった。ビーチでは、ワンピースから、おなかを見せるツーピースになり、戦後はさらに小さくなって、ビキニが登場した。原爆実験が行なわれたビキニ環礁にちなんだ名前で、見る者に爆弾を落とされたような衝撃をもたらすと言われていた。

とはいえ、ビキニは競泳で着るような水着ではなかった。スピードの競泳用水着はサイズが小さくなり、1960年代以降、男子の着用する小さなブリーフ型の水着が「スピード」と呼ばれるまでになった。ちなみに、私のオーストラリア人の友人たちは、そうした水泳パンツを「インコの密輸人」と呼んでいる。ウールの水着はだぶだぶで、水を吸って抗力が増す。水着で覆う部分をできるだけ小さくするほうがよい。何しろ皮膚には、もともと防水性を備えているという強みがあるのだ。女子の水着はストラップを最小限にし、胸の切れ込みはできるだけ低く、太腿を覆う部分はできるだけ少なくされた。太腿の見える部分がピークに達したのは、1984年のロサンゼルス五輪で、そのときのアメリカ代表の女子チームは競泳選手というよりも、ライフガードの活躍を描いたアメリカのテレビドラマ『ベイウォッチ』に出ている役者みたいだった。

転換点が訪れたのは、スピードが水着にナイロンとライクラを取り入れたときだ。この二つの素材を組み合わせることで、競泳用の水着が軽くなり、体にぴったりして、水を吸収しにくくなった。1992年のバルセロナ五輪までには、スピードは水の抵抗を15%も減らすという触れ込みで、女子用に新型水着S2000を発売した。

ライクラ（一般名「エラステイン」）の伸縮性と、切れ込みを深くしたデザインを採用したことで、20世紀初頭にケラーマンが望んでいた、体に密着する水着が実現した。その後、体を覆う範囲に対する考え方は逆になった。背中の露出がなくなり、胸と首は空気が入り込まないように完全に覆われた。男性たちは納得がいかず、できるだけ小さいデザインの水着を好んだものの、1997年にスピードが出した研究報告書には、その後の未来を予感させる記述がある。「選手から上下つなぎの水着を依頼されたら、製作することになるだろう。しかし、それは心理的にはかなりの大変革だ……将来、そうなるかもしれないが(7)」

その「将来」がやってきたのは意外に早く、3年後のシドニー五輪のときだった。世界記録をもっていたオランダのピーター・ファン・デン・ホーヘンバンドが、腰から膝までを覆った水着を着用した。アメリカのジョシュ・デイヴィスはさらに進み、腕と肩は出しているものの、首から足首までを覆った女子に似た水着を着た。もっと進んだのがイアン・ソープで、腕も脚も含めて全身を覆うスタイルで登場した。肌を見せていたのは、手と足、頭部だけだった。

スピードがこのオリンピックに向けて開発した新型水着は、少なくとも同社の広報によれば、サメの肌に着想を得たものだ。S2000よりもさらに水の抵抗が下がるとされていた。水泳選手にかかる抗力は、ゴルフボールやボブスレーにかかる抗力と本質的には似ているのだが、通常三つの要素に分けられる。一つ目は圧力抵抗。泳者の前から脇へ押し出された水が、体の脇を通って後方へ移動し、後ろに大きな後流を残すときに生じる。二つ目は表面摩擦だ。水着と直接当たっている境界層でのエネルギー損失によって生じる。そして三つ目は、造波抵抗。船が船首波をつくるように、泳者が体の前に小さな波を立てたときに発生する。

スピードは惚れ惚れするほど複雑な織り方で、サメの肌に付いた溝を模倣しようと試みた。本物のサメ肌では、長さ0・1～0・5ミリの小さなうろこが、一定のパターンを繰り返して全身を覆っている。「歯状突起」と呼ばれるこのうろこには溝が付いていて、水流を前から後ろまでサメの体に沿って流れるように整え、水泳中にエネルギーを浪費する側面の渦を抑える。さらに、この溝によって、境界層が皮膚の表面から溝の上部まで引き上げられ、針のベッドに寝ている人のような状態になる。これで、皮膚は高速で移動する水に点で接しているだけになって、表面摩擦が大幅に小さくなる。

こうした特徴すべてを素材の織り方で再現した結果、抗力が7％以上下がったと、スピードは主張している。この新型水着は「ファストスキン」と名づけられた。当然ながら競泳選手からは大きく注目され、シドニー五輪ではメダリストの8割以上がこの水着を使っていた(8)。2004年のアテネ五輪に向けて次の4年間で開発されたスピードの「ファストスキンⅡ」は、体への密着性を高めることで抗力をさらに4％下げたと言われている。この頃、スピードの研究所「アクアラボ」は創造性の絶頂期にあり、次の北京五輪に向けた新たな技術革新に力を注いでいた。彼らは期待を裏切らなかった。

次にスピードが使ったのは、ポリエステル織物をポリウレタンで覆って仕上げたラミネート素材だ。ポリウレタンは表面がなめらかで曲がりにくく、疎水性（水をはじく性質）がある。植物の葉のなかにも同じ性質をもつものがある。私の庭に生えている、ルピナスの大きな掌状の葉にも疎水性があり、水をはじく場面をよく見る。水は葉の表面ではじかれ、葉の付け根へ転がり落ちて水玉になる。葉のほかの部分は濡れていない。水玉は、水と葉の表面が接する面積を最小限にしようとする自然の現象だ。表面に平らな水たまりではなく、水玉が散らばっているのを見たら、それには疎水性があるということである。

図26　2008年2月、ニューヨークで開かれた新型水着LZRの発表会。

　スピードは新たに開発した曲がりにくい疎水性のラミネート素材を、ナイロンとエラスティン素材の水着の側面に配置した。この新型水着はＬＺＲ（レーザー）と名づけられた。包み込んだ体を圧縮して圧力抵抗を小さくし、水をはじく性質によって表面摩擦を減らす。

「ロケットになった気分だ」というのが、マイケル・フェルプスの感想だ[9]。

　アスリートからＬＺＲを着たいという声が高まると、彼らのスポンサーだったライバル企業はしぶしぶ着用を認めた。２００８年の北京五輪の水泳で授与された金メダルの９割以上が、ＬＺＲを着た選手によってもたらされた。フェルプスは８個もの金メダルを獲得した。ライバル企業のアリーナは、この水着を技術的なドーピングに等しいと言ったものの、まもなく同様の水着の開発を始めている。アディダスやナイキ、TYR（ティア）、ミズノも同様だ。

フェルプス対ビーダーマン

２００９年、パウル・ビーダーマンがアリーナの新型水着「Xグライド」を着用し始めた。ポリウレタン素材に抗力を下げる効果がそれほどあるのなら、水着全体をポリウレタンでつくってしまえ、という考え方のもとに開発された水着だ。

ローマでの世界選手権の前には競泳界は熱狂的な雰囲気に包まれ、練習中に世界記録が出たという噂もあった。しかし、批判の声は徐々に高まっていく。北京五輪でLZRを着て２個の金メダルを獲得したレベッカ・アドリントンは、それ以上の深入りは避け、全身ポリウレタンの水着を着るのを拒んだ。各国の水泳連盟からは、国内でこの水着を禁止する動きが出始めた。対応に苦慮した国際水泳連盟の幹部は、世界選手権の開幕前日に開かれた年次総会で、選手権終了後にこの水着を禁止することを投票で決めた。

しかし、選手権自体で禁止するには遅すぎた。エンリケ・ネイヴァらの研究によれば、ジャケッド社とアリーナ社がつくった全身ポリウレタン水着を選んだ選手は半数にのぼったという[(10)]。そのなかで、メダルの８割がこの２社の水着によってもたらされた。予選で出た世界記録が、決勝で再び更新されるという事態が起きたときには、世界中が驚愕した。ある水泳選手から聞いた話では、国際水泳連盟は１日以上保持された世界記録に１万ドルの賞金を出したという。破産するのではないかとひやひやしたに違いない。

ビーダーマンはポリウレタン製水着で得られる利点に気づいていて、50メートルのラップごとにタイムが0・3秒縮まると発言している。200メートルだと1・2秒も縮まるということだ。ビーダーマンは、LZRを着たフェルプスをぴったりこのタイム差で破った。

フェルプスの物議をかもすコーチ、ボブ・ボウマンは、怒りをあらわにしてこう問いかけた。ビーダーマンはどうやって1年足らずで自己記録を4秒も縮めたのか、フェルプスが5年もの厳しいトレーニングを積んでもそこまで伸びなかったのに、と。ビーダーマンとフェルプスのエピソードは、水着をめぐる議論全体の焦点となった。新しいテクノロジーと古いテクノロジーの対決、そして、水泳界のレジェンドと新参者の対決だ。

「ぜひとも水着なしで彼と対決したいですね」とフェルプスは言った。

ビーダーマンに対するボウマンの見解は、正しいとも間違っているともいえる。ビーダーマンの記録の変遷を見てみると、彼は以前から伸び盛りにあったことがわかる。2007年から2008年にかけて、ビーダーマンはアディダスの性能の低いレギンス型の水泳パンツを履いていたにもかかわらず、自己記録を2秒も縮めている。確かに、2009年にXグライドを使い始めると、タイムはさらに4秒縮んだ。一方、フェルプスは、ビーダーマンより1年早い2007年の世界選手権で水泳パンツからファストスキンのフルボディ型スーツに移行している。それに伴い、彼のタイムは1・6秒縮まって、世界新記録を樹立した。その勢いは北京五輪まで続き、タイムをさらに1秒縮めて世界記録を更新した。つまり、フェルプスもビーダーマンも水着に関して似たような経験をしている。フェル

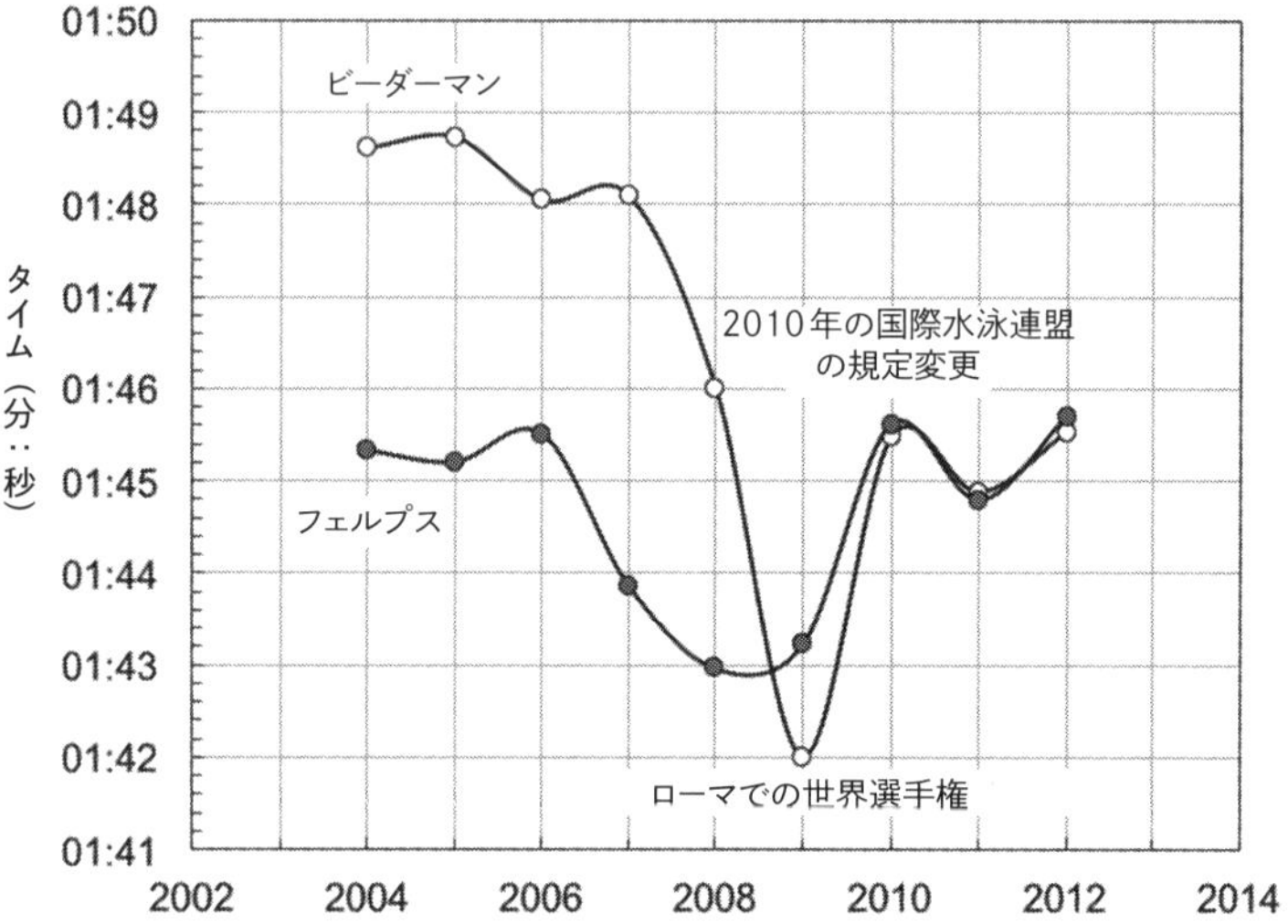

図27　パウル・ビーダーマンとマイケル・フェルプスの200メートル自由形のタイム。フェルプスは2007年からスピードのファストスキンを、ビーダーマンは2009年からアリーナのXグライドを着用している。データ提供はレオン・フォスター。

プスのほうが先に新型水着に移行しただけのことだ。その後、彼は全身ポリウレタンの水着を採用せずにLZRにこだわったというわけである。

２００９年に二人がローマで対戦したとき、ビーダーマンはXグライドを手に入れたばかりで、勢いに乗っていた。一方、フェルプスは6カ月の休養から復帰したばかりだった。ビーダーマンが勝ったのは、ある意味で必然だった。

全身ポリウレタンの水着が２０１０年に国際水泳連盟によって禁止されると、男子は、腰から膝までを覆うだけのショートスパッツ型の水着「ジャマー」に回帰した。高速水着を着用しなくなったあと、ビーダーマンとフェルプスの記録はどうなったのか？　その後の2年間、二人のベストタイムの差は1秒もなかった。全身を覆うフルボディ型の水着なしでビーダーマンと対戦したいとフェルプスは言っていたが、その結果はこうだ。二人はほとんど互角だった。

水着の効果はどれくらいあるか?

水着の効果があるかどうかに関するデータははっきりしている。フルボディ型の水着が登場したときは、男子も女子もほとんどの大会で記録が伸びた。2007年から、全身ポリウレタンの水着が使われた2009年にかけて、自由形の速度は目覚ましい伸びを見せた。男子のほうが女子よりも伸びが大きいが、これはおそらく肌を覆う範囲の増加が女子より大きかったからだろう。女子はもともと体の半分を水着で覆っていたからだ。興味深いことに、距離が長くなるにつれて速度の伸びは小さくなり、800メートルと1500メートルではほとんど変化がない。水着が物を言うこともあれば、そうでないこともあるのだ。

禁止後も、研究者たちは水着の効果が実際にあったのか、あったとすればどの程度だったのかをどうにか突き止めようと、調査を続けた。水泳にまつわる初期の研究では、泳者は流線形の魚雷というよりも、ふらつきやすい物体であるとの事実に着目していた。1970年代には、ユーリ・アレエフがケーブルを使って水中で裸の女性を引っ張り、体に沿って水が流れたときの肌の動きを観察した。[11] その結果、アレエフは肌のひだが体に沿って波打つように動いていることを発見し、この現象が水中で表面摩擦を大きくするのだと述べている。肌を水着で覆うことで、この影響が小さくなるだろう。

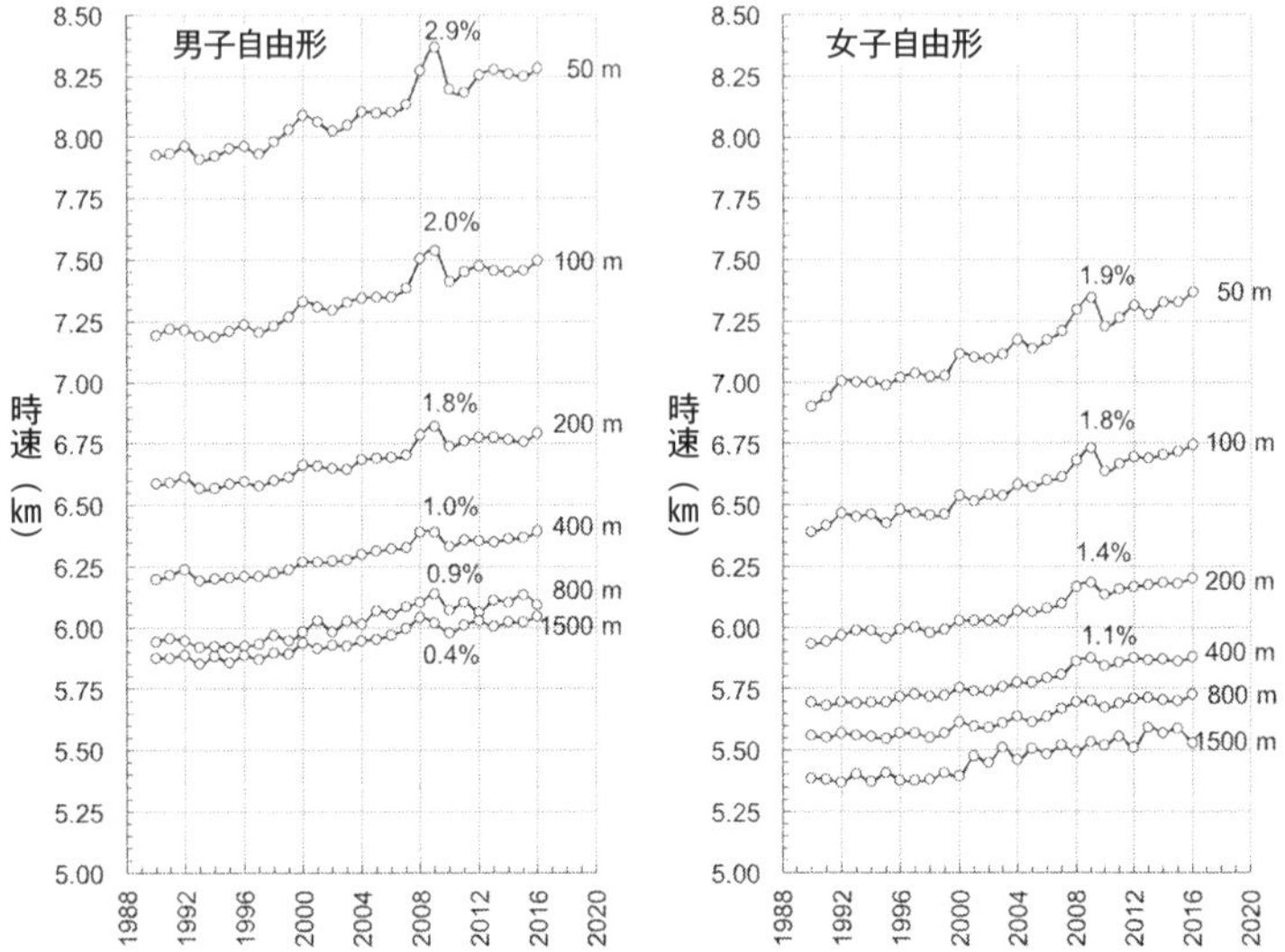

図28　1990年以降の男子と女子の自由形の時速。それぞれの年について上位25選手の記録を平均して求めた。2007年から2009年にかけて、それぞれの距離で時速の増加が見られる。データ提供はレオン・フォスター。

アムステルダムの科学者フーブ・トゥーサンは、13人の男性と女性にさまざまな水着を着せて実験した結果、ファストスキンの水着では記録の伸びが2%と、統計的には取るに足らない向上だったことを見いだした[12]。多くの研究者が一致しているのは、体を小さくまとめて、水中を移動する体の断面積を小さくするのが水着の主な効果だという点だ。オハイオ州立大学の「バイオ・ナノテクノロジーとバイオミメティックスのためのナノプローブ研究所」という素敵な名前の研究所に所属するブライアン・ディーンとバラト・ブシャンは、サメ肌を模倣した織物の能力を明らかに疑問視している。サメ肌の流体力学的な性質とスピード社の主張を詳しく検証した結果、研究チームはこう結論づけた。「製造されたリブレット構造が完璧でないことを考慮に入れると、抗力の減少を全面的に信じることは難しい[13]」

水着が人間の体を圧縮する影響について、海沼英祐[14]は水着がきつすぎるために血流が阻害されていると指摘している。長距離を泳ぐ選手はこの水着を着て泳いでいる時間が短距離選手よりはるかに長いから、記録がほとんど伸びないのは、このためかもしれない。短距離選手は無酸素運動をしていて、消費するエネルギーの大部分を筋肉から直接得ている。一方、長距離選手はエネルギーを酸素呼吸で得ている割合が大きいため、体を圧縮する水着で抗力の影響が小さくなっても、エネルギー効率が悪くなっているのかもしれない。このため、水着が抗力を小さくする効果が消えてしまう。

ポリウレタンがもつ疎水性と表面摩擦を減らす能力を考えると、水泳中にそのメリットを最も多く得られるのは、グライド姿勢の段階ではないかと、私はにらんだ。この仮説を検証するため、ビーダーマンに依頼して、ドレスデンのプールで実験に付き合ってもらった。プールに飛び込んだあと、泳がずにできるだけグライド姿勢を続けるという実験だ。最初に使う水着は、１９７０年代にマーク・スピッツが着たものに似た簡素なトランクス型水着（星とストライプのデザインも入っている）。次に、彼が着用したXグライド。そして最後に、２０１０年に認可されたジャマーだ。テストは3回繰り返した。トランクス型水着では、泳がずに到達できた距離は20メートル足らず。Xグライドでは、プールの全長の半分近い25メートル弱だった。２０１０年に認可されたジャマーはその中間で、22メートル余りだった。

訪れた平和

これは忘れがちなのだが、ビーダーマンは2009年の世界選手権で400メートル自由形でも世界記録を塗り替えている。2002年にイアン・ソープがマンチェスターで出した記録を0・01秒だけ縮めるタイムだった。ビーダーマンは水着の効果を正直に認め、自分が前に着用していた水着に比べて2秒縮める効果があったと考えている。

「この水着の登場で、真のスポーツの姿が少し損なわれたように思います」と、ビーダーマンは当時語っている。「もはやテクニックの問題ではなくなりました。スタートやターンの技術を磨くという話ではないんです。単純に、この水着を着て泳いだら、本当にとんでもなく速くなったような気がするんです。新型水着は全面的に禁止すべきだと思いますね[15]」

2010年にこの水着が国際水泳連盟によって禁止されると、水着戦争は終結した。全身を覆う水着でとりわけ短距離の種目では記録が大幅に伸びたとはいえ、国際水泳連盟はこの水着を禁止するに当たって何かを誤解していたと、私は思う。大きな変化があっても、記録は再び横ばいになるだろう。2009年に出た世界記録のなかには、更新されるのに何年もかかりそうなものもあった。2011年、私は記録のデータを利用して、ルールの変更前に出た2009年の記録が性能の劣る水着で塗り替えられる時期を予測してみた。たとえば、パウル・ビーダーマンとフェデリカ・ペレグリニの200メートルの記録は、2017~18年にならないと破られない可能性があった[16]。執筆時点ではまだ破られていない。

	男子		
距離	2009年の記録	2010年の新型水着禁止後に世界記録が更新されると予測される年	結果（✓当たり、×外れ）
50m	セーザル・シエロ（ブラジル） 2009年12月18日　20秒91	2019～2023年	✓まだ破られていない
100m	セーザル・シエロ（ブラジル） 2009年7月30日　46秒91	2010～2017年	×予測した年を過ぎた
200m	パウル・ビーダーマン（ドイツ） 2009年7月28日　1分42秒	2017～2018年	✓まだ破られていない
400m	パウル・ビーダーマン（ドイツ） 2009年7月26日　3分40秒07	2013～2019年	✓まだ破られていない
800m	張琳（中国） 2009年7月29日　7分32秒12	2011～2026年	✓まだ破られていない
1500m	グラント・ハケット（オーストラリア） 2001年7月29日　14分34秒06	2012年	✓記録更新 孫楊（中国） 2012年8月4日　14分31秒02

	女子		
距離	2009年の記録	2010年の新型水着禁止後に世界記録が更新されると予測される年	結果（✓当たり、×外れ）
50m	ブリッタ・シュテフェン（ドイツ） 2009年8月2日　23秒73	2012～2017年	✓記録更新 サラ・ショーストレム（スウェーデン） 2017年7月29日　23秒67
100m	ブリッタ・シュテフェン（ドイツ） 2009年7月31日　52秒07	2013～2021年	✓記録更新 ケイト・キャンベル 2016年7月2日　52秒06
200m	フェデリカ・ペレグリニ（イタリア） 2009年7月29日　1分52秒98	2010～2017年	×予測した年を過ぎた
400m	フェデリカ・ペレグリニ（イタリア） 2009年7月26日　3分59秒15	2010～2014年	✓記録更新 ケイティ・レデッキー（アメリカ） 2014年8月9日　3分58秒86
800m	レベッカ・アドリントン（イギリス） 2008年8月16日　8分14秒10	2011年	×予測より遅く記録更新 ケイティ・レデッキー（アメリカ） 2013年8月3日　8分13秒86
1500m	ケイト・ジーグラー（アメリカ） 2007年7月17日　15分42秒54	2010～2012年	×予測より遅く記録更新 ケイティ・レデッキー（アメリカ） 2013年7月30日　15分36秒53

2009年のローマでの世界選手権では、新型水着を使って43個の記録が更新された。この表はそれ以降に出た自由形の世界記録を示す。このデータから、国際水泳連盟が2010年に新型水着を禁止したあと、世界記録が破られるまでに何年もかかっていることがわかる。レ点は執筆時点で予測が当たったこと、×印は予測が外れたことを示している。

私が分析した自由形の12種目のうち、８種目で予測が当たった。女子８００メートルと１５００メートルの記録は２０１２年までに破られると考えていたが、実際に塗り替えられたのは、アメリカのケイティ・レデッキーが彗星のごとく現われた２０１３年のことだった。予測した時期を明らかに過ぎても記録が破られていないのは、男子１００メートルと女子２００メートルの二つだ。だが、よく見ていてほしい。記録はまもなく破られるはずだ。水着による変化は確かにあったが、国際水泳連盟はこの水着を禁止すべきではなかったか、あるいは、禁止して世界記録を２００７年時点のものに戻すべきだった。

水泳界で起きたことは、素材やデザインが大きな変化を生み出すと、記録が大きく向上することを示している。その変化による効果は、エネルギーを奪う水着の抗力を減らして、実質的に楽に競技できるようにしたことだった。次の章で取り上げるスポーツも、１９９０年代に似たような変化を遂げ、エネルギーの損失を減らすだけでなく、選手にインプットされるエネルギーを最大化しようとする取り組みがなされた。その結果は目を見張るものだった。

9 デザインをめぐる騒動——自転車

２０００年10月27日、マンチェスター・ヴェロドローム（自転車競技場）、午後5時。その日は雨模様で風が強かったが、このあたりではよくあることだ。天気予報では強い低気圧が前線を伴ってスコットランドを通過中で、南側の町や都市を掃き清めるように水浸しにしていた。とはいえ、雨雲に覆われたことで、気圧が低くなるというメリットもあった。空気密度も低くなるということだから、自転車レースにはもってこいのコンディションだ。

競技場内は観客の興奮と熱気に包まれていた。意外に暖かく、２０００人の観客が着た濡れたコートでいくぶん湿度が上がり、空気密度がさらにもう少しだけ下がっていた[1]。入場トンネルからお目当ての選手が入ってくると、大きな歓声が沸き上がる。クリス・ボードマンだ。ＭＢＥ（大英帝国五等勲爵士）の称号をもつイギリスの真の英雄であり、世界記録保持者であり、バルセロナ五輪の自転車競技、4000メートル個人追い抜きで金メダルを獲得した選手だ。彼を最大のライバルとみている（とマスコミで報道されていた）のが、一匹狼のグレアム・オブリーだった。ボードマンは現役最後の試合として、偉大なエディ・メルクスが1972年に出したアワーレコード（1時間走の記録）を破ろうとやってきた。ルールは単純。1時間にできるだけ長い距離を走ればよい。競技場を198周して4万9431メートルより長く走れば、永遠の栄光を手にすることができる。少なくとも、次に誰かが挑戦するまでは。

競技場は静まり返り、ときどき咳が聞こえるだけだ。ボードマンがスタートすると、怒号のような歓声が鳴り響いた。78秒後には最初の1キロを通過。メルクスのときよりも7秒遅いだけだ。15分後、黒い大型のデジタル掲示板に、到達予想距離として記録を350メートル上回る数値が出ると、観客たちは熱狂した。ボードマンのコーチで、この試合の企画を主導したピーター・キーンは、トラックの脇をうろつき、ペースが当初のプランとどれだけずれているかを指で伝えていた。キーンがストレート（直線走路）で立っている位置で、ボードマンは自分がいま全体的にどんな状況なのかを知ることができた。キーンがストレートの中間地点から上流側に立っていれば、メルクスの記録を上回っていて、下流側に立っていれば遅れているということだ。

30分後、こうした合図の意味を知っている観客には、ボードマンが記録を上回っていることがわかっていた。しかし、周回を重ねるにつれて、キーンは徐々に下流側へ移動して、残り8分というところで、中間地点を過ぎた。ボードマンは目標から遅れていた。

実況のアナウンサーは、ボードマンはこれまで2秒遅れだったが、いまは3・4秒遅れだと言い、さらに追い打ちをかけるように「時間がなくなってきた！」と叫んで、観客をあおり立てる。傑作スリラーの終盤のシーンのように、私たちの英雄は崖からぶら下がった状態で、岩にかけた指が一本ずつ徐々に離れていく。観客はボードマンを後押しするように熱狂的な声援を送る。残り4分しかなくなったところで、キーンはストレートのかなり下流側に移動しており、ほとんどカーブのところまで達していた。ボードマンはメルクスの記録から相当遅れていた。彼の妻、サリーはいても立ってもいられず、トラックの脇へ走っていって声援を送った。

しかし、そこでキーンの移動が止まった。次のラップで、徐々にフィニッシュラインのほうへ戻り、また次のラップでもさらに戻った。英雄が崖っぷちからはい上がり始めると、サリーの悲痛な表情は希望へと変わった。ボードマンは力を取り戻したようで、最後の力を振り絞っていた。ピストルの音が2回響いて1時間経ったことを告げ、電光掲示板に結果が表示された。４万９４４１メートル。メルクスの記録を10メートルだけ上回った。

観客は熱狂し、サリー・ボードマンとピーター・キーンが涙を浮かべて抱き合うなか、クリス・ボードマンは勝ち誇ったようにトラックをゆっくり回っていた。

このときの映像をどこかで見つけて、観てほしい。絶対に泣くから。

感動的なシーンではあったのだが、一つ奇妙な点もある。じつは、ボードマンはこれより前にメルクスの記録を破っていたのだ。わずかに上回ったというよりも、圧倒的な大差をつけて記録を塗り替えていた。この4年前、ボードマンはまさに同じトラックで５万６３７５メートルという驚異的な記録を樹立している。28周近くも多い記録だ。誰も気づいていなかったのだろうか？　なぜ、この日の彼は以前よりはるかに遅かったのか？　自転車に問題でもあったのか？　ベアリングの調子が悪かった？　タイヤがパンクした？　それとも、ギアの具合が悪かった？　いったい何があったのだろう？

とにかく彼に必要だったのは、もっと性能のよい自転車だった。

安全な自転車をつくる

ほとんどの人は人生で初めて乗った自転車のことを覚えているものだ。私は8歳頃にタイヤが白くて太い自転車に乗っていた記憶があるのだが、本当に自分の自転車といえるのは12歳のときに乗ったものが初めてだ。フレームはクラウド・バトラー製の黄色いスチールで、ドロップハンドルと5段ギアの変速装置を備え、フレームのダウンチューブ（前方から斜め下向きに伸びた管）に付いた単一のレバーでギアを変える。この自転車に乗って村中をかっ飛ばし、パンク修理は日常茶飯事で、町の自転車店に持っていって何度もタイヤを交換してもらった。自転車は私の自由だった。初めて自由を手に入れた気分にさせてくれた。

自転車の開発は200年ほど前に始まったが、最初は試行錯誤の繰り返しだった。自転車に似た装置を最初に考案したとされる人物だとよく言われるのが、ドイツ南西部の都市カールスルーエのカール・フォン・ドライスだ。19世紀初め、ドライスは複雑なレバーを使って人力で動かす4輪車をつくろうと、あれこれ試していた。明らかに実用に耐えない代物で、友人たちの目にはこっけいに映っていたようだ。しかしその後、ドライスは何かをひらめき、すべてを捨て去って、2輪だけの設計に立ち戻った。車輪と車輪のあいだに単純な木の棒を渡し、その上に座るためのクッションと、T字形の操縦機構を取りつけた。乗る人は足を使って車輪を動かす(当然ながら男子専用だ)。すると、時速8〜9キロで移動することができた。歩くのに比べたら、だいたい2倍のスピードだ。

彼の友人たちも今度は感心したようで、それどころか、驚愕していたほどだった。どうして立っていられるのか? なぜ倒れないのだろうか? ドライスが2輪を試そうという単純なアイデアをどこで得たのかははっきりしないものの、彼は自転車の安定性を保つ鍵となる要素を偶然発見していた。それは、操縦だ。操縦は自転車の乗り方を覚えるとき、最初に習得するものである。片側へ倒れそうになったとき、本能的にそれとは逆の方向へハンドルを向けてしまう。しかし、そうすると、よけいに倒れやすくなる。こつは、自転車が倒れる方向へハンドルを向けることだ。これで車輪があなたの重心の下に戻り、倒れずに進むことができる。

ドライスが考案したような2輪車は「ヴェロシペード」と呼ばれるようになる。「早足」という意味のラテン語からとった名称だ(その後、フランス語では短縮して「ヴェロ」と呼ばれた)。この2輪車に乗った人は興奮したり、いらいらしたり、恥ずかしい思いをしたりと、反応はさまざまだった。坂道や悪路に悩まされたり、舗道で乗っていた人が片っ端から罰金を科されたりしたからだ。熱狂は立ち消えた。世間はまだ自転車を受け入れられる状況になかった。こうした初期の自転車は短命に終わり、その後40年は日の目を見なかった。

ヴェロシペードづくりに情熱を傾ける変わり者はいるもので、1851年にロンドンで開かれた万国博覧会にも展示されていた。1867年頃には、オリヴィエ兄弟がパリのピエール・ミショーとい

図29　カール・フォン・ドライスが考案した初期の２輪車の絵。

う鍛冶屋に依頼して、ヴェロシペードの前輪に直接クランクとペダルを取りつけた。彼らは全体の設計を見直し、現代の自転車のようにフロントフォーク（前輪を支える部品）に水平なハンドルを取りつけ、板ばねに調整可能なサドルを装着したほか、荒削りながらブレーキも加えた。ペダルという新機構を備えたことで、乗る人は時速10キロかそれ以上で移動できるようになった。馬と同じくらい速いうえ、餌を与える必要もない。

ペダルが追加され、ほかのメーカーもそのデザインを取り入れると、２回目のサイクリングブームが起きた。重い木製の支柱や横棒は廃止され、代わりにフロントフォークから後輪の車軸にかけて錬鉄の棒を１本渡し、サドルは水平に設置した細い金属棒に取りつけた。この三角形のデザインは、その１世紀後にメルクスやボードマンが乗った自転車のダイヤモンドフレームを思い起こさせる。

流行はイギリス国外にも広がり、アメリカでは何千台も売れて、鍛冶屋やセールスマン、特許の申請や契約違反の訴訟に対応する弁護士が忙しくなった。1869年には新たな車輪が考案された。細いワイヤーのスポークを使った車輪で、リムには溝が設けられて、細長いゴムをはめられるようになっている。レースも始まった。フランスでは、パリからルーアンまでの80マイル（約130キロ）を走る大会が開催された。この大会で10時間30分というタイムで勝利したのが、サフォークのジェームズ・ムーアだ。パキスタン生まれでイギリスに帰化したムーアは、新発明のボールベアリングを前輪の車軸に取り入れた。それまでの車軸は、クランクの棒を真鍮の鞘で覆っただけの単純な構造だったが、すぐにすり減って摩擦が大きくなり、車輪がぐらぐらした。新発明のベアリングのおかげで、ムーアは2位以下に15分の差をつけて勝利した。

当初、自転車は途方もなく重かったが、フレームを錬鉄の代わりにスチール製の管でつくるようになってから、車体は軽くなった。そのうち自転車のデザイナーは、車輪が大きいほど、ペダルを1周こいだときに進む距離が長くなることに気づく。クランクを足で直接回しているからだ。前輪は大きくなったが、こげる車輪の大きさは乗り手の脚の長さに制限された。

1880年代前半までに、自転車は直径1メートルを超える巨大な前輪を備えるまでになり、「ハイホイーラー」（背の高い車）と呼ばれるようになった。現代の英語では「ペニーファージング」と呼ばれているが、これは巨大な前輪を大きなペニー硬貨に、後輪を小さなファージング硬貨に見立てて、大きさの極端な違いを表わした表現だ。当時の自転車のなかでも見事な職人技が見られる点で傑

図30　1888年に開催されたペニーファージングのレース。選手は自分の脚の長さに合った大きさの前輪を直接こいで走る。車輪が大きいほど、1周こいだときに進む距離が長くなる。

出していたのが「アリエル」だ。イギリス中部のコヴェントリーのジェームズ・スターリーとウィリアム・ヒルマンが製作したもので、フレームに金属製の中空のダウンチューブが1本あり、車輪のスポークが放射状に配置されている。後輪にブレーキが付いていて、ハンドルをひねると作動するようになっている。ペダルは調整可能で、サドルは、ばね入りだ。

ペニーファージングは高級品で、乗れる人はごく限られていた。8ポンド（現在の約800ポンド）という価格は、一般男性にとって移動手段としてとても選べるものではなかったし、一般女性にとってはなおさらだ。ペニーファージングは乗るのも怖かった。重心の位置が高いので、前輪が障害物に当たれば、乗り手は2メートルの高さから真っ逆さまに地面に落ちることになる。けがは日常茶飯事だったし、死亡事故も起きた。

自転車ビジネスは再び停滞の危機に直面したが、まもなくビジネスを存続させる新たな刺激がもたらされることになる。ジェームズ・スターリーは気づいてなかっただろうが、彼の甥が自転車で次の大変革を起こすうえで鍵を握る人物となる。彼は1885年につくった自転車を「ローバー」と呼んだ。ダイヤモンドフレームに、似たような大きさのスポーク付き車輪を2輪備え、自転車の中央部にあるクランクでチェーンを回して後輪を動かす。調整可能なサドルとハンドルがフロントフォークに取りつけられている。重要なのは、乗り手は地面に足を付けた状態で始動と停止ができ、頭から真っ逆さまに落ちることがほとんどなくなったことだ。

この自転車はまもなく、安全自転車として知られるようになる。これは、明らかに安全でなかったペニーファージングと区別するための名前だ。一方、ペニーファージングは愛好家によって「オーディナリー」（普通の）と改名された。安全自転車は本物の自転車じゃないというのが彼らの言い分だったが、新名称は結局、定着しなかった。

安全自転車を買う顧客としては、ペニーファージングを購入したような有閑階級の裕福な紳士がおそらく想定されていただろうが、実際にローバーを買ったのは、背がそれほど高くなくてそれまで乗れなかった人や、転ぶのを恐れていた人、男性以外の人たちだった。ローバーは女性に受けがよかった。初めて自由な気分を女性にもたらしたからだろう。ローバーは女性のファッションをも変えた。女性たちは当時のかさばるスカートを嫌い、「ブルマー」と呼ばれる、当時としては良識に反する膝丈のズボンをはくようになった。

ローバーは貧富に関係なく購入され、人々の足となった。自転車業界は急成長し、ローバーは世界

図31　(左) 1885年頃のローバー安全自転車の広告。(右) 1915年頃、75歳のジョン・ボイド・ダンロップが、みずから開発した空気タイヤを備えた安全自転車に乗る。

中で一番人気の自転車となった。ポーランド語ではいまでも自転車を「ローバー」と呼んでいる。

サイクリングブーム

しかし、自転車にとって、最後にもう一つだけ残っていた問題があった。イギリスの道路状況は１８３０年代に鉄道が開通して以来、悪化する一方で、自転車で走ると、骨に響くような激しい揺れに襲われた。そこで、ジョン・ボイド・ダンロップという男性が、息子の三輪車に硬いタイヤではなく空気入りのタイヤを装着すれば、もっと乗り心地がよくなることに気づき、二つのゴム片を貼り合わせて三輪車の車輪に取りつけ、風船のようにふくらませた。これで道路を走るときの振動が小さくなって、息子はサイクリングを楽しめるようになった。しかし、これには予期しない効果もあった。振動が軽減されただけでなく、走るスピードが速くなったのだ。

1890年までにはダンロップが創業し、当時の自転車レーサーたちがこの新技術をすぐに取り入れた。100マイル（約160キロ）の記録は5時間27分にまで短縮された。一方、フランスのエドワール・ミシュランはタイヤをさらに改良して、取り外し可能にした。これが現在の私たちが広く使っている「クリンチャー式」のタイヤにつながる。タイヤの内側に収めたチューブをふくらませる方式となり、パンク修理は道路脇でできるようになった。これで最後の要素が出そろった。自転車は安全で乗り心地がよく、しかも速く走れるようになったのだ。それどころか、最も速い乗り物となった（今でも多くの都市では最も速い乗り物だ）。

自転車レースがさかんになると、近代オリンピックの創始者ピエール・ド・クーベルタンはすかさず、自転車レースを1896年の第1回オリンピックの競技として採用した。選手が使ったのはギアが1段しかない自転車で、中空のチューブでつくったダイヤモンドフレーム、傾斜したフロントフォーク、ドロップハンドルという、今でも見慣れた形のものだ。ギリシャは自転車競技のために、ピレウスにヴェロドローム（自転車競技場）を新設した。いまサッカークラブのオリンピアコスのスタジアムがある場所だ。ロードレースはアテネからマラトンまで行き、そこで折り返して新しいヴェロドロームでゴールする87キロのコースで行なわれた。かつて使者のフィリッピデスがペルシャ人の敗北を伝えるメッセージを持ってマラトンからアテネまで走った物語からマラソンが生まれたので、ギリシャ人はマラソン競技には目がない。栄光と自己犠牲を象徴する競技だから、ギリシャ人選手のスピロス・ルイスが、第1回オリンピックのマラソンで優勝したときには、ギリシャ人は当然ながら熱狂した。その1週間後に行なわれる自転車のロードレースには、ギリシャ人選手が5人出場する。もう一つ優勝をもたらしてくれるだろうと、ギリシャ国民は楽観していた。

正午、大歓声の観客に見送られて、自転車選手たちがアテネの外れからスタートした。あっという間に去っていったため「空中を飛んでいるようだった」という。[2] スタートからおよそ75分後、マラトンにある40キロ地点に最初に姿を現わしたのは、ギリシャ人のアリスティディス・コンスタンティニディスだった。当時の規定に従って、彼は自転車をいったん降り、羊皮紙に自分の名前を記入してから、再び自転車にまたがってアテネへ戻っていった。その後を追うのは、ドイツのゲドリッヒと、イギリスのバッテルだ。コンスタンティニディスは自転車が故障し、いったん二人に追い抜かれたものの、追いついたコーチから代わりの自転車を受け取ると、全力で追い上げて、アテネ郊外の残りわずか9キロの地点でライバルたちを抜き去った。

コンスタンティニディスはアテネの中心街を抜けて、大勢の観客が上げる大歓声のなかへ入っていく。しかし、大歓声はすぐに悲痛な叫び声に変わる。コンスタンティニディスは急カーブで転倒し、腕に切り傷を負っただけでなく、2台目の自転車が大破したのだ。しかし、まだ勝負は決まったわけではない。イギリス人選手が追い抜くなか、友人の一人が3台目の自転車を差し出した。

バッテルの勝利は確実のように思えたが、競技場からほど近い地点で彼も転倒し、大けがを負った。コンスタンティニディスはその脇を通り過ぎ、ちょうどギリシャの王族一家が席に着いたところで、競技場に入っていった。

このときの様子は記事でこう伝えられている。「コンスタンティニディス氏は土ぼこりにまみれ、数々の事故の痕跡を残しながらも、勝ち誇ったように競技場に入り、大観衆の熱狂的な声援に迎えら

図32　1896年のオリンピックで活躍したレオン・フラマン（左）とポール・マソン（右）。

れた」。タイムは3時間22分。ゲドリッヒがその20分後にゴールし、そのあとに傷だらけのバッテルがよろよろとたどり着いた。

こうしてサイクリングは人々の暮らしに定着したのだった。

アワーレコードの始まり

サイクリング業界が急成長するなか、企業はレースを企画すれば自社のプロモーションになるのではないかと気づく。フランスやイギリス、アメリカにヴェロドロームが次々に建設され、最長6日間にわたる大会が開催された（6日間というのは安息日を挟まずに連続して開催できる最長期間）。これで観客がひっきりなしにやってきて、レースの結果に賭けたり、お金を使ったりしてくれるようになった。

しかし、自転車レースの最高峰といえば、ツール・ド・フランスだ。もともとは、『ロト』という新聞（現代のフランスの日刊スポーツ紙『レキップ』の前身）の売り上げを増やすための宣伝企画でしかなかった。『ロト』紙は自動車と自転車競技の専門紙ではあったが、見出しを見ると、陸上競技やヨット、熱気球、フェンシング、重量挙げ、馬術、体操、登山といった、当時のほとんどの人気スポーツを取り上げていることがわかる。

じつはこの大会は、同紙のオーナーで編集長のアンリ・デグランジュとジョルジュ・ルフェーヴルが、最大のライバルだった『ル・ヴェロ』紙の長距離レース企画をまねたものだった。複数のステージがあるレースは、レース前の宣伝のために何日も報道できる点がよかった。1903年に開催された第1回のツール・ド・フランスは大成功を収め、144人が出場して、2248キロという途方もない距離の走破に挑んだ。6ステージすべてを完走してフィニッシュしたのは、わずか21人。モリス・ガランが94時間33分というタイムで、2位以下を3時間も引き離して、圧倒的な勝利を収めた。

デグランジュはツール・ド・フランスを自分のレースと考え、30年にわたって専制君主のようにレースを取り仕切った。その期間には技術の進歩が数多くあったが、デグランジュは新技術の採用に消極的で、選手たちが苦しみ抜いて勝利をめざす姿を見るのを好んでいた。

デグランジュには自身の栄光を獲得するもう一つのチャンスがあった。アワーレコードだ。その頃、国際自転車競技協会が設立され、第1回の公式のアワーレコードに挑戦する場が設けられた。デグランジュはいち早く自分の名前を記録に残したいと考えた。とにかく1時間走りきればいいだけだ。バッファロー・ヴェロドローム（この地で開催されたバッファロー・ビルのワイルド・ウェスト・ショーにちなんだ名称）で安全自転車に乗って出場したデグランジュは、3万5325メートルを走破し

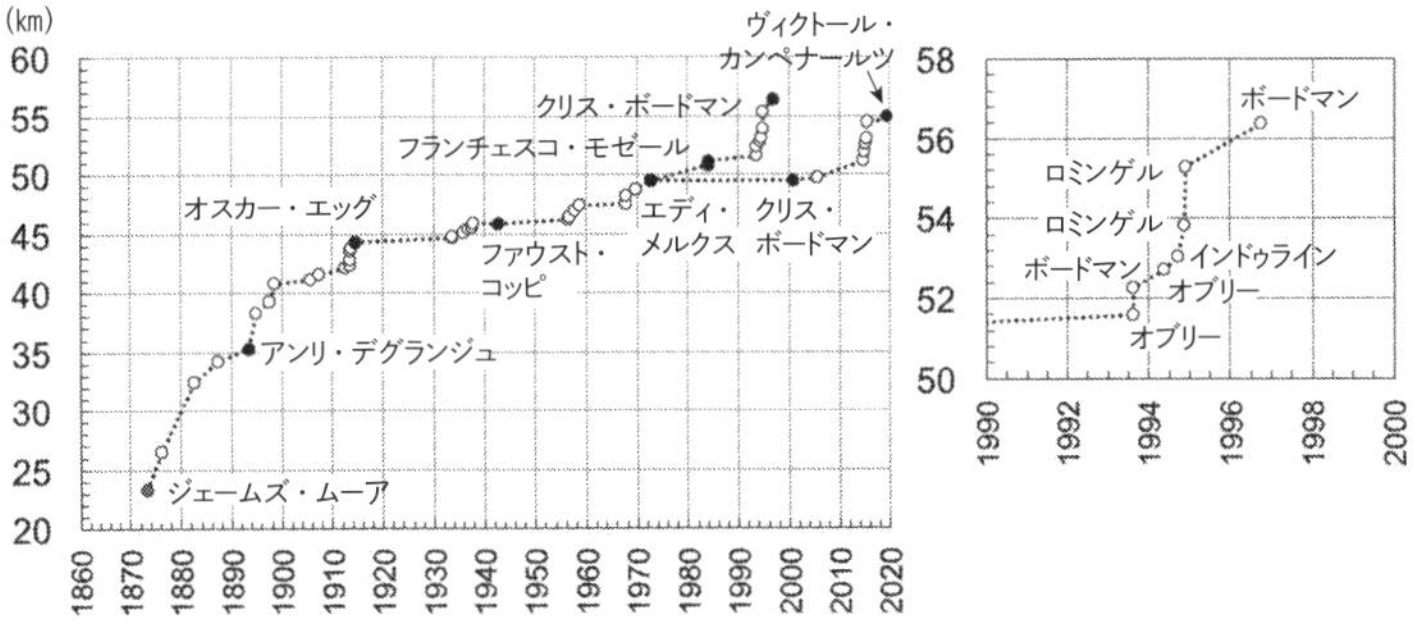

図33　1873年以降のアワーレコード（自転車で1時間走行した距離）をキロメートルで示した。2019年4月16日、ベルギーのヴィクトール・カンペナールツがメキシコのアグアスカリエンテスにある自転車競技場ベロドロモ・ビセンテナリオで55.089キロというアワーレコードの新記録を樹立して、人類史上初めて時速55キロを超えた。

た。ただし、その記録は4日後には破られたが。

　国際自転車競技協会も長続きせず、1900年に国際自転車競技連合（UCI）のクーデターで支配権を奪われた。UCIの最初の仕事はアワーレコードを管理することだった。おそらく、引き受けたことを後悔することになっただろうが。

　アワーレコードは次々に塗り替えられ、1914年にはオスカー・エッグが4万4247メートルという記録を叩き出した。1940年代にはイタリアの名選手ファウスト・コッピが記録を更新し、1968年になるとオーレ・リッターがメキシコシティで4万8653メートルを走破した。次に記録に挑んだ注目の選手は、ベルギーのエディ・メルクスだ。プロとしてデビューした1年目、メルクスは目標を聞かれてこう答えた。「ツール・ド・フランスで優勝すること、そして、アワーレコードを塗り替えることだ」

　1972年、メルクスはふだんの年より出場するレースの数を減らし、年末に行なわれるアワーレコードの記

図34　1972年にエディ・メルクスが使った自転車。イラスト：© James McLean

録会に向けてトレーニングに励む計画を立てた。しかし、ツアーやレースから撤退しないでほしいとの要請を受けて、それまでよりも多くのレースに出場することになり、50もの勝利を手にした。メルクスもリッターと同じように、メキシコシティの屋外競技場で記録に挑みたいと考えていた。この競技場は標高が高く、空気密度が低いので、抗力がおよそ25%も小さいからだ。その代わり、空気中の酸素が少ない点が長距離走行には不利だ。

そこでメルクスは、トレーニング中にマスクをして体内に取り込む酸素の量を減らし、血中の赤血球の量を増やして、酸素の薄い環境に体を慣らすことにした。メルクスが使った自転車はエルネスト・コルナゴがつくったもので、チェーンにドリルで穴を開け、ハンドルに48個の穴を開けた。フロントフォークとハンドルをつなぐ部品「ステム」は、当時としては製作が難しかったチタン製だ。そのうえ、タイヤにヘリウムを詰めて車体をさらに軽くしようとしたものの、メキシコではヘリウムが手に入らなかった。こうした努力の結果、自転車の重量はわずか5・5キロとなった。

メルクスはアワーレコードに挑戦中に、10キロと20キロの記録更新にも挑むことにした。それはアワーレコードでは前代未聞の試みであり、達成すればメルクスは史上最高の選手という栄誉を手に入れることになる。

天候はほぼ理想的で、温暖な空気が空気密度をわずかに押し下げ、風速1メートルあるかないかの弱い風が吹いているだけだった。午前9時の少し前、メルクスはスタートした。最初の1キロは世界記録にわずか6秒遅れるだけの猛スピードで、時速は50キロを超えていた。このペースだと、リッターの記録は難なく抜けそうだ。10キロの記録を5秒縮め、20キロの記録を11秒縮めたところで、メルクスはスピードを落とす。ペースはだんだん落ちていったが、前半で距離を稼いでいたから記録更新には十分で、終わってみると、世界記録を800メートル近く超えて、4万9431メートルもの距離を走りきった。1回のレースで、リッターの記録を三つも大幅に塗り替えたのだ。

「もう二度とやらない」とメルクスはのちに語っている。実際、二度とやらなかった。

一匹狼たち

メルクスは序盤にあれほど猛スピードで飛ばさなければ、もっと長い距離を走れたのではないかと感じた人もいた。とはいえ、彼の記録はその後12年も破られなかった。1984年にメルクスの記録を塗り替えたイタリアのフランチェスコ・モゼールはチームとともに、記録を伸ばすためにできるあらゆる方策を検討し、15種類もの自転車を試作した。最終的に出来上がったデザインは、驚くべきものだった。

車輪はスポークのないディスクホイールで、前輪が後輪よりも小さい。表面がなめらかなディスクを使えば、車輪にかかる表面摩擦が減り、自転車の前面の断面積が小さくなるので、抗力が下がる。スチールのオーバルチューブ（楕円管）を用いた軽量フレーム、ハンドルは牛の角のような形をした「ブルホーンバー」を使っているため、乗り手は前かがみの姿勢になり、空気が背中の上を効率よく流れるようになる。シューズをペダルに固定して、こぐ力を高め、腕と脚を覆う体に密着したスーツを着る。数多くのクルーに支えられ、モゼールはメキシコシティの標高にも十分体を慣らした。

モゼールがこのときの挑戦で出した記録は、5万808メートル。メルクスは自身の記録を1377メートルも追い越されたものの、何の感慨も抱かず、「弱い男が強い男を初めて破った」と述べた。モゼールはそんな反応にも屈せず、世界に注目されたこの機会を生かして、4日後に再びアワーレコードに挑戦した。今度はテレビの生中継付きだ。記録をさらに伸ばし、5万1151メートルを走破した。

シートチューブがカーブし、トップチューブが極端に後方へ下がり、シートステーが急角度で設置されてはいたが、モゼールの自転車のフレームはほかのロードバイクと同じダイヤモンド形をしていた。UCIはモゼールの記録を受け入れることにした。そして6年後、ルールを大きく変更して、新型のモノコックフレームを認めることにした。従来の安全自転車のようなダイヤモンドフレームを廃止し、継ぎ目のない単一構造として設計したフレームだ。素材にはカーボンファイバーが使われることが多い。

皮肉なのは、20世紀初頭に自転車の生産ラインを切り開いたメーカーが、その後、自転車の製造をやめて自動車メーカーに転向したことだ。ローバーもそうだし、ジェームズ・スターリーのパートナーだったウィリアム・ヒルマンは、名前と同じ「ヒルマン」ブランドの自動車会社をつくった（ヒルマン・インプを覚えている読者はいるだろうか？）。これで、芽生え始めた自転車産業が風前の灯火になる。とはいえ、スポーツカーの代表的なメーカー、ロータスが１９９０年代に逆のことを行ない、自動車づくりで得た知識を自転車づくりに生かした。

ロータスが手を組んだのは、一匹狼の自転車デザイナー、マイク・バローズだった。バローズは自転車エンジニアの典型で、自転車のデザインだけでなく、自分が製作し、自身でもレースに出場した。彼がデザインした自転車のなかには、あおむけの姿勢で乗る「リカンベント」もある。前輪を２本のフロントフォークのあいだに取りつけるのではなく、１本のフロントフォークにはめる構造になっている。バローズは、これが抗力を減らす効果があることにも気づいていた。１本あれば十分なのに、なぜ抗力を増すフォークが２本も必要なのだ、という考え方だ。

バローズはロータスと共同でカーボンファイバーを使い、フレームとして機能する単一の星形の部品をつくり、前輪用に片持ち構造のフォークを取りつけた。車体のどの部分でも断面積が狭く、空力特性に優れた輪郭をもっている。この自転車は１９９１年、クリス・ボードマンとコーチのピーター・キーンに風洞の中で披露された。二人はひと目で、その優れた空力特性を理解した。のちに発表されたデータによると、競技場で使う標準的なトラックバイクよりも抗力はおよそ７％小さい。ボードマンは自分の体型に合うように調整されたロータスの自転車に乗り、1992年のバルセロナ五輪の4000メートル個人追い抜きで金メダルを獲得した。それはイギリスにとって自転車競技で72年ぶりの金メダルだったから、イギリスのメディアの熱狂ぶりはすさまじかった。ボードマン自身だけでなく、自転車も同じぐらい注目を集め、「スーパーバイク」と呼ばれた。

1993年までに、ボードマンはアワーレコードに挑むことを発表していた。しかし、挑戦のわずか1週間前、グレアム・オブリーというあまり知られていない選手がアワーレコードに挑戦するとのニュースが飛び込んできた。ボードマンは怒り狂ったに違いない。オブリーの自転車はボードマンの最新鋭のマシンとはほとんど対極にあると言っていい。奇妙な見かけをした自家製の自転車で、ベアリングとボトムブラケットは古い洗濯機からとったものだ。とはいえ、斬新さがなかったかというと、そうでもない。前のハンドルはT字形で、オブリーの体の下のほうに設置され、ハンドルを握ると手が胸の下に収まる形になる。この一風変わった姿勢で自転車を乗りこなすのは難しいものの、ボードマンが使う自転車に比べて抗力がおよそ4％下がる。オブリーは自分の自転車に「オールド・フェイスフル」という名前まで付けていた。くたびれた馬のような名前だ。

オブリーは金曜夜に行なった最初の挑戦には失敗した。しかし、驚くべきことに、翌日の土曜の朝に再びアワーレコードに挑み、モゼールの記録を500メートル近く更新して、1時間で5万1596メートルを走破した。

ボードマンはその翌週に予定されていた挑戦への準備を淡々とこなしていくしかなかった。コリマのカーボンファイバー製のフレームと、空力特性に優れた「トライバー」ハンドルを使用し、オブリーの自転車に匹敵する革新性を備えた自転車で、ボードマンはオブリーの記録を500メートル以上追い越して、5万2270メートルという記録を出した。

UCIはオブリーの記録を歓迎しなかった。自転車は自転車らしく見えるべきだというのが、彼らの見解だ。バローズが使った単一フォークのリカンベント型もよく思っていなかったぐらいだから、オブリーの奇怪な自転車はなおさら気に入らなかったのだ。UCIはすばやい対応を見せ、オブリーの自転車を禁止する規定の作成に取りかかった。この動きに対し、オブリーは再びアワーレコードを塗り替える抵抗を見せた。

UCIはオブリーのT字形のハンドルを禁止したが、オブリーはそれにもめげず、UCIのレースですでに使われていたトライバーに似たハンドルを使って規定違反を回避した。オブリーは相変わらず極端なデザインを考え出し、トライバーをうんと長くして、腕を前に伸ばして握るハンドルをつくった。皮肉にも、UCIの規定変更で、オブリーの乗車姿勢はさらに空力特性を増したのである。まもなくその格好は「スーパーマン・ポジション」と呼ばれるようになった。

すると、ほかの選手もこぞってアワーレコードに挑戦し始めた。その後の6カ月で、スペインのミゲル・インドゥラインとスイスのトニー・ロミンゲルの挑戦によって、記録は2キロ半も伸びた。1996年9月6日には、ボードマンがマンチェスターでオブリーのスーパーマン・ポジションを取り入れて再度挑戦した。ロータスの自転車を改造して空力特性に優れた車輪を取りつけ、流線形のヘルメットに、体に密着したライクラのスーツといういでたちで、ボードマンは何と5万6375メートルという記録を出して、世界を震撼させた。

1997年、UCIはアワーレコードの規定を再び変更した。流線形のヘルメット、ディスクホイール、スポークが3本しかないトライスポークのホイール、モノコックフレームなど、彼らが「伝統的」と見なさないあらゆる特徴を禁止したのだ。メルクスが活躍した純粋な時代まで時計の針を巻き戻し、アワーレコードの挑戦には必ず1972年のメルクスの自転車（ハンドルとチェーンに穴を開けることと、チタン製のステムを加えることは都合よく忘れ去られた）を使わなければならなくなった。新しい記録は「UCIアワーレコード」と呼ばれるようになる。過去、現在、未来を問わず、メルクスのものに似ていない自転車で出した記録は無効になり、「ベスト・ヒューマン・エフォート」と呼ばれる。最高の乗り手（おそらく人間）を見つけるのが「UCIアワーレコード」で、自転車と乗り手の最高の組み合わせを決めるのが「ベスト・ヒューマン・エフォート」というわけだ。これはおそらく史上、最もひどい誤称だろう。

自転車のコンピューターモデル

ここからはUCIのことをもう少し寛大な目で見ることにする。スポーツにおいて技術に関する規定を設けるのは容易ではない。私も国際テニス連盟の技術委員会の一員だったから、それはよくわかっている。このとき肝心なのは、規制しようとしている技術だけでなく、そのスポーツの科学も理解することだ。それを理解しなければ、新技術が発明されるたびに、当て推量にもとづいて決断を下そうともがくことになる。UCIが問題なのは、自転車のデザインの基本を理解しているように見えないことだった。だから、バローズやオブリーは規制を簡単に回避できてしまった。

優れた統括団体は、テクノロジーが自分たちのスポーツにどんな影響を及ぼすかを予測する手段をもち、それにもとづいた規定を設けている。テニスには「テニスGUT」があり、ゴルフにはボールの飛距離に関する絶対的な規定がある。UCIに自転車競技に関するそのようなモデルがあるかどうかは知らないが（ないだろうと私はにらんでいる）、ほかの多くのスポーツ団体はそうした手段をもっている。私の研究室にいる博士課程の学生の一人、リチャード・ルークスは熱心なサイクリストで、テクノロジーが記録にどう影響するかを理解したいと考えた。リチャードは4000メートル個人追い抜きのタイムを予測するために、マンチェスターにある1周250メートルの競技場のコンピューターモデルを作成した。これで、ボブスレーやスケルトンのモデルと同じように、どうすれば記録を伸ばせるかを理解できる。

モデルに入力するのは、選手の身長と体重、自転車の重量、タイヤの転がり抵抗、自転車と選手の抵抗係数、そして、フレームとベアリング、ドライブトレイン（回転力の伝達機構）の効率だ。リチャードのモデルでは、標高や気象条件も変えることができる。

モデルでは、選手がペダルを回して自転車を前に進める力から、減速の原因となるすべての力の合計を引く。さらに、自転車がトラックのカーブを回るときの加速度の変化など、細かな要素も考慮に入れる。リチャードのモデルを見るまで気づかなかったのだが、競技場を周回するときの選手のスピードは、自転車自体のスピードとぴったり一致するわけではない。これは意味がないように思えるかもしれないが、ちょっと考えてみてほしい。選手はカーブを曲がるとき、体を内側に傾ける。すると、選手の頭のてっぺんが描く軌跡は、自転車のタイヤの底が描く軌跡よりも急なカーブになる。極端な例を出すと、バイクのライダーが大きな木製の円筒の中を回る「死の壁」では、十分なスピードを出すと、ライダーがまさに水平の姿勢になる。このときバイクの最下部は、ライダーの頭の頂点よりもスピードが速い。自転車競技場では、選手の頭と自転車の最下部のスピードの差はおよそ3％だ。

リチャードのモデルを活用するためには、選手の推進力を把握する必要がある。もともとは実験室の中でないと測定できなかったのだが、1980年代半ばに特殊なクランクが発明されて、屋外でも測れるようになった。ロードで利用できる「クランク型パワーメーター」を最初に考案したのは、ウルリヒ・ショーバラーだ。彼はその後、ショーバラー車輪計測（SRM）という企業を創設した。このクランクは目を見張るほどエレガントで、自分もこんな技術を発明したかったとうらやむ数多くの技術の一つである。現在の設計では、幅数ミリの小さなひずみゲージ4個が、メインのチェーンリング（ペダルが付いた前側の大きな歯車）に取りつけられている。ひずみゲージは、選手がペダルを押し下げたときに生じる小さなたわみを力に変換して計測するように、工場で調整されている[3]。

とはいえ、実際のところ自転車選手は力よりも、仕事率のほうに興味があるものだ。仕事率からは、自分の体が有効なエネルギーをどれだけ効率的に生み出せるかがわかるからだ。仕事率は力と速度を掛けて求められ、自転車のハンドルに付けたコンピューターに表示されるか、後でダウンロードして表示できる[4]。長距離を走る一流の自転車選手では、400〜500ワットというのが典型的な数値だ。ノートパソコンと部屋のライト、レコードプレーヤーをいっぺんに動かせるほどのエネルギーに相当する。スタンディングスタートでは、瞬間的に1200ワットほどまで上がる。これは、さらに小さなラジエターも動かせるほどの大きさだ。

私はクリス・ボードマンを選手として、必要な情報をすべて集め、リチャードの数理モデルに入力した。「バーチャルなクリス」は身長175センチ、体重68キロで、アワーレコードのスピードで442ワットを生み出せる。最初に調べたのはタイヤだ。トラックバイクのタイヤは、ボブスレーと似たような役割を乗り手に対して果たす。摩擦をできるだけ抑えながら、正しい方向へ導く役割だ。タイヤはトラック上で回転するとき、路面と接すると平らにへこみ、路面から離れると元どおりふくらむ。このとき自転車と選手からエネルギーが奪われ、転がり抵抗が生じる。タイヤがスリップしないだけの摩擦を維持しながら、トラックとの接地面をできるだけ小さくしなければならない。タイヤが回転するときのエネルギー損失を最小限に抑えるには、できるだけ車輪の直径を大きくし、タイヤを細くして、タイヤの空気圧を最大にする。

私は以前、このことをあるパネルディスカッションの場で説明したことがある。ちょうどツール・ド・フランスで、シェフィールドまでのステージが終わった頃だった。その会場となったクルーシブル劇場（ビリヤードの世界スヌーカー選手権の開催地として知られている）には、1000人ほどが集まっていた。とはいえ、観客たちが見にきていたのは私でも、ほかの学者たちでもなかった。私たちは単なる数合わせだ。本当のお目当ては、2008年の北京五輪のロードレースで金メダルを獲得したニコール・クックと、ランス・アームストロングのドーピングを暴いたジャーナリスト、デヴィッド・ウォルシュだ。

私は自転車乗りだが、決して本格的なサイクリストではない。シェフィールドに近いピークディストリクト国立公園や、スペイン領のマジョルカ島を何度か走ったことがあるだけだ。この日の私の役割は、自転車のサイエンスについて短く解説することだった。初期の自転車のデザインについて話し、なぜ自転車にとって空気力学が大切かを説明した。タイヤについても話した。

「それと忘れないでほしいのは、タイヤに空気を入れることです」と私は得意げに語った。

そのあと、ニコール・クックの隣に腰を下ろした私は、彼女やほかの人たちに対して、わかりきったことを偉そうに言ってしまったかもしれないことに気づいた。彼女はプロで、私は単なるアマチュアだ。タイヤに空気を入れろなんて言える立場じゃない。横に座りながら、恥ずかしさでいっぱいだった。さらにばつが悪いことに、デヴィッド・ウォルシュが、観客のなかに友人のグレッグ・レモンがいると告げた。ツール・ド・フランスを3度も制覇したレモンが、遠慮がちに手を振ると、観客たちはいっせいに立ち上がって、1分ものあいだスタンディングオベーションを送った。私の顔は真っ赤なままだった。

この場を借りて、ニコールやグレッグ、そして会場にいたかもしれないすべての一流サイクリストに、偉そうな態度をとってしまったことをお詫び申し上げる。ここからは名誉挽回のため、リチャードのモデルを取り上げて、たぶんあまり知られていない知識を伝えられればと思っている。

顕微鏡レベルのスケールであっても、タイヤの変形が大きくなるほど、転がり抵抗も大きくなる。これはつまり、シルクかケブラー、ナイロンを使った薄いチューブラータイヤがベストで、でこぼこの多いノビータイヤが最も悪いということだ。路面はアスファルトやコンクリートよりも、木製のほうが断然よい。リチャードのモデルを使って、「クレメン・コッレ・メイン」という最高級のタイヤと、よくあるスポーツ店で手に入りそうな安いツーリングタイヤを比べてみた。その結果、安いタイヤは仕事率の損失がおよそ20ワットあり、ボードマンがアワーレコードで使ったとすると、記録が800メートル以上も下がることがわかった。1・5%も差が出るのだから、出費はかさんでも高級なタイヤを使う価値は十分あるだろう。

エディ・メルクスがアワーレコードに挑戦したとき、自転車のいたるところに穴を開けて重量を減らすことにこだわった。ならば、自転車の重さはかなり大事ということだろうか。実際のところ、それほどでもない。自転車の重量が影響するのは加速時だけだ。坂の上り下りが多いコースでは重要だから、ロードレースでは重量の軽い選手が重い選手を置いて先に坂道を登る場面が見られるが、下りに入ると重い選手が抜き返す。とはいえ、競技場には坂道はないので(集団が密集しているときにカーブのバンクを登るときは別だが)、いったんスピードに乗ったら、カーブでわずかに加速するだけになる。モデルによれば、自転車の重量が1キロ増すと、1時間走ったときの距離の差はわずか数十メートルにとどまる。

自転車の重量がそれほど影響しないというモデルの結果が実際に正しいのかどうか、いささか半信半疑ではあるのだが、重量の重要性を確信できないのは私だけではないようだ。アワーレコードの歴代保持者が使った自転車の重量は、かなりばらつきがあるとの報告がある。最も軽いのはエディ・メルクスの自転車で、5・5キロ。最も重いのはファウスト・コッピの9・5キロだ(5)。

自転車にしろ、ゴルフボールにしろ、ボブスレーにしろ、物体が空気を押しのけて進むうえで、何よりも大きな効果をもたらすのは空力特性だ。テネシー大学のデヴィッド・バセットは、自転車界で世界屈指の研究者たちの英知を結集して、アワーレコードを分析した[6]。どの研究者も、自国のオリンピックチームと仕事した経験がある（共著者のエドマンド・バークの名著『ハイテク・サイクリング』では、この分析が300ページにわたって読める[7]。残念ながら、バークは心臓発作で他界してしまった。大好きなサイクリング中にだ）。

バセットらが投げかけたのは、誰もが聞きたい質問だ。「歴代のアワーレコード保持者をすべて同じ自転車に乗せたとしたら、誰が勝つのか？」。テクノロジーにこだわったモゼールか、それとも、一匹狼のオブリーか？　パワーのあるインドゥラインかもしれないし、究極の記録保持者、クリス・ボードマンがその座を譲らないかもしれない。

ある意味、モデルの数学的な計算自体はたやすいのだが、難関はサイクリストたちの情報を集めることだ。エディ・メルクスの仕事率は1972年に平均でどれくらいだったのか？　クリス・ボードマンの2000年における身長と体重は？　複数の報告でボードマンの身長は175センチで一定していたことがわかったが、体重は報告によって2キロ以上ばらつきがあった。自転車の重量はモデルではそれほど重要でないとはいえ、選手の体重は断面積に影響するので大事だ。選手が大柄なほど、断面積は大きくなり、それに伴って抗力も上がる。近年で最も大柄なのはミゲル・インドゥラインで、身長188センチ、体重は78～81キロだ。最も小柄なのはトニー・ロミンゲルで、身長175センチ、体重は62～65キロである。このモデルでいちばん肝心なのは仕事率と断面積の比率であり、それが最も優れた選手が勝つことになる。

バセットをはじめとする著者たちは、分析で取り上げた多くの選手と仕事したことがあるから、内部情報ももっていただろうと、私は考えている。この分析で選ばれたサイクリストは、メルクス、モゼール、オブリー、インドゥライン、ロミンゲル、そしてボードマン。著者らはリチャードのモデルと似たモデルを使った。選手全員が乗るのは、1996年にクリス・ボードマンがマンチェスター・ヴェロドロームで5万6375メートルの記録を出したときの自転車だ。著者らは最高の選手を見つけるだけでなく、そのときの記録も算出した。

著者らの実験では、ボードマンの56・4キロという記録が基準となった（彼らのモデルはメートル単位まで算出できる精度がなく、単位はキロを使った）。エディ・メルクスがボードマンの自転車に乗ったらどれくらいの記録が出るのだろう？　メルクスは仕事率がボードマンよりも低いと推定されたため、ボードマンの記録には及ばず、54・0キロでフィニッシュした。

ボードマンを1キロ上回って57・4キロという記録を出したのは、トニー・ロミンゲルだ。彼は体がボードマンより3％小さく、仕事率が4％大きかった。みずからのアワーレコードに挑戦したときには、性能の低い自転車を使った点で不利だった。ロミンゲルの自転車はボードマンの自転車よりも抗力が12％高かったと、私は推定している。当時、ボードマンの自転車に乗っていたら、記録はさらに2キロ伸びていただろう。

この種の予測は危険をはらんでいるから、著者らは前提や結果についていくつもの議論を交わしたのではないか。著者らが論文を発表したあとの2000年、インドゥラインのチームが1994年の記録に関するデータを発表した。チームの発表ではインドゥラインの平均仕事率は510ワットだが、バセットらの推定では436ワットしかない。もしチームの発表した仕事率のデータをモデルに入力したら、インドゥラインは4位ではなく、2位に入っただろう。

こうしたモデルを簡単に扱えるようになると、自分自身が一流選手とどこまで張り合えるのかを確かめてみたくなるものだ。私はマジョルカ島でサ・カロブラの坂を自転車で登ったことが数回ある。平均勾配は7％だから、水平距離で10キロ走ると700メートル近く登る。アルプスほどではないが、26カ所のヘアピンカーブは純粋に魅力的だ。自転車に乗ったのは1時間ほどで、トラッキングソフトウェアによると、私が維持できる仕事率は250ワット余りだった。少し高めの気もするが、このデータはインターネットに載っていて誰もが閲覧できるから、採用することにした。(8) モデルに自分の仕事率を入力した結果、私自身のアワーレコードは38・7キロと予測された。すごい記録ではないが、少なくとも1892年のアンリ・デグランジュの記録は破ったということだ。

UCIはようやく道理がわかったのか、1997年に出したテクノロジー禁止令を2014年に撤回した。しかし、アワーレコードの新たな最高記録は、ボードマンのベスト記録である5万6375メートルではなく、オンドジェイ・ソセンカが2005年にモスクワでメルクス型の自転車に乗って樹立した4万9700メートルだった。どうやら、ボードマンの記録は誰も破れないと考えたようだ。とはいえ、このルール変更でアワーレコードへの挑戦が再び活気づき、これまでに記録が何度も更新されている。

アワーレコードが更新されてきた歴史を振り返ると、記録が革新的なデザインにどれほど影響されうるかがわかる。選手のコーチたちは、抗力や摩擦、自転車部品の屈曲部によるエネルギー損失を減らし、パワーメーターを使って選手が自転車で走る際の仕事率を測定することに関心を向けてきた。

私の研究チームは現在、選手が最大の仕事率で自転車をこげる姿勢を維持するための方法を研究している。抗力を下げる小さな自転車を使っても、有効な仕事率まで下げてしまったら、元も子もないからだ。

次の章では、自転車競技と同じく生体力学者たちがデザイナーと連携し、テクノロジーを利用して選手の仕事率を最大化しようとしている別のスポーツを紹介する。彼らの連携によって、そのスポーツは数年のうちにがらりと変わった。

10 技術を研ぎ澄ます――スケート

滑っていたクリスティンがゆっくり止まった。カナダのカルガリーにあるスピードスケート競技場で、リンクの脇まで、足を引きずるように戻ってきた彼女は、にっこり笑って私にこう言った。「へとへとだわ。もうこれ以上、滑れない」

彼女はオランダの昔の女学生のようないでたちで、凍った運河でスケート遊びでもしてきたような様子だ。鮮やかな青色をしたウールの帽子を顎の下でとめ、黒っぽいウールのジャージと重い綿のズボンを身にまとって、古い革のスピードスケート靴を履いていた。1960年代からタイムスリップしてきたみたいだが、まさにそのような格好をしてもらったわけだ。

クリスティン・ネスビットは最近引退したカナダのスピードスケート選手で、これまでに数多くのメダルを手にしている。バンクーバー冬季五輪の女子1000メートルで金メダリストとなり、トリ

図35　カルガリーのスピードスケート競技場で、1960年代（左）と現代のスケート用スーツ（右）に身を包んだクリスティン・ネスビット。© Steve Haake

ノ冬季五輪の団体パシュートでは銀メダルを獲得したほか、世界選手権などでほかに16個のメダルを手にし、その半分が金メダルだ。さらに、世界オールラウンド・スピードスケート選手権（500～5000メートルの4種目を滑り、そのタイムから算出したポイントの合計得点を競う大会）でも銀メダルと銅メダルを1個ずつ獲得している。相当な一流選手でなければ、短距離から長距離までを滑る大会でメダルをとるなんてことはできない。

クリスティンはケンジントン・テレビの依頼に応じ、古いスピードスケート用具を身に着けて、どの程度の記録が出るかを実験してくれた。記録を比較する基準には、1960年代のスピードスケート界のレジェンド、インガ・アルタモノワの記録を使った。アルタモノワは当時ソビエトの大スターで、ボート選手からスピードスケートに転向した経歴の持ち主だ。1957～1965年に世界オールラウンド・スピードスケート選手権で4回も優勝したのだが、ショッキングなことに、1966年、同じくスケーターでアルコール依存症の嫉妬深い夫によって殺害されてしまった。

アルタモノワの１０００メートルの最高記録は１９６３年に出した１分35秒00。平均時速は38キロだ。一方、現在の世界記録は１分12秒18で、23秒近く速い。今回もまた同じ質問を問いかける。このタイムのうちどの程度が用具の効果によるものだろうか？

スケートの始まり

スケートの起源は思ったよりも古い。古代ギリシャ人が日中の暑い日差しのなか、石灰で線を引いたトラックを裸で走っていた頃、凍てついた北方のハンターたちは毛皮に身を包み、氷結した湖の上をスケートで滑って獲物を捕まえていた。動物の骨を整形してつくったスケートを、ひもで足に縛りつけていた。おそらく足を使って滑走するというよりも、棒で氷を押しながら滑っていくために使われたのだろう[1]。生き延びるためのスケートだった。

材料は骨から木に変わり、スケートは17世紀までにとりわけオランダやイギリスで、人気のレジャーになった。スケートの人気獲得を後押しした一因に「小氷期」がある。これは、１４００年頃から19世紀半ばまで続いた寒冷な期間のことを指す。イギリスでは、ロンドンを流れるテムズ川が毎年のように氷結した。オランダとイギリス東部の住民の大半は、移動するためにスケートが必要だったようだ。１７４０年代には最初のスケートクラブ（エディンバラ・スケートクラブ）が創設され、１７６３年には初のスピードスケートの競技会がイングランド東部の「フェンズ」と呼ばれる低地で開催されたと言われている。フェンズにおけるスケートの黄金時代には、ウィリアム・〝ターキー〟・スマートや、彼の義理の弟でライバルのウィリアム・〝ガタパーチャ〟・シーといった風変わりな名前のスケーターが活躍していた。

木製のスケートが使われるようになってすぐの頃はまだ、ふだん履いていたブーツにスケートを縛りつけ、前に進むのに棒が必要だった。しかし、オランダでは、木製のスケートに鉄片を取りつけるようになってから、滑り方ががらりと変わる。滑走中にブレードと氷のあいだに生じる摩擦が小さくなり、足をわずかに斜め前に動かすことで、前進できるようになったのだ。棒は不要になり、自由になった腕でバランスをとることができるようになった。ブレードのエッジ（刃の部分）は、断面がW形になるように研いであった。これで1枚のブレードに二つのエッジができ、スケーターが右や左に曲がるときに体重をかけられるようになった。「ダッチロール」と呼ばれるこの手法によって、スケートのスピードが上がった。

1850年には、全体がスチール（鋼鉄）製の初のスケートが、アメリカのフィラデルフィアでつくられた。鉄のスケートは一つの進歩ではあったのだが、重いうえに、エッジの減りが早かった。一方、スチール製のスケートはエッジの持ちがよく、鉄よりはるかに軽い。スケートのデザインは多様になり、前が優美なカーブを描いたものや、切り抜き細工を施したもの、浮き出し模様で飾られたものも登場した。この頃には、フィギュアスケート用とスピードスケート用のスケートのデザインが分かれた。フィギュアスケートでは、ブレードの先端に「トウピック」と呼ばれるぎざぎざの歯が付けられ、スケーターが氷をとらえて一気にジャンプできるようになった。観客の目を釘づけにするこうしたジャンプには、「ルッツ」や「サルコウ」など、考案したスケーターの名前が付けられた。

しかし、スピードスケートではブレードの先端がぎざぎざしていると摩擦が大きくなるだけで、何もいいことがない。だから、スピードスケートのブレードはまっすぐで、何の装飾もない単純な形のままとなった。ブレードは薄くなり、エッジの断面はW形が廃止され、近くで見るとV字形に近くなった。金属ブレードはブーツの土台に縛りつけるのではなく、靴底にねじとストラップで直接取りつけるようになった。銅のリベットでブレードをとめる一体型のアイススケート専用ブーツが登場したのは、そのあとのことだ。フィギュアスケートでもスピードスケートでもブレードの重量を下げる方法の一つとして、ブレード上部の梁の役割をする部分に中空のチューブを使っている。これでブレードが強くなるだけでなく、長くかつ薄くしても、滑走中に大きな負荷がかかったときに曲がらないようになった。このブレードが登場したことで、ノルウェーのアクセル・パウルゼンは、トウピックで踏み切ってジャンプし、空中で回転して、後ろ向きに着氷する新しいジャンプを考案することができた。このジャンプはいまでは「アクセル」と呼ばれている。ブレード上部のチューブは、より堅固なスチールがブレードに利用されるようになるとフィギュアでは使われなくなったが、はるかに薄いスピードスケート用のブレードではいまでも使われている。

スケートの競技会は最初、氷結した湖や運河で行なわれていた。おそらく最もよく知られているのは、オランダの「エルフステーデントホト」ではないだろうか。これは、オランダ北部のフリースラント州にある11の古い町を通る200キロのレースで、州都のレーワルデンがスタート地点とフィニッシュ地点を兼ねる。天然の氷の上を滑走する際に大きな問題の一つとなるのが、天候が一定しないことだ。エルフステーデントホトは、全ルートで氷の厚さが15センチ以上あるときにだけ開催される。そこで、氷点下の気温が数週間続くと、国中の人々が熱い期待を抱き、公式委員会によるレース開催の発表を待ちわびる。エルフステーデントホトはだんだん珍しいイベントになってきた。かつてはおよそ5年ごとに開催されていたのだが、気温の上昇で過去50年では4回しか開かれていない。

このように天然の氷を使えば、年によって凍らない事態も起きるから、人間が氷をつくってしまうのも解決策の一つだ。人工のアイススケート場が最初につくられたのは1870年代のロンドンだが、それより前の1841年にも一時期、「グラシアリウム」というアイスリンクがあった。しかし、塩と硫酸銅、そして豚の脂肪を混ぜたいささか臭う氷が張られていて、長くは続かなかった。

人工の氷は、床面のコンクリートにパイプを埋め込み、そこへポンプで冷却液を送ってつくる。言ってみれば、床は巨大な冷却装置のようなものだ。コンクリートの上には、競技に使うラインや標識、広告が主に青や赤で描かれている。そこに薄く水を張って凍らせ、さらにまた薄く水を張るという作業を繰り返すのだ。氷の表面をなめらかにする作業は、時間がかかるうえ、簡単にできるものではなかった。しかし1953年、フランク・ザンボーニという実業家が製氷車の特許をとって、スケート界に革命を起こす。製氷車はトラクターのように氷上を走り、氷の表面を削り取って、水を薄くスプレーする。ザンボーニは世界で初めて、表面が均一なスケートリンクをつくり出したほか、いつでもどこでも必要なときに、均一な表面を再現できるようにした。

最初の人工スピードスケートリンクは1953年にスウェーデンのイエーテボリで建造されたものの、トップレベルの競技会がすべて人工のアイスリンクで開催されるようになったのは1990年に

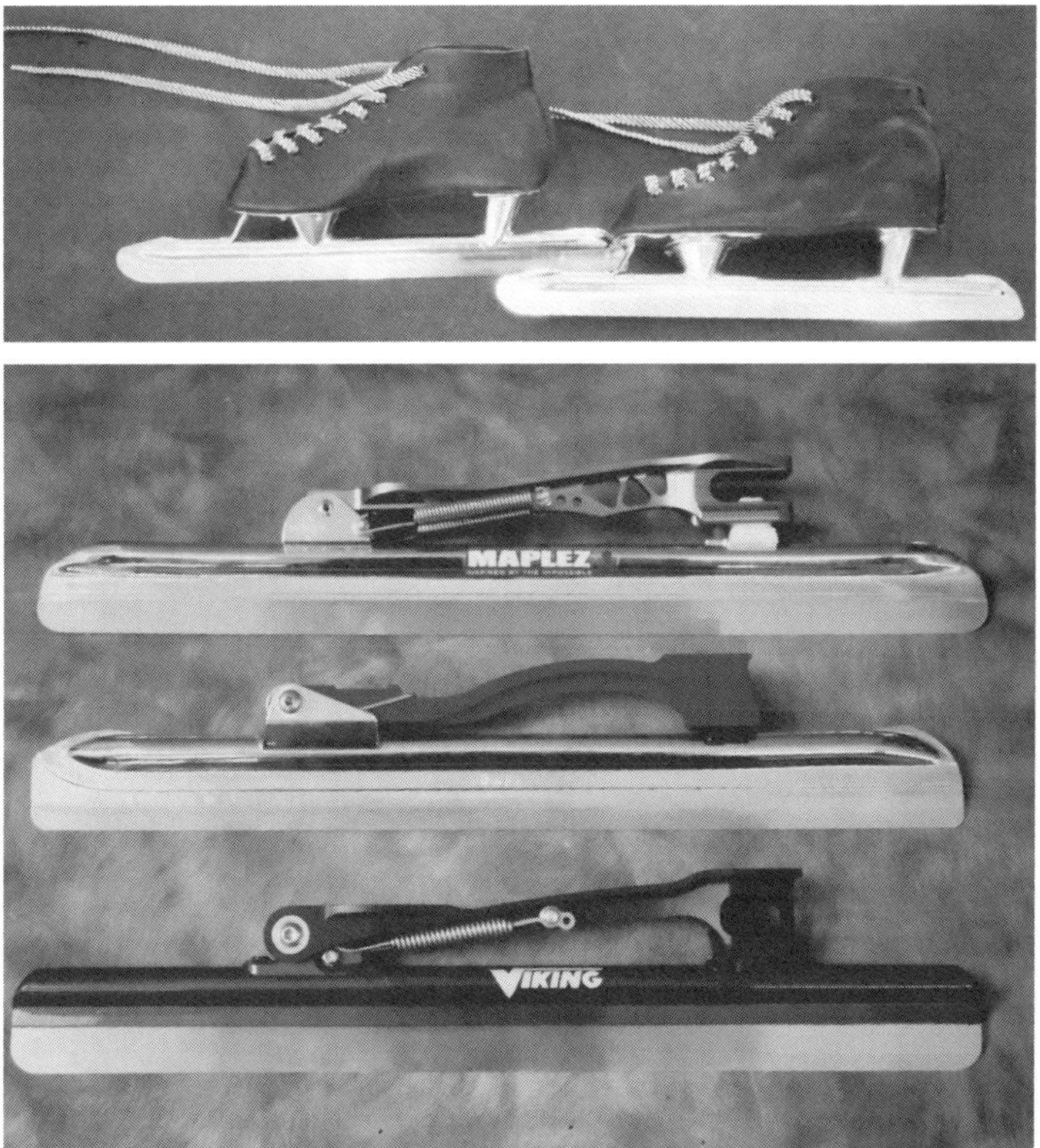

図36　(上) 1960年代のスピードスケート用ブーツのレプリカ。(下) 蝶番とばね機構を備えた、現代のクラップスケート (スラップスケート) のブレード。カーボンファイバー製のブーツに取りつける。© Steve Haake

なってからだ。[2] 人工氷を使用した屋内スケートリンクとなると、1986年に当時の東ベルリンにオープンしたものが最初だ。こうした新型の競技場が登場したことで、より良質かつ均一な氷をつくれるようになっただけでなく、観客や選手が風雨にさらされずに済むようにもなった。カルガリーのスケートリンクで透き通るような氷の上に立つと、磨かれた氷を通して、指1本分下に描かれたラインをはっきり見ることができる。あまりにも鮮明に見えるから、魚の群れが泳いでくるんじゃないかと思ってしまう。

表面の粗さ（あるいは滑りやすさ）を表わす指標となるのが、摩擦係数だ。たとえば、体重80キロの人が氷に与える下向きの力はおよそ800ニュートンとなる。その人が動くときに8ニュートンの力を必要としたとすると、摩擦係数はその二つの比率で表わされ、0・01となる。通常、平らな表面の摩擦係数は0〜1のあいだにあり、[3] よく整備された氷の摩擦係数は0・004ほどしかない。たとえるならば、ドアベルを鳴らすときに押す程度の力で、氷の上を進めるということだ。[4] スケートリンクで氷の土台となっているコンクリートの表面は、摩擦係数が1近くあり、乾いていればまず滑ることはない。しかし、濡れたコンクリートでは、水の潤滑効果があるために摩擦係数が半分ほどに下がる。人間の目や脳は優れていて、歩いているとき次に何が起きそうかを判断する能力がある。摩擦係数の低い場所で転んでしまうのは、コントでおなじみのバナナの皮を踏んでしまったときのように、それを予期していなかったときだけだ。

摩擦係数の大きさは、接触する二つの面の性質によって異なるから、氷だけでなく、ブレードも大事だ。このため、スケート選手は大会の会場に特殊な道具を持ち込んで、相当な時間をかけて念入りにブレードを研ぐ。コースのカーブに合うように、わずかにブレードを曲げることもあるほどだ。スケートをしない人間から見たら、そんなに違いがあるとは想像しがたいのだが、スケート選手には明らかに違いがわかるようだ。2013年、アメリカのショートトラック選手、サイモン・チョーが、ライバルのブレードを意図的に損傷させたと告白し、それが不正行為と見なされて、2年間の資格停止処分を受けた。彼は2011年の世界チーム選手権大会のとき更衣室に忍び込み、ブレード曲げ器を使用して、カナダのオリヴィエ・ジャン選手のブレードをゆがめた。このばくちは失敗した。カナダは銅メダルを獲得したが、アメリカはメダルを逃したのだった。

スキンスーツの登場

1970年代半ばには、明るい色合いのゆったりした服がはやっていて、フレアパンツが人気のファッションだった。スケート選手はまだ昔ながらの厚手のセーターに、レギンス、帽子といういでたちだった。だから1974年にフランツ・クリエンビュールが、体にぴったりしたスーツを着てスケートリンクに入ったとき、人々は笑ったものだ。やけくそになったように見えたのだろう。1928年生まれの彼は、レースでたいてい最下位を争っていて、体の形がわかるスーツを着るには年をとりすぎていると思われたのだ。しかし、クリエンビュールが1万メートルの記録を40秒以上も縮めると、笑いは半信半疑に、さらに羨望のまなざしへと変わった。その後、1976年の冬季オリンピックまでの2年間で、すべてのスピードスケーターがスーツを着用するようになった。クリエンビュールは、いち早くスーツを導入した強みがあったのか、オリンピックの1万メートルで自己ベストを出し、8位に入賞する快挙を見せた。38歳でスピードスケートを始めたクリエンビュールだが、スイスのチャンピオンに14回も輝き、しかもその14回目は55歳のときだった。

メーカーはこのスキンスーツ人気に乗じて、クリエンビュールが着た最初のライクラのスーツを改良しようとした。1981年には、アムステルダム自由大学のへリット・ヤン・ファン・インゲン・シェナウが、風洞の中にスピードスケーターを入れて行なう実験にいち早く取り組んでいる。6人の男子スピードスケート選手が、風速20メートル近いスピードを出せる大型の風洞に入った。[5]

ゴルフボールでもそうだったように、抗力は表面の境界層における気流の種類に影響される。風速が速いほど、境界層で乱流が大きくなり、抗力が小さくなる。ゴルフボールにディンプルを施すことで、境界層で乱流を起こせる速度が下がり、ゴルファーが実現できるスピードでも、この移行が起きるようになる。ファン・インゲン・シェナウの実験から、スピードスケーターのドラッグクライシスは時速4～12キロで起き、スケーターが滑るスピードの範囲内にもともとあることがわかった。しかし、スケーターの脚と腕は胴体よりも速く空気中を移動するので、胴体よりも先にドラッグクライシスに到達することがある。これはメーカーにとっては夢のような話で、抗力を効率的に下げるために、体の部位ごとに使う生地や粗さの種類を変えることができる。500メートルのスピードスケーターは5000メートルの選手よりも速く滑るから、最適なスーツは滑る距離によって異なってくる。選択の幅が広いということは、メーカーは距離に応じて異なるスーツのデザインを開発でき、最新のスーツが前より優れていることをアピールできるのだ。

ナイキ、デサント、ハンター、そしてミズノは２００２年のソルトレークシティ冬季五輪の前に、新型スーツを発表した。腕と脚には粗い感触の生地が使われ、胴体と太腿にはポリウレタンを貼り合わせたもっとなめらかな生地が使われる傾向にあった。首周辺の気流が悪くなるのを防ぐ目的で、体の輪郭をなめらかにするためにフードが導入された。太腿の内側には摩擦の小さい生地が使用された。これは空力特性には影響しないのだが、たいていのスピードスケート選手は激しいトレーニングを積んで本当に見事な脚をしているので、太腿の内側がすれることが多い。滑りやすい上質な生地を使うことで摩擦係数が下がり、太腿がスムーズに動くようになる。

ノルウェー科学技術大学のラーシュ・セトランらは、風洞の中でマネキンに６種類のスーツを着せて試験した。その結果を見ると、明らかにそれぞれのメーカーが、最適な条件について違った考え方をもっていることがわかる。脚の下部はあるスーツでは極めてなめらかだが、別のスーツでは極めて粗い。ほかの４種類はその中間にある。腕の部分は２種類のスーツで極めてなめらかだが、ほかの４種類は粗い。６種類に共通していた要素は二つだけだ。まず、胴体はどれもなめらかだということ。そして、どのメーカーも最高のスーツだと主張していることだ(6)。

もちろん、最高のスーツを着ても、必ず勝てるわけではない。カナダのチームが２０１４年のソチ冬季五輪の前にアポジーの新型スーツに切り替えたあと、クリスティンはインタビューでこう話している。「スーツでスケートがうまくなるわけじゃないから」。アメリカの選手は彼女の言葉をよく聞いておくべきだった。彼らが着たのは、アンダーアーマーが大手軍需会社のロッキード・マーティンと共同で開発したスーツだった。両社は最高のスーツを超えるスーツを秘密裏に開発していた。五輪の

2週間前にそれを披露し、マッハ39というそのスキンスーツを「世界最速のスピードスケート用スキンスーツ」と呼んで、アメリカ流の派手な宣伝とともに発表した。

しかし、まずかったのはアンダーアーマーが選手たちと適切に連携していなかったことだ。彼らは新型スーツを極秘に開発していたため、ほとんどの選手は五輪の直前にスーツを使い始めることになった。このとき、マッハ39には2通りの未来がありえただろう。アメリカが序盤から勝利を連発したら、新型スーツは大成功とたたえられ、選手たちはすばらしいテクノロジーを使っている優越感から勢いに乗って、オリンピックで圧勝するかもしれない。一方、アメリカが序盤でつまづいたら、スーツの性能が疑問視され、選手たちの心にも疑念が生じるかもしれない。スピードスケートのことを何も知らないオタクのエンジニアがつくった役に立たないスーツを押しつけられたのだと。

結果はどうだったか? アメリカのスピードスケート選手はソチで惨敗し、1984年以来で初めて、一つもメダルをとれなかった。マッハ39は選手やメディア、一般の人々に酷評された。

垂れ下がるブレード

クリスティンが使っている最新の用具を見せてくれた。ぴかぴかのスーツは、アポジーの体に密着したワンピース型で、なめらかな曲線を描くフードも水泳キャップのようにぴったりだ。一流選手にふさわしく、鮮やかな黄色のサングラスをかけている。1000メートルを最後まで全力で滑ることを承諾してくれた。タイムは1分21秒00。平均時速は44キロだ。彼女が全盛期の2012年に樹立した世界記録からは8秒以上遅いとはいえ、引退して3年経ったアスリートであることを考えれば、本当に立派な記録だ(7)。私の住んでいる界隈なら、スピード違反の切符を切られるスピードである。

　彼女がさっそうと通り過ぎると、部品が緩んでいるみたいに、スケートからかすかにカチッという音がする。ブレードはブーツの底に固定されているのではなく、足先の部分だけが蝶番で接合されており、そこを軸にしてかかとの部分のブレードが靴底から離れるようになっている。一歩踏み出すたびに、ブレードは下へ落ちるが、ばねの力でまた上へ戻る。そのとき、カチッという音がするのだ。なぜ、ブレードが垂れ下がるような緩いつくりになっているのか？　スケートは激しいスポーツだから、危険をもたらす緩い部品はなくすべきではないのだろうか？

　私は地元のリンクでスケートしてきて、速く滑るための正しい方法を教わったことがなかった。地面を走るようなものだと思っていた。走るときは、片方の脚を走る方向へ振り出して、もう片方の足で地面を蹴る。ランニングシューズと地面のあいだの摩擦係数は1・0前後とかなり高いので、ふつう足が滑ることはない。一方、氷の上では、蹴るときに足が後ろへ滑ってしまい、走ることはほぼ不可能だ。

　氷はよい面も悪い面もあって、滑走するにはいいが、滑りやすいので脚を蹴り出すことは難しい。クリスティンが流れるような長いストライドで事もなげに滑り去っていくのを観察していると、こつがわかってきた。彼女は足を後ろではなく、真横へ押し出している。すると、ブレードがわずかに氷に食い込む。このとき前へ進むから、足はすぐに後ろに残る。最初は外側へ押していた足が、いまは後ろへ押すような形になり、体を前進させるというわけだ。

一流のスケーターは何年もかけて技術を磨き、それに必要な筋肉をつける。カルガリーのリンクで、スピードスケートの選手たちが一列になって、観客席の急な階段を上のほうまで登るトレーニングをしているのを見た。一段の高さは少なくとも30センチはある。選手はまず、背中をリンクに向けて1段目にジャンプする。すると、上半身をほぼ水平まで倒し、膝を曲げた状態で動きを止め、コーチからの合図で再びジャンプする。下へではなく、上へである。そしてまた、前傾姿勢を保つ。見ているだけでつらい。

進む方向と直角に足を押し出すときに問題となるのは、人間の体のデザインからして効率が悪いという点だ。私たちの脚の筋肉はこうした動きをするようにできていない。歩くときには、脚を自然と前方へ伸ばすのだが、足が地面に着いたときにはまだ少し曲がっている。体がその上に移動し、脚は後方へ移動する。そして、地面を蹴るときに、脚はぴんと伸び、足首が伸びて、最後まで残っていたつま先が地面を離れる。正しく地面を蹴ると、かかとがお尻のほうへ向けて上がる。

しかし、この方法はスピードスケートでは役に立たない。つま先で氷を蹴ろうとして足首を伸ばすと、長いブレードが氷に食い込むだけだ。これでスピードが落ちるだけならまだいいが、最悪の場合、転んでしまうことになる。つまり、ブーツに固定されたブレードを使うと、スケーターは氷を蹴るときに足首を使わないように固定したまま保たなければならない。これがどれだけ煩わしいかは、トランポリンで跳ぶときのことを頭に思い描けばわかる。トランポリンで跳ぶときに足先を自然に伸ばすと、かなり高くまでジャンプできる。しかし、足首を直角に保ったまま動かさないようにすると、おもしろくないほど低くしか跳べない。これが、ブレードがブーツに固定された昔のスケートの影響だ。

足首を伸ばせないために、スピードスケーターは脚や足首を伸ばしすぎない必要最低限の動きを何年もトレーニングして身につけなければならなかった。ファン・インゲン・シェナウはアムステルダム自由大学でスピードスケートの動きを研究して、この不自然な動きを強いる技術が、スケーターがすねに痛みを感じる原因になっていることを見いだした。そこで彼が提示したのは、大胆な案だ。ブレードをかかとの部分で離れるようにして、かかとを浮かせてもブレード全体が氷と接したままにするというのである。これでスケーターは足首を伸ばせるだけでなく、痛みも和らぐ。そのうえ、記録も伸びるかもしれない(8)。

こうした新型のスケートシューズの第1号は1984年につくられ、500メートルレースで使われた。愛称は「クラップスケート」。これは滑るときに出る音から来たものではなく、ぴしゃりと打つという意味のオランダ語 klappen に由来し、もうひと押し余分に氷を打つという意味合いがある。まもなく英語でもクラップスケートやスラップスケートと呼ばれるようになった。ほかのスケーターは興味深そうに見ていたものの、これまで苦労して習得してきた技術が台無しになるのを恐れて、導入をためらっていた。

そこで、アムステルダム自由大学の研究チームは、ヴァイキングというメーカーと連携して特許を申請した。だが、驚くべきことに特許は却下されてしまう。クラップスケートはすでに、その100年近く前にドイツのブルクハウゼンに住むカール・ハネスという人物によって発明されていたのだ。彼の目的も同じで、ブレードのつま先に蝶番を付けてかかとの部分のブレードが靴底から離れるようにすることによって、スケートを滑りやすくしようとしたのだ。だが当時、このアイデアがあまり受け入れられなかったのは明らかだ。

特許の却下にもめげず、研究チームは数人のスケーターの協力を得て、引き続きその革新的なデザインの研究を続けた。協力者たちは、それまで身につけた技術を捨てて、スケート中に足首を伸ばす方法を学んでもいいと言ってくれたのだ。クラップスケートのデザインの利点を生かすには、そうするしかない。ただ、競技会でプレッシャーがかかると、スケーターたちは古いスケート靴を履いていたときの古いテクニックに戻ってしまうという問題もあった。

その後、自由大学のスピードスケート研究チームに、さらに二人の博士課程の学生が加わった。ヨス・デ・コニングとエリック・ファン・コルデラールという二人はどちらもスピードスケート選手で、新しいクラップスケートのデザインに納得していた。ファン・インゲン・シェナウとヨスは、そのデザインでどれだけ記録が伸びうるかを、スピードスケートのコーチたちに見せて回る。コーチたちには温かく迎えられ、納得はしてもらえたのだが、選手は変わらなかった。１９９０年のシーズンにはエリックが率先してクラップスケートに切り替えた。すると１９９２年までには記録が大幅に向上し、スピードが３％速くなった。５００メートルレースの場合、ブレードが固定されたスケート靴を履いていた過去の自分と比べると、17メートル近い差をつけることになる。

エリックがオランダ南部のジュニアスケートチームのコーチに就任すると、転機が訪れる。チーム全体を納得させて、クラップスケートに切り替えさせたのだ。この転換は全員にとって期待と不安が入り混じったものだったに違いない。悪いほうに転がって、その年の記録が、がた落ちになるおそれもあった。研究チームは11人のジュニアスケーターに新型のクラップスケートを与え、彼らの記録を追跡して、従来のスケートを履いた同程度のスケーターたちを対照群として比較した。結果は驚くべきものだった。従来のスケートを履いたスケーターは記録の伸びが2・5％だったのに対し、クラップスケートを履いたスケーターは記録が6％以上も伸びたのだ[9]。

これでもまだ、一流選手たちは納得しなかった。とりわけ大きな障害となったのは、国際スケート連盟がクラップスケートを禁止するかもしれないとの懸念だ。それでも、エリックがクラップスケートを使い始めて5年経った1996年の冬には、ようやく3人の一流選手が競技会でクラップスケートを使用するまでになった。率先したのはオランダの女子選手たちで、一人、また一人とクラップスケートに切り替えた。すると、切り替えた一人、トニー・デ・ヨングがヨーロッパ選手権で金メダルを獲得した。国際スケート連盟はそこに将来性を見てとり、満足して、クラップスケートを認める思い切った決定を下した。男子もようやくトレーニングでクラップスケートを試し、世界記録が視野に入ったと感じると、従来のスケートから切り替えた。

1998年の長野冬季五輪までには、どのスピードスケーターも新型のクラップスケートを使用するようになり、あらゆる世界記録が塗り替えられた[10]。

クラップスケートの効果

私はクリスティンに、いま履いている最新式のスケート靴から古いスケート靴に履き替えて、インガ・アルタモノワの1000メートルの記録、1分35秒00を破れるか挑戦してみますかと持ちかけた。

彼女は少し考えてから、にっこり笑った。「いいですよ」

現代のスピードスケート靴は見事で、選手の足型を石こうでとり、それにぴったり合うようにカーボンファイバーの靴底をつくって、そこにブレードを取りつける。一方、昔のスケート靴はもっと単純なつくりで、柔かい革でできており、靴底にブレードがねじ留めされている。クリスティンは自分のスキンスーツではなく、オランダの博物館から借りてきた１９６０年代の服装を着てくれた。

「位置について」とスタート係が大きな声で言った。

昔の服や用具を身につけたクリスティンが、戦闘態勢に入る。一方の足を前に向け、後方の足をしっかり横に向けて静止する。彼女の友人たちが声援を送る。

「用意」

ピストルが鳴り、クリスティンがスタートした。横にした足で氷を勢いよく蹴ると、氷のかけらが飛び散った。加速して最初のコーナーに入ると、優美に足を交差させながらカーブを曲がる。最初の２００メートルのスプリットタイムが掲示板に表示された。21秒43。友人たちの応援が熱を帯びる。彼女が一歩踏み出すたびに、氷のかけらが上へ飛び散る。６００メートルで掲示板に表示されたタイムは56秒40。彼女が奮闘している様子がわかる。アルタモノワの記録を破るかどうか計算しようとしたが、興奮して頭がうまく働かない。残りは30秒かそこらだ。

バックストレートを滑走する。厚いウールの上着とズボンのタグが後ろへはためく。クリスティンが最終コーナーを回ったところで、私は時計を見た。かなりの僅差になりそうだ。フィニッシュラインに近づいてきた。彼女は片足を前に差し出した。誰もが時計のほうを見た。１分34秒88。クリステ

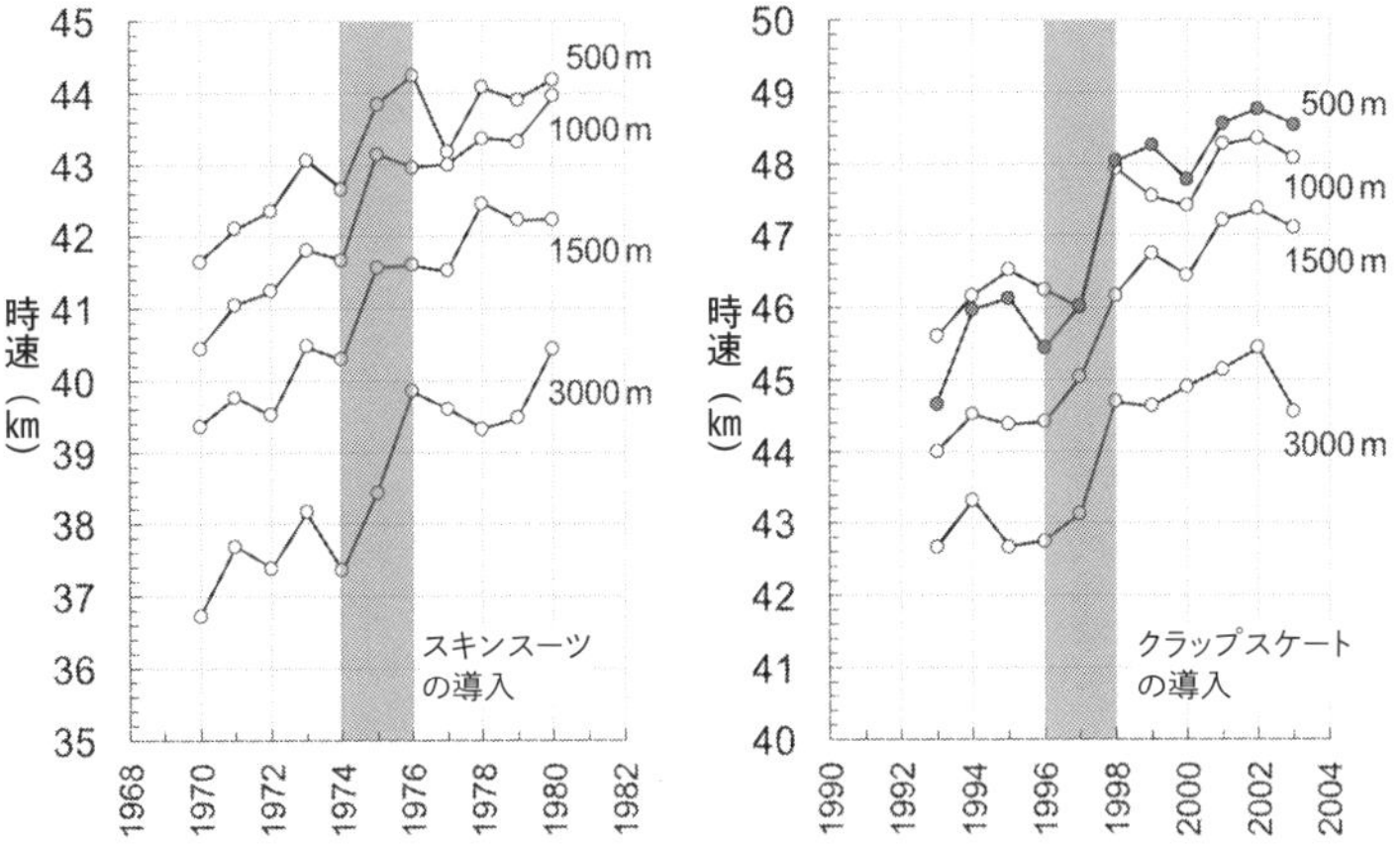

図37　ロングトラックのスピードスケートの最高記録の変化を示した。スキンスーツやクラップスケートを導入した効果がわかる。データ提供はレオン・フォスター。

インはアルタモノワのタイムを0・1秒だけ上回った。いっしょに滑走していたら、クリスティンがわずか1メートル差で勝ったことになる。

クリスティンが現代の用具を使わない場合、彼女の1000メートルのベストタイムである1分21秒00よりも13秒88遅くなるということだ。逆に言えば、スキンスーツとクラップスケートを使った結果、これだけの秒数を縮められた、つまり記録が15・7％向上したということである。これは時速で考えると、およそ6・5キロ速くなったのと同じになる。クリスティンはブレードが固定されたスケートで一度もレースに出場したことがない最初の世代の選手であり、かかとを浮かせないようにするのに明らかに苦労していた。だから、ブレードの先が氷に食い込んで、氷のかけらが飛び散ったのだ。1回のストロークの効率が悪くなったので、彼女はストロークの頻度を上げた。ビデオでざっと数えたところ、ストロークの回数はおよそ8％増えていた。

研究の結果、500メートルの選手は3000メートルや5000メートルの選手に比べて、クラップスケートの恩恵をあまり受けていないことがわかった。これはおそらく、スタート時に加速する時間のほうが、スピードに乗ったあとの時間に比べて長いからだろう[11]。女子のほうが男子よりもクラップスケートの恩恵を受けやすいからか、技術の習得も男子より早い。とはいえ、過去から現在にかけてのデータを調べると、スキンスーツとクラップスケートの恩恵はそれぞれ時速にして最大3キロだということがわかる。これはつまり、スポーツの歴史のなかでもテクノロジーがもたらした最大級の進歩ということだ。

クラップスケートのアイデアは直観に反しているという点で、私は気に入っている。フォン・ドライスの2輪のヴェロシペードのように、クラップスケートはアイデアのひらめきに、それが正しいという考案者の確固たる信念が合わさって生まれたものだ。彼らが正しかったことは、歴史が示している。次の章では、彼らと同様に、まったく新しいスポーツのジャンルを切り開いた人々と、そのスポーツに使われる新技術を考案した人々にスポットを当てる。

11 スーパーヒーローたち——パラスポーツ

2007年7月15日。私はシェフィールドにあるドン・ヴァレー・スタジアムの濡れた特別観覧席に座っていた。雨が激しく降っている。最近、1日で1カ月分の雨が降る豪雨のあと、街を流れる川が氾濫した。2メートルもの浸水で街は二分され、3人が亡くなった。今夜は街で起きた大災害から、いっとき気を紛らすことのできる機会だ。やってきたのは、陸上競技大会の「ノリッジユニオン英国グランプリ」。悪天候を吹き飛ばすためか、声援はふだんよりも一段と大きいかもしれない。この雨の中、選手たちが出場してくれたことに感謝するしかない。私たちがどうしても見たかった選手がいる。オスカー・ピストリウスだ。

オスカーはパラ陸上競技のシンボル的な存在で、「ブレードランナー」というかっこいいニックネームをもっている。両脚の膝から下を切断し、2本のカーボンファイバー製の義足を装着して走る。

義足はアルファベットのCとLのあいだの形をしていて、脚の切断部を挿入するカーボンファイバー製のソケットの下に、「ブレード」と呼ばれる板ばねが付いている。この夜が特別だったのは、ピストリウスが国際陸連から健常者の大会への出場を認められたばかりだったからだ。だからいま、オスカーはここにいる。両脚を切断した選手が健常者のランナーと競い合うのだ。とはいえ、ちょっとややこしいのだが、それは承認というよりも、不承認ではないというだけのことだった。国際陸連はその少し前、競技規則の144条2を導入して「記録向上を目的に設計された技術装置」を禁じた。このルールを読んだほとんどの人は、オスカーの義足のことを遠回しに示していると受け取ったが、メディアからの執拗な疑義表明を経て、国際陸連は義足によって有利になっているかどうかがはっきりするまで、彼は出場できるとの見解を示した。こうして、承認も禁止もしていないという、シュレーディンガーの猫のような決定がなされたのである。

正確にいうと、シェフィールドでのレースはオスカーにとって2回目の健常者レースだ。その数日前に、1960年のローマ五輪のメイン会場だったスタディオ・オリンピコという壮麗な舞台で1回目を走っていたからだ。いつもの400メートルに出場し、後半に追い上げて46秒90というタイムで2着に入った。いまオスカーは、洪水の漂着物に囲まれたびしょ濡れのシェフィールドで、トラックに跳ね返る雨を見つめている。期待がとてつもなく高まった。

レースはその夜の最終種目だった。もうすぐ午後9時になろうという頃だ。選手が一人ひとり紹介されると、ピストリウスはひときわ大きな声援を浴びた。スタート位置につき、ピストルが鳴る。選手の一人がすぐにつまづき、腰に手を当てて立ち止まった。ピストリウスだろうか？　いや、彼は最

図38　2011年に韓国の大邱で開かれた世界陸上競技選手権大会に出場したオスカー・ピストリウス。© Erik van Leeuwen

も苦手なアウトコースの第8レーンだ。止まったのは第4レーンのジェレミー・ウォリナーだった。当時400メートルで世界で最も速かったランナーだ。100メートルを過ぎたところで、ピストリウスは出遅れていた。観客たちは、いつものように彼が後半追い上げるのを期待して熱い歓声をあげる。しかし、何かがおかしいのか、最終コーナーを回ったピストリウスは、まるで糖蜜の中を走っているようだった。おそらく水の影響だろう。トップから20メートル遅れて、47秒65で最後にフィニッシュした彼は、意気消沈している様子だった。落胆に追い打ちをかけるように、彼はレーンの外側を走ったと判定されて失格になった。

メディアはピストリウスの記録にはたいして興味がなく、健常者のレースで走りたいという彼の欲求について知りたがった。なぜオリンピックに出場したいのか？　パラリンピックでは満足できないのか？　もっと重要な疑問もあった。カーボンファイバー製の義足は競技を有利にするずるい手段なのか？　不正行為に当たるのだろうか？

パラリンピックはこうして始まった

そもそもこのような議論が行なわれるという事実は、わずか数十年前のパラリンピック選手にとっては注目すべきことだっただろう。第二次世界大戦の頃でも、脊髄を損傷した帰還兵は、長生きの見込みはないと考えられていた。あと数年生きればいいほうだと。運動選手になるなど、夢のまた夢だ。とはいえ、戦争があるところには、イノベーションがあり、障害を人生の終わりと見なしたくないという強い思いと先見の明をもった人物もいるものだ。紀元前3世紀には、木の心棒を銅や青銅で覆った義足を着けた兵士たちがいた。木製の義足や鉤形の義手をはめた海賊は、誰もが見たことのあるステレオタイプだろう。それが中世の最新技術だった。15世紀には、ドイツのある傭兵が片腕を銃撃たれてなくし、鉄製の義手を装着して、「鉄の手のゲッツ・フォン・ベルリヒンゲン」というニックネームを与えられた。「ブレードランナー」ほど力強い名前ではなかったものの、その異名と鉄の義手のおかげで、彼はその後40年も恐怖時代を生きられたのだった。

16世紀に入ると、義肢の技術は進歩した。フランスのアンブロワーズ・パレという人物は戦場から戦場へと旅しては、負傷兵を介護し、膝の関節がある義足など、現代のものとそれほど変わらない義肢を製作した。ばねで動く機械式の義手までつくっている。1655年には、ニュルンベルクのステファン・ファーフラーという時計職人が、手でクランクを回して動かす三輪の車いすを製作した。

1815年、アングルシー侯爵がワーテルローの戦いで片脚を吹き飛ばされた。当時、体の不自由な人は幌付きの車いすに乗るのが一般的で、彼もその屈辱を味わうことになるかもしれなかったが、そうではなく、完全な義足をつくらせた。脚の上半分に木製のソケットと、鋼鉄の膝関節を備え、テニスラケットのガットでつくった内部の「腱」が足につながっていた。膝を曲げると足も曲がるので、侯爵は本物の足をもっていたときのように歩くことができた。しかし、歩くとカチャカチャ音がするのが難点だった。この種の義足は第一次世界大戦の頃にもまだ売られていた。当時は、体に障害を負った多数の兵士が前線から戻ってきた時代である。

イギリスのブラッチフォードなどの企業が技術革新に乗り出すと、第二次世界大戦までには、音を立てずに自然に歩ける義足が登場した。その頃、エイルズベリー郊外にあるストーク・マンデヴィル病院でも小さな革命が起きつつあった。それは脊髄を損傷した帰還兵を受け入れていた病院だ。1943年、ナチス支配下のドイツから逃れてきた著名な医師ルートヴィヒ・グットマンが、イギリス政府からその病院の患者を治療してくれないかと依頼された。自分のやり方でできるならば引き受けてもいいとの条件を出すと、政府はそれを了承し、グットマンはストーク・マンデヴィル病院に着任することとなった。

「パパ」と呼ばれたグットマンは確固たる考えと管理手法をもっていた。ある人にとっては独裁的な院長であり、またある人にとっては、ひらめきを与えてくれる父親のような存在だった。最初に取り組んだ変革は、脊髄を損傷した人たちを、世話する価値のないもうすぐ死ぬ人間と見なすのではなく、未来のある人として扱うことだった。そして第二の変革は、カリキュラムにスポーツ活動を取り入れたことだ。それには、身体的なリハビリだけでなく、精神的なリハビリの意味合いもあった。グットマンが最初に選んだスポーツはアーチェリーだ。上半身の力とバランスが必要であり、車いすに乗った人もほぼ全員挑戦することができる。

1948年7月29日、パラリンピックのスポーツにとっておそらく重要な瞬間が訪れた。この日、グットマンはストーク・マンデヴィル病院のチームと、リッチモンドにある傷痍軍人のための施設「スター・アンド・ガーター・ホーム」のチームが対戦するアーチェリーの大会を開催した。グットマンが賢いのは、この大会の開催を1948年のロンドン五輪の開幕日にわざと合わせたことだ。彼は最初から、この試合を障害者のためのオリンピック大会にしたいと考えていたのである。以来、この大会は毎年開かれ、１９５６年には18カ国が参加するまでになった。

もともと脊髄を損傷した人々が参加する大会から始まったため、こうした初期の大会では主に車いすでスポーツを行なうことが前提となっていた。アーチェリーに続いて、車いすによるポロが開催されるようになったが、あまりにも激しすぎることが判明し、まもなくポロに代わって、車いすバスケットボールが行なわれるようになった。私が初めて車いすバスケットボールを見たのは１９７７年のことだ。当時13歳で、学校の交換留学生としてフランスのブルターニュ地方を訪れた。初めての海外旅行だ。滞在したのはロリアンという海沿いの町で、覚えていることが二つだけある。一つは、第二次世界大戦中にコンクリートで建造された巨大なUボートの基地が、湾の外れに残っていたこと。町を焼け野原にした空爆でも、基地は破壊されなかった。そして、もう一つ覚えているのは、海岸沿いに少し車で移動した場所で見たバスケットボールの試合だ。私はまだ初歩的なフランス語しかわからなかったので、何を見にいくのかがよく理解できず、到着したときに、選手全員が車いすに乗っているのを見て驚いた。

そのとき見たのは、ケルパップ・オリンピック・クラブだったに違いない。フランスで2度の優勝を誇るチームだ。試合のエネルギーと激しさに目を見張ったことをよく覚えている。選手たちは激しくぶつかり合い、どの瞬間も明らかに楽しんでいる様子だった。

初期の頃はまだ、選手たちはフランス語で「トラヴォー」(「仕事」の意)と呼ばれた車いすを使っていた。クッション入りの大きな肘掛けいすに車輪を付けたような見かけだ。当時、イギリスの車いすバスケットボールのチームでキャプテンを務めていたテリー・ウィレットによると、選手たちはほ

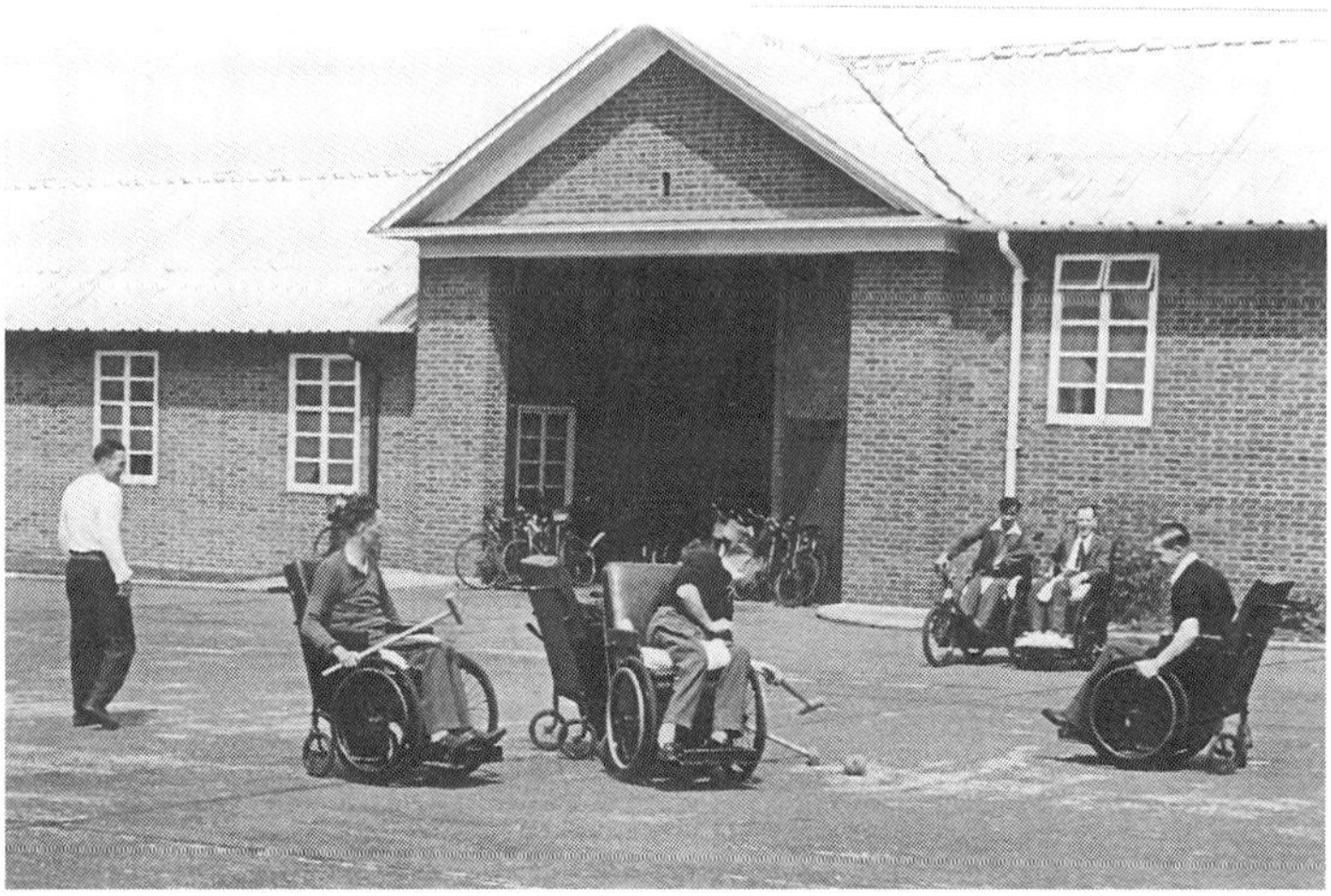

図39　ホッケーに使われていた、「トラヴォー」と呼ばれる昔の車いす。写真提供は、国際車いす・切断者スポーツ連盟、国立パラリンピック遺産トラスト、およびストーク・マンデヴィルの国立脊髄損傷センター（バッキンガムシャー保健管理NHSトラスト）。© NSIC

かの選手を寄せつけないために、わざと車いすに危険な角《かど》を設けていたという。

　こうした車いすは機敏に動けたわけではないし、使いようによっては危険だった。ウィレットの話では、1970年にエディンバラで開かれたコモンウェルスゲームズ（英連邦競技大会）の決勝でオーストラリアのチームがトラヴォーの特徴を利用して、イギリス選手を脅かしていたという[1]。トラヴォーは後部にキャスターが付いているので、急旋回できる。この特徴を利用して、オーストラリアのマザー・ブラウン選手は車いすを偶然回転させて、対戦相手のこぶしに当てていた。何度も標的になったのがイギリスの司令塔、シリル・トーマスで、ついにはこぶしから出血し始めた。次にやったらこてんぱんにしてやるとのトーマスの警告にもかかわらず、ブラウンはもう一度やった。すると、トーマスの

「一発が鼻を直撃し、彼は気を失った」という。オーストラリアのブラウンは運び出され、イギリスのトーマスは退場となった。それでも、イギリスは金メダルを勝ち取った。

ほとんどの選手は1台の車いすをあらゆることに使っていた。古い写真を見ると、イギリス保健省が提供していた標準的なクロムめっきの車いすがバスケットボールの試合に使われていて、奇妙な感じがする。重量が25キロ以上もあるのに加え、後部からは手で押すときに使うハンドルが不要にも突き出ている。この車いすを生かすために選手ができる最善のことは、クッションを敷いて座り、足をブロックに載せて、座高を上げることだった。

車いすスポーツの広がり

バスケットボール以外にも車いすでできるスポーツはあり、互いに競走しようとする人たちも当然ながら出てきた。グットマンは、対麻痺の患者は低血圧で倒れる可能性があるため、競走する距離は60メートル以下にすべきだと主張していた。[2] 当時の保健省が提供していた車いすは、重量が重く、タイヤが太く、小さなキャスターが前に付いていて、新進のパラアスリートには役立たなかった。主に使われていたのは、ジェニングズ社製造の折り畳み可能な車いすだ。管状のスチールでできていて、昔のトラヴォー車いすよりも軽いが、それでもまだ20～30キロはあった。ジェニングズ社は車いす市場でほぼ独占状態にあり、なかなか技術革新に乗り出そうとしない。そこで1970年代後半になると、どの人も同じサイズを使わなければならない車いすのデザインに不満を募らせた選手が、みずから車いすの製作に乗り出した。スウェーデンのボッセ・リンドキスト、イギリスのピーター・カラザーズとポール・カートライト、スイスのライナー・クシャール、アメリカのボブ・ホールなどだ。彼らはみんな、体に合わない、転がり抵抗が高い、設計が過剰で重い、といった車いすの大ざっぱな設計にメスを入れ始めた。

初めての公式の車いすアスリートは、1975年にボストンマラソンに出場したボブ・ホールだ。現代の基準で見ると差別的な仕打ちだが、大会の責任者は、もし3時間を切ったらタイムを公式に認めるとの条件を付けてホールの出場を承認した。もし3時間を超えたら、ホールはただコースを車いすで走っただけの人になるところだったが、さいわい3時間を2分切ることができた。一方、ライナー・クシャールはストーク・マンデヴィル病院にいた患者の一人で、スイスで車いすの設計を始めた。腕がほとんど動かない四肢麻痺だったが、グットマンからおだてられて刺激を受け、対麻痺の人（両下肢が麻痺しているが、上半身には別状のない人）ぐらい動けるようになりたいと考えていた。自分が使っている車いすはほとんど役に立たないと気づいたクシャールは、不要な部品を取り外し始める。足を載せるフットレストを布のストラップに替えただけで、重量が10キロも軽くなった。まもなく材料にアルミを使うようになり、さらに重量を落とすことができた。クシャールは何よりも使う人のことを考え、人に合わせて車いすをつくらなければならないという重要な点に気づいたのだ。

1984年の国際ストーク・マンデヴィル競技大会で車いすの修理のために設けられたテントは、新しいデザインの展示場のようになった。ここで生まれた技術革新は、日常生活向けの車いすにも取り入れられた。ジェニングズの扱いにくい車いすの製作所は、倒産に追い込まれた。

パラリンピックのスポーツはまだ揺籃期にあったものの、1984年のロサンゼルス五輪では、男子1500メートル走と女子800メートル走が公開競技として行なわれた。当時の競技を見ると、車いすの進化を目の当たりにしている気分になる。[3・4] この頃発表されたある論文には、レース用の車いすについて語るのは「すばやく動く標的に弾を命中させようとする」ようなものだと書かれている。[5] 女子の車いすは、1984年には病院で使われている車いすとは似ても似つかないものになっていた。いすの両側に大きな駆動輪があり、手でこぐときに使うハンドリムはゴムで覆われている。出場した車いすは一つを除いてすべて、足を置く台の下に標準的なキャスターが2個付いていた。なかでも目を引いたのは、アメリカのキャンダス・ケーブルの車いすだ。2本の大きなスポーク付き車輪を前方に備えている。その直径は駆動輪の半分ほどで、チューブラータイヤが使われている。車輪を回す手に手袋をはめていた選手は数人しかいなかった。

こうした競技用の車いすと昔の車いすで大きな違いは、駆動輪が垂直ではなく、傾斜をつけて取りつけられていることだ。つまり、地面と接する2本の車輪の底部と底部の間隔のほうが、車輪の頂点と頂点の間隔よりも広い。これには数多くの利点がある。第一に、選手が手でハンドリムを押しやすく、かつ次に押すときのために腕を元の位置に戻しやすくなる。第二に、傾斜をつけることでカーブを曲がるときの安定性が増す。自動車に乗っているときカーブで横に振られる加速度を感じるが、あれと同じような加速度を車いすの選手もカーブで経験する。加速度があまりにも大きいと、車いすが転倒してしまうのだ。車輪の上部を内向きに取りつけることで、カーブで発生する加速度の影響を受けにくくなる。車輪の傾斜が大きいほど、力の影響を受けにくく、速く走ることができる。

ロサンゼルス五輪の4年後に開かれたソウル五輪でも、車いすの公開競技が行なわれた。当時の様子を見ると、技術の進歩がはっきりわかる。女子800メートルに出場した8人のうち3人の車いすで、前方に取りつけた半分の径のスポーク付き車輪が1本だけだった。その他の選手はまだ、大きさはさまざまだが、前輪を2本取りつけていた。選手の一人、アン・コディ＝モリスも前輪が2本の車いすを使っていたが、その間隔はあまりにも狭いので、1本でもよさそうに思える。1984年のロサンゼルス五輪で3人のメダリストが手袋をはめていたのに、選手たちは気づいていたに違いない。ソウル五輪では、全員が手袋をはめていた。

自転車競技と同じで、車いす競技でも転がり抵抗を小さくするために、車輪を大きくし、タイヤに十分空気を詰める必要がある。さらに、車輪の数を少なくしても、転がり抵抗は下がる。ソウル五輪の結果が物語るメッセージは明確だ。すべてのメダリストが使っていたのは、3輪の車いすだった。4輪の車いすに乗った選手は10秒も遅かった。

1992年にバルセロナで開かれたオリンピックとパラリンピックの頃には、すべての選手が3輪の車いすを使っていた。車いすの最大全長に関する規定は緩和され、長い横棒の先端に前輪を取りつけるデザインが可能になった。単純な操縦機構も利用可能になり、カーブに沿って曲がったあと、ストレートではまっすぐ進めるようになった。1984年のロサンゼルスと1992年のバルセロナのあいだで車いす競技の記録は大幅に上がり、女子800メートルのタイムは15％も縮まった。1984年には、トップと最下位のタイム差は28秒だったが、1992年には2秒しかなかった。技術革新も競走も熾烈になった。

2001年後半、私のチームにイギリス陸上競技連盟から依頼があった。2004年のアテネ五輪に向けて競技用の車いすをどのように改良できるか、調査してほしいという内容だ。[6] 私たちは手に入れられるあらゆるタイム計測器を使って、イギリスの短距離選手のスタートを計測し、選手や車いすの重量を測り、タニ・グレイ・トンプソンの車いすの1台を使って転がり抵抗の試験を実施した。車いすを巨大なトレッドミル（室内ランニング装置）のベルトに載せ、前部にケーブルを接続して、牽引しているような状態にする。しかし、ケーブルは実際には摩擦のない滑車に通してあって、そこからいくつかの小さなおもりをぶら下げる。

トレッドミルを動かすと、車いすは後ろへ移動しようとするが、ケーブルを引っ張るおもりがあるために元の位置にとどまる。車いすの車輪は通り過ぎるベルトの上で回転する。測定は簡単で、ケーブルからぶら下げているおもりの力が、車輪の転がり抵抗と同じになる。だが、試験の最中に目も当てられない惨事が起きた。ケーブルが切れて、車いすがトレッドミルの後方へ飛んでいき、ベルトを引きちぎって、数千ポンドもの損害を出したのだ。私たちの評判は悪かった。

私たちは車輪の傾斜にも着目し、転がり抵抗にどのような影響があるかを調べた。すると、車輪の角度が垂直から8度傾いているときに、転がり抵抗が最小になることがわかった。それでも、トップスピードでは選手の仕事率がおよそ20ワット失われる。これは選手が生む仕事率全体の5分の1程度だ。転がり抵抗は車輪の角度にきわめて影響されやすいのだが、車輪は取りつけるときに角度が変わりやすい。角度を間違えただけで、転がり抵抗が倍になってしまうことがある。

このプロジェクトの工学者のうち、テリー・シニアとニック・ハミルトンの二人は、レーシングカー向けのツールを参考に、トラックの脇で利用できる携帯型の調整ツールを設計した。建築家が使っているようなレーザーレベルを二つ車輪に取りつけ、さらにもう一つをシャシーの中線に取りつけてから、前方の小さなスクリーンに向けて光を照射する。車いすが正しく調整されていれば、中間の垂直線の両脇に2本の車輪の線が八のように映し出される。調整が正しければ、2本の車輪の線が垂直線に対しておよそ8度の角度で傾き、垂直線への距離が同じになる。この簡潔でエレガントなツールは、ドイツで開かれたスポーツフェアで賞を獲得した。

私たちは自転車競技に関する知識を生かして、車いすの空力特性も調査した。与えられた予算ではフルサイズの風洞を使えないので、コンピューターを用いた流体力学モデルを活用することにした。車いすと選手を複数の構成要素に分解し、それぞれが全体の抗力に及ぼす影響を調べた。その結果、抗力の58％は選手自身、17％は後輪、残りの25％は骨組みと座席から生じることがわかった。このプロジェクトはシェフィールドの二つの大学から集まった6人ほどで進め、報告書には体の姿勢や車輪の配置、選手のトレーニング方法に関する提案を盛り込んだ。私たちは報告書の出来にとても満足していたのだが、一流のスポーツ選手というのはじつに容赦がなく、イギリス陸上競技連盟とのミーティングでは、私には理解できない対立が常に付きまとった。このプロジェクトは継続しなかった。

私はニック・ハミルトンに、私たちの何が悪かったのだろうかと尋ねてみた。「たまには、答えを求める質問を間違ってしまうこともあるんじゃないでしょうか」というのが彼の答えだ。正しい質問とは何だったのか、私にはわからずじまいだった。

その後、ほかの研究チームが独自に試験と開発に取り組み、ＢＭＷやホンダといった大企業も参入

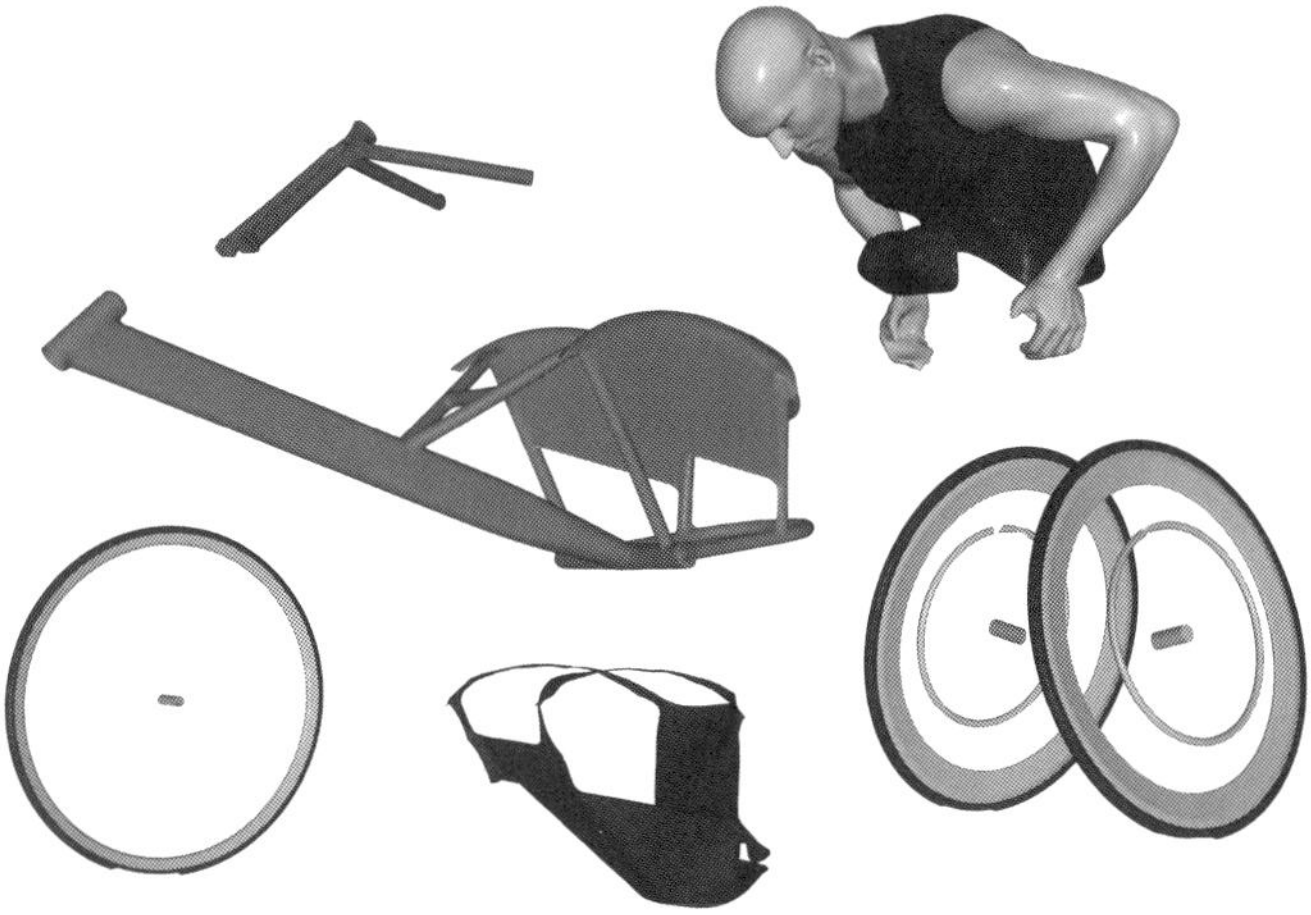

図40　競技用車いすとその選手の主要な構成要素。これらをコンピューター上の流体力学モデルに用いて、空力抵抗を計算した。© John Hart

した。自転車の開発と同じように、フレームの材料はアルミからチタン、そしてカーボンファイバーへと変わる。前輪の位置はさらに前になり、重量の大半が大きな後輪にかかるよう、車体のバランスが綿密に計算されて、前輪の転がり抵抗が小さくなった。車いすレースを見ると、選手がこいでいるとき、車いすが上下にわずかに揺れて地面を離れるのがわかる。ボブスレーや自転車競技と同じ原理で、前輪は操縦できる程度に接地していればよく、それ以上地面に張りつく必要はないということだ。

しなやかな義足

義肢も車いすと同様、第二次世界大戦から1988年のソウルパラリンピックにかけて、大きな進歩を遂げた。1980年代まで、切断手術を受けた人が使う主な義足は、SACH（硬い足首とクッション性のかかとで構成される義足」というものだった。これはゴム製のかかとに木製の挿入部と、足首の代わりになる1本の軸で構成される。足のように動くというよりも、足のように見せるのが目的で、重くて扱いにくかった。重い人工装具が問題だったのは、第2章で書いたハルテレスと同じように、脚の慣性モーメントが増すことだ。古代の幅跳びで余分なおもりを持てば、踏み切りの力を高めるのに役立ったかもしれないが、速く走りたいと思ったら、足に重いおもりをつけたくはない。もう一つＳＡＣＨが問題だったのは、本物の足とは違い、接地したときに多くのエネルギーを吸収して、力がほとんど返ってこないことだった。

　１９７５年、ヴァン・フィリップスという活発な20代の学生が、ボートをこいでいるときの事故で片脚を失った。ＳＡＣＨの義足を使ったものの、どうしても好きになれなかった。もっと優れた義足をつくらなければならない。そう考えたフィリップスは、１９８０年代の初めに、より軽くて反応が速いカーボンファイバーの板を使って工作し始めた。そして、カーボンファイバーで自作した義足を着けて、壊れるまでテニスをした。１９８２年の冬、フィリップスはユタ大学のデイル・アビルズコフという工学者に出会う。二人は意気投合し、それから3週間後には、アルファベットのCのような形をしたカーボンファイバー製のブレードを設計して製作した。それを装着してアビルズコフのコンドミニアムの廊下を走ったフィリップスは、大喜びした。速く走れるし、反発力もあって、再び走れるようになった気分だった(7)。

　この義足は、トラックの車軸に使われている板ばねのような働きをする。しかし、義足として効率的に機能するためには、重量をできるだけ軽くしつつ、保存・反発できるエネルギーを最大にしなければならない。こうした義足をつくるためには、大きな力がかかっても壊れず、柔軟性があり、密度が低い素材が必要だ。すでにフィリップスが見いだしていたように、カーボンファイバーは現実的な唯一の選択肢だった。フィリップスはこの新型の義足を「フレックスフット」と名づけ、同名の会社を設立した。

発売された最初のフレックスフットは、Jに近い形をしていて（右から左へ走った場合）、底部にはかかと代わりになる水平の板が後ろに突き出ていた。走っているときに負荷がかかるとJ形の義足が数センチ縮み、選手が足先で地面を蹴ると、元の形に戻る。そのとき蓄えたエネルギーの8割が選手に返ってくる。[8] フィリップスが発明した義足は1988年に韓国のソウルで開かれた最初のパラリンピックで幸先のよいスタートを切った。その義足を使ったデニス・オーラーが、男子100、200、400メートル走で3個の金メダルを獲得したのである。

その頃、南アフリカでは、あるブロンドヘアの幼子が歩き始めたところだった。どの親にも自分の子は特別だと思う気持ちはあるものだが、その子は確かに特別だった。オスカー・ピストリウスという名のその幼子は、生まれたときから脚の下半分の骨がなかったのだ。生後11カ月になった頃、両親は自分の子の脚を切断するという苦渋の選択をした。この先、義足を着けて歩けるようになるためには、それが最善だと考えたからだ。ピストリウスが初めて義足を着けたのは2歳のとき。下半分は重い木とゴムでできていた。彼の言葉で「このうえなく厄介な」代物ではあったが、両親は障害を忘れて人生を精一杯生きなさいと励ましてくれた。[9]

2003年には、ピストリウスは男性ホルモンに満ちた典型的な16歳の高校生となり、健常者のクラスメートに悪ふざけをしたり、出合ったスポーツに手当たりしだいに打ち込んだ。このとき使っていたのは、父親の友人で技術者のクリス・ハッティングが設計した義足の試作品だった。その年の後半、ラグビーをしているときに重傷を負うと、ピストリウスはリハビリの一環として短距離走を取り入れた。2004年1月に開かれた地元の大会で、100メートル走に出場し、10秒72のタイムで難なく勝利を手にした。自分自身も含めて、誰もが驚いたことに、それは非公式ながら世界記録を塗り替えるタイムだった。

ジグソーパズルのピースがぴったりはまるように、ハッティングはヴァン・フィリップスのフレックスフット(この頃には、オズールというアイスランドのイノベーション企業に買収されていた)にヘッドハンティングされた。ピストリウスは2004年6月にカリフォルニアに飛び、同社の最新の製品「フレックスフット・チータ」を装着することとなった。

チータはヴァン・フィリップスが1982年に最初につくった義足から派生したものだ。かかと代わりの板はなくなって、J形のブレードだけになり、選手に合わせて高さや厚さを調整する。ブレードはわずかに7度だけ前へ傾けてあり、選手はつま先で立っているような姿勢になる。これによって、ブレードのたわみが最大になり、大量のエネルギーを蓄えて、ランナーが地面を蹴るときに放出される力も最大になる。

ピストリウスの記録は伸び、2004年のアテネパラリンピックで100メートルと200メートル走のT44クラス(下腿切断者クラス)の南アフリカ代表に選ばれた。彼はまだ短距離走を始めて1年足らずで、スタートはひどかった。アテネで最初のレースだった200メートルでは、フライングが4回もあった。ピストリウスは5回目のスタートで、また誰かがフライングするのではないかと待っていたのだが、フライングはなく、スタートしたときには、トップのアメリカ選手ブライアン・フレージャーに10メートル近くも差をつけられていた。ピストリウスは全精力を注いでフレージャーを追い、世界新記録の23秒42を叩き出すという怒濤の走りで勝利した。決勝ではさらによい走りを見せ、世界記録を再び塗り替える21秒97で金メダルを獲得した。

17歳の若者は一夜にして脚光を浴びた。帰国するとヒーローとして迎えられ、メディアは脚の切断からパラリンピックにいたるストーリーに食いついた。オズールはピストリウスというアスリートを選んだことを喜んだに違いない。イノベーションを売りにする企業として、オズールは引き続き製品の改良に取り組み、いかにもハイテク製品らしい黒光りする同社のブレードは、時代を象徴する製品となったようだ。ピストリウスは若気の至りもあって恐れ知らずだった。両親は常に、ふつうのティーンエージャーとして生活を送るよう励ましていた。障害者の世界に閉じこもる理由はない。十分優れた選手なんだから、パラリンピックだけでなく、オリンピックに挑戦してもいいではないか？　そんな考えには、抗しがたい魅力があった。

とはいえ、オズールはチータが「強力なエネルギーを放出する蹴り」をもたらすと示唆しているので、パフォーマンスを高める力があるのではないかとの懸念も出始めた。とりわけ懸念していたのが国際陸連で、ピストリウスが健常者のレースに出場することはしぶしぶ認めていたものの、それは彼の義足が有利に働いているかどうかがはっきりするまでの一時的な措置だった。こうして、私たちは２００７年、雨のシェフィールドでピストリウスの走りを見ることになったわけだ。

国際陸連はケルン大学のゲルト＝ペーター・ブリュッゲマン教授を雇って、ピストリウスと5人の健常者のアスリートを比較した。その結果、ピストリウスは健常者のランナーよりもはるかに速く脚を動かせることがわかった。義足を着けた彼の脚は軽く、慣性モーメントが低いからだ。ブリュッゲマンが国際陸連に報告した結論は明確だった。ピストリウスは健常者のランナーよりもエネルギー消費が25％低い。ピストリウスは単に独特であるだけでなく、生体力学的にも並外れていたのだ。国際陸連はそれ以降、ピストリウスが健常者のレースに出場することを禁じる迅速な対応を見せた。

ピストリウスのマネジメント側はこの対応に激怒し、みずから学者たちのドリームチームを結成して、新たに別のアスリートのグループと比較した。彼らが出したのは、ピストリウスはそれほど並外れてもいないとの結論だった。しかし、彼らが選んだアスリートには偏りがあり（短距離選手ではなく長距離選手を選んだ）、スポーツ科学者からは分析に不備があるとの指摘があった[10]。それに対し、ピストリウスはレースの終盤では有利になることも確かにあるだろうが、スターティングブロックから飛び出すときには不利だと反論した。彼らが調査結果をローザンヌのスポーツ仲裁裁判所に提出すると、2008年5月、多くの人にとって衝撃の結果がもたらされた。ピストリウスの訴えが認められ、健常者のレースに出場できることになったのだ。

ただ、決定があまりにも遅かったため、ピストリウスは準備する時間をほとんどもてず、北京五輪の代表選手には選ばれなかった。その代わり、パラリンピックに出場し、3個の金メダルを手にした。そのあと4年間、ロンドンでのオリンピックとパラリンピックの両方への出場をめざして厳しいトレーニングを積み、伝記によれば体重を17キロ減らしたという。それが本当なら、体重を20％以上落としたことになる。ピストリウスは400メートルで45秒07の自己ベストを出してロンドン五輪への切符を見事に手にし、世界屈指のスプリンターと対戦することになった。しかし、予選を2位で通過するまではよかったのだが、準決勝で8位にとどまり敗退した。

オリンピックで活躍する夢が絶たれたピストリウスは、気持ちを切り替え、パラリンピックに集中した。そこは、ピストリウスがそれまでにも出場し、メダルを勝ち取って、ヒーローになった世界である。しかし今回は、論争が決して絶えることがなかった。彼は自ら仕掛けた罠に足を踏み入れようとしていた。

義足を長くする問題

チータを装着しているピストリウスが健常者のアスリートよりも有利なのではないかとの疑念は、決して消え去ってはいなかった。ある新聞が4万人を対象に世論調査を実施したところ、ピストリウスが健常者のレースに出場することに対し、8割以上の回答者が反対と答え、偉大な400メートル選手のマイケル・ジョンソンも同じく反対の立場をとっていた(11)。悪いことに、ピストリウス自身の研究チームも、見解の相違をめぐって分裂していた。チームの主要な研究者の一人、ピーター・ウェイアンドの意見は明快だ。「走り方の計測データを集めた時点ですでに、彼の脚を振り出す時間がいかに短いかがわかりました。彼が有利であることは一目瞭然だと、研究グループに伝えました」

2012年のロンドンパラリンピックでピストリウスの最初の競技は200メートルだった。彼は優勝候補の筆頭だ。スタートは抜群で、すぐに後続を3～4メートル引き離した。しかし、外側の第7レーンを走っていたブラジルのアラン・オリヴェイラが、一歩ごとにピストリウスとの差を詰めてきた。フィニッシュライン直前でピストリウスをかわし、100分の7秒という僅差で金メダルをもぎ取った。

観客は呆然、解説者も呆然、そして、ピストリウスも呆然とした。オリヴェイラでさえも呆然としているように見えた。予想外の敗戦に、ピストリウスは不満を隠せない。オリヴェイラと握手したとき、ふざけたような威張った態度で頭を下げた。この態度は何を意味していたのだろうか？ピストリウスは、オリヴェイラがブレードの長さを不正に増したと考えていた。異常に長い彼のストライドにはとてもかなわない、とピストリウスは言った。オリヴェイラは不正なアドバンテージを得ていると。

これが皮肉な事態だということは、ピストリウスにはわからなかったようだが、世間にはわかっていた。自分は健常者のランナーに対して有利な状況にはないと国際陸連に主張する一方で、自分が出場したレースのライバルに対しては、ブレードのデザインを変えて優位に立っていると訴えている。どちらも正しいわけはない。パンドラの箱が再び開かれた。

オリヴェイラはブレードを長くしたことを認めていた。だが、伸ばした長さは4センチだけで、規定の範囲内であると主張した。国際パラリンピック委員会はこの主張を認めたうえ、希望すればあと4センチ伸ばせると伝えた。さらに、ピストリウスはブレードをあと7センチ長くできるが、そうしなかったのだとも、同委員会は指摘した。義足の長さの許容範囲が広いのは、両脚を切断した人の身長を何センチにすべきかがはっきりしないからだ。一般的な人の腕と胴体に対する脚の比率を示した解剖学的な表はあり、それを使って推測はできるものの、自然のばらつきをカバーできる範囲を設ける必要がある。つまり、選手は自分にとってベストな身長を探ることができるというわけだ。

確かに、スタートラインに立ったオリヴェイラは、小さな竹馬に乗ったような、いささか奇妙な格好をしていた。ピストリウスが言うように、オリヴェイラのストライドは異常に長かったのだろうか？　それとも、彼が記録を伸ばしたのは、オリヴェイラが主張するように、厳しいトレーニングの賜物という側面が大きかったのだろうか？　ピストリウスも自分自身について同じことを言ってきた。

とはいえ、長いブレードをつくるのは思ったほど簡単ではない。ブレードを長くすると曲がりやすくなり、したがって壊れやすくもなる。オリヴェイラのようにブレードを2％長くすると、たわみが7％ほど大きくなるのだ。そのぶん設計で矩形断面を大きくして構造を曲がりにくくすることはできる。[12] テニスラケットと同じように、ブレードはカーボンファイバーのシートを鋳型に重ね合わせてつくる。このとき、繊維の方向をさまざまに変えることで、縦方向と横方向に曲がりにくくすることができる。設計者はシートの角度や1枚ごとの繊維の本数を好きなように変えられる。1枚ごとの繊維の本数が多いほど、製品は曲がりにくくなる。シートの重ね方には多数な組み合わせがあるので、メーカーはオリヴェイラにとって適切な力学応答や着け心地のよさが得られるよう、ブレードを最適化することができる。

オリヴェイラが記録を伸ばした要因がどこにあるのかは、ロンドンでの走りと、その4年前の北京での走りを比べてみるとわかってくる。２００８年の北京での走りを見てすぐに気づくのは、使っているブレードがかなり短いことだ。そして、オリヴェイラがかなり若く見えることにも気づく。このときはまだ16歳だった。短いストライドで足の回転が速く、ピストリウスのように直線的に上下に動かすような走りというよりも、足を横に回すような走り方だ。ピッチは毎秒4・3歩で、ストライド長は1・9メートル、平均時速は30キロだった。ピストリウスの北京でのピッチはオリヴェイラと同程度だったが、彼のストライドは2・2メートルもあった。これは平均時速33キロで走れるということであり、7位だったオリヴェイラよりおよそ10%速い。

4年後のロンドンでは、オリヴェイラは明らかに背が高く見える。スタートは出遅れ、1歩目はピストリウスより0・2秒、10メートル地点では0・4秒遅れていた。ストレートに入っても、ピストリウスは順調な走りを見せ、解説者は彼が勝つだろうと自信満々でコメントしていた。しかし、3メートル後ろを走っていたオリヴェイラが、ピッチを毎秒5歩に上げ、北京のときをはるかに上回る走りを見せ始めた。ストライドは2メートルでピストリウスには及ばなかったが、ピッチがあまりにも速く、時速が34キロに達していた。それに対し、ピストリウスの時速は33キロだった。オリヴェイラが追いついて勝利を手にするのは必然だったのだ。

オリヴェイラに対してピストリウスが言ったことは本当で、彼のストライドは北京からロンドンのあいだにおよそ5%伸びていた。しかし、もう一つ重要なのは、ピッチも平均で7%上がっているということだ。この二つの要素が組み合わさった結果、スピードが12・4%上昇した。

北京からロンドンまでのあいだに、オリヴェイラはトレーニングやコーチ、ピッチ、ブレードの高さ、ストライドを変えていた。これらすべての要素が合わさって、走りが向上したのだ。一方、選手としてすでに最盛期にあったピストリウスは、その日にすべてをうまく合わせなければならなかったのだが、うまくいかなかった。200メートルの予選では21秒30で世界記録を更新している。このタイムを決勝で出していれば、オリヴェイラに1メートル以上の差をつけて勝っていた。世界のほかの選手がピストリウスに追いついたというのが、本当のところだ[13]。

競技用車いすと義肢のデザインに革命が起きるとともに、航空機向けカーボンファイバーの製造技術も向上していった。カーボンファイバーをいち早く取り入れたのはスポーツの分野だが、ここ20年でようやく、この素材を航空機に使っても十分に安全であることが証明された。ボーイング787ドリームライナーは8割がカーボンファイバーでつくられている[14]。皮肉にも、航空宇宙産業でカーボンファイバーの使用が急増したことで、スポーツ産業で不足する事態がときどき起きるようになってしまった。

私の同僚の一人がこんなことを言っていた。彼女の小さな息子がプラスチックのアクションフィギュアで遊んでいるとき、おもちゃ箱の中を何やら一生懸命探していた。何を探しているのか聞くと、片脚のないフィギュアを探しているのだという。パラリンピックに出場する選手のようなスーパーヒーローで遊びたかったのだ。しかし、私が思うに、スポーツはすでに1980年代と1990年代の素材革命から新たな段階へ移っている。次の章では、スポーツ界で起きつつある次の革命、そして、テクノロジーを新たに定義するうえで、スポーツと文化がいかに密接にかかわり合っているかを見ていきたい。

12 新世紀のテクノロジー

あれは2008年春、ロンドンのセントパンクラス駅のプラットフォームに立って、パリへ向かうユーロスターを待っていたときのことだった。電話が鳴った。「もしもし」と小さな声が聞こえる。

「スコットだ。ちょっと提案があるんだが」

スコット・ドロワーはイギリスの政府機関、UKスポーツの研究・イノベーション部門のトップだ。誰かが私に電話で提案してくるなんて、めったにない。たいていは私のほうが誰かを追いかける立場だ。しかし、スコットは創造力豊かな思索家なので、人とは違ったやり方をする。彼の仕事は、イギリスのオリンピックチームが直面している問題に技術的な解決策をもたらし、最高の自転車やボート、シューズ、車いすを提供することだった。

「イノベーションを対象にした助成金を手に入れてね。きみに私たちのイノベーション・パートナーになってもらいたい」。これは私個人に対する話ではなく（私自身はもはや実務はできないから）、私のチームに対する話だ。

「提案というのは、いくらになるかわからないけれど助成金を出すから、それを有効に活用してもらいたいんだ。やってくれるかい？」

私は二つ返事で引き受けた。「もちろん、やるよ」と、列車の轟音に負けないように声をあげた。助成金で何をするかは、そのとき思いつかなかった。100万ポンドもあったら、かなり困ったことになるだろう。私は興奮して、具体的に何をやってほしいのか尋ねるのを忘れてしまったのだが、それはあとで聞けばわかる。どうやら私たちは、UKスポーツのイノベーション・パートナーになったようだ。いい気分だった。

パートナーになった2008年当時、私たちは主に構造にまつわる空力特性や設計、試験に取り組んでいた。そのときだんだんわかってきたのは、オリンピックのスポーツはもはや私たちからそうした情報を必要としていないということだ。そうしたものを必要としているのは、軍事・航空企業のBAEシステムズ、自動車メーカーのマクラーレンやフレイザー・ナッシュといった大企業だった。一方、コーチの大半はマイケル・ルイスによるベストセラー『マネー・ボール』[1]を読んでいて、いまやアナリティクス（分析論）を求めていた。

『マネー・ボール』を知らない方のために説明すると、資金難に陥っていたカリフォルニアの野球チーム、オークランド・アスレチックスが、裕福で大きな野球チームの資金力とどのように張り合ったのかを綴った物語だ。ストーリーの主人公は、オークランド・アスレチックスのゼネラルマネージャー、ビリー・ビーン。球団の運営者というのは、勘と直観と経験に頼って決定を下し、たばこをプカプカ吸う男だらけの部屋に立って、彼らをにらみ倒す尊大な人物、というのが定番だ。

しかし、ビーンはビル・ジェームズという野球狂の研究のことを知る。みずから手作業で野球のデータを集めて、分析していた人物だ。彼はある疑問をもっていた。勝つためには何が必要なのか？ジェームズは、各プレーヤーに関する2種類の情報だけを使って、チームが何点あげられるかを予測する数式を考案した。その予測は驚くほど正確だった。そこですぐにわかったのは、球界の同業者がまくしたてる定番の指導法が完全に間違っていることだ。

当然ながら、ジェームズは球界に影響力のある人には相手にされなかった。自分たちの立場が脅かされると受け取られたからだ。ジェームズのような、野球を一度もやったことがない統計オタクに野球の何がわかるのか。こっちはずっと野球をやってきた経験豊富なプロフェッショナルだ、と。こうした反応にもかかわらず、ビーンはハーバードの大学院生を雇って、ジェームズの研究をさらに詳しく調べさせ、彼の過激なアイデアにもとづいて二人に新たなチームをつくらせた。すると、アスレチックスは目覚ましい進歩を見せ、20連勝という前人未到の連勝記録を打ち立てた。ビーンはボストン・レッドソックスから提示された1250万ドルの移籍のオファーを蹴り、ルイスのベストセラーが2011年にブラッド・ピット主演で映画化されると、彼の名声は揺るぎないものになった。

『マネー・ボール』の効果はてきめんで、ほかのスポーツ界もアナリティクスという新たな世界があることに気づいた。手元にある辞書を引いてみると、アナリティクスとは「データや統計を系統的に計算して分析すること」だとされている。スポーツにとっては新しい世界かもしれないが、これは昔から人々がやってきたことでもある。

フローレンス・ナイチンゲールを例にとろう。1850年代のクリミア戦争で負傷兵を介護したことでよく知られる看護師だ。真夜中に暗い病棟を回って、不安におびえる瀕死の兵士たちを世話した「ランプの貴婦人」というのがナイチンゲールの典型的なイメージだが、彼女が分析の達人だったことはあまり知られていない。

ナイチンゲールは兵士たちの死因に関するデータを集め、その結果を政府に報告した。負傷が原因で命を落とした兵士は実際にはほとんどおらず、兵士のほとんどが病院自体の不衛生な環境がもとで亡くなっていたのだ。ナイチンゲールはこのデータを美しい円グラフにして、政治家にも理解しやすい形で提示し、病院の衛生環境を改善すべきであると提案した。それが功を奏した。イギリスに帰国後、ナイチンゲールは同じ手法を数十年にわたって活用して、衛生状態や生活環境を改善するロビー活動に打ち込んだ。彼女が推進した公衆衛生にかかわる法律の数々によって、イギリス人の平均寿命は20年ほども延びた。

分析というのは科学者たちが日常的に行なっている営みではあるが、ナイチンゲールが気づいたのは、誰もが数字を好きなわけではないということだ。何らかの行動をとるよう誰かを説得したかったら、数字をわかりやすく見せなければならない。ナイチンゲールの円グラフは、いま私たちが「インフォグラフィックス」と呼んでいるものの先駆けだった。これは、現代のアナリティクスに欠かせない要素の一つだ。

政治家にしろ、監督にしろ、サッカークラブのゼネラルマネージャーにしろ、とるべき手法は変わらない。データを集め、分析し、意味のある形で提示する。そうすると、「じゃあ、どうすればいい？」という質問が出てくる。アナリティクスで肝心なのは、決断を導くために証拠を活用すべきであるということだが、決断する段になって権力者が入ってくると、往々にして、証拠は脇に追いやられてしまう。サッカークラブのゼネラルマネージャーも首相もそれほど変わらない。

スコット・ドロワーが好んで口にする引用句の一つに、アリー・デ・グースというオランダのビジネス理論家の言葉がある。「競争相手より速く学べる能力こそが、競争力を維持する唯一の強みとなるだろう」

UKスポーツのパートナーになったことで、この言葉を受け止め、実践できるようになった。2008年の北京、2012年のロンドン、2016年のリオデジャネイロを経て、いまは次の東京五輪に目を向けている。私たちの研究が一助となって、イギリスのオリンピックチームがライバルよりも速く学べるようになることだろう。私たちは『マネー・ボール』とアナリティクスの世界へ入ったばかりだ。まず、どのようなデータを集めるかを決めなければならない。

私たちはスコットから100万ポンドもらえたわけではなく、それよりはるかにゼロが少なかったものの、研究対象を絞り込むうえでは、予算の少なさが有利に働いた。私たちが取り組むプロジェクトに必要な条件は二つだけだ。まず、予算に見合う価値があること。そして、メダルの可能性を高めなければならないということだ。それ以外の条件は関係ない。ある人気スポーツのプロジェクトを却下したとき、驚かれたことを覚えている。それは確かにオリンピックの主要なスポーツではあったかもしれないが、そのプロジェクトをやったら予算があっという間になくなってしまっただろう。

私たちは、すでにスポーツの世界で独自のアナリティクスを実践していた熟練の人たちを探し出した。コーチやパフォーマンスアナリスト、さらには選手自身も、できる範囲でデータを集め、手作業でスプレッドシートに入力している。さまざまな形式のスプレッドシートがイギリス全土のあちらこちらに散らばっていた。スプレッドシートはどこにでもあって、あらゆることに使われていた。パフォーマンスアナリストは分析ツールとしてスプレッドシートを駆使するようになったが、データ量が大きくなりすぎてだんだん手に負えなくなっていた。そこで私たちは、彼らのデータ収集を助け、ナイチンゲールがやったように、コーチや選手にわかりやすく提示する手助けをしようと考えた。

あれは2008年頃だったか、アダム・サザランという飛び込みのコーチがやってきて、プールサイドで新しいiPhoneを見せびらかした。とても興奮している様子だ。「これでビデオを撮りたいんだ。それにデータをひもづける。ビデオとデータを関連づけて、それを飛び込み選手の携帯電話に送信する。そして……」

アダムのアイデアからは、ほかの人たちがやりたいことを予測できた。フィールドでデータとビデオを収集し、保存し、送信・共有して解釈する。これを携帯電話だけでやろうというわけだ（当時はまだiPadなどのタブレット端末はなかった）。ここで再びサイモン・グッドウィルの登場である。ソフトウェア開発に必要な知識をすばやく勉強し直すと、オリンピックチームが求めるシステムをつくり始めた。

こうした問題はどの時代も同じだ。指導法にしろ、自転車にしろ、ブーツやブレードにしろ、チームが新たな何かを導入したとき、それでパフォーマンスが向上するかどうかはどうすればわかるのか？　これにはデータが必要だが、私が１９８０年代に見いだしたように、彼らにとってはフィールドが実験室だ。野球の場合と同様、データ分析の導入に消極的な人はいる。統計データは長年にわたって現場で培った知恵にとてもかなわないという考えをもっているからだ。とはいえ、そうしたシステムを支持する人たちはいた。イギリスの一流ボクシング選手が集まった「ＧＢボクシング」のロブ・ギブソン、体操のベッキー・エディントン、カヌー競技のジュリア・ウェルズといった面々だ。彼らはデータだけで答えを出せるとは思っていない。データを選手に提示できるスポーツの知識に翻訳するためには、彼らの専門知識が必要だ。そのシステムはコーチに取って代わるわけではなく、コーチの能力を高める役割を果たす。

サイモンの仕事は急激に増え、彼だけでは手に負えなくなった。スコットからもらう予算も増え始めた。仕事量の増加にどう対処したらいいか、私たちは頭を悩ませた。そしてある日、クリス・ハドソンという人物が私たちのオフィスにやってきて、自信なさげにこう言ってきた。「私はソフトウェア・エンジニアです。いまの仕事にうんざりしているんですが、スポーツは好きなんです。もしかしたら、こちらでプログラマーを必要としているんじゃないかと思いまして」

私は幸運の神様に感謝し、その場で彼を雇った。それ以来、クリスとサイモンはＵＫスポーツの仕事の大黒柱になっている。[2]私たちはデータの収集と保存を始めた。選手の身長や体重、腕や脚の長さ、筋肉の直径といったデータもある。けがのデータは機密事項であるために、何重ものセキュリティで守られた中枢部で管理されている。スコアや距離、タイムといった、選手たちの記録も入っている。

タイムを計る

コーチといえば、首からストップウォッチをぶら下げた姿が典型的なイメージだが、そうしたイメージが存在するのも一理ある。タイムというのは、言ってみれば時間が始まって以来、スポーツ選手の能力を測るために使われてきた。ストップウォッチはコーチを念頭に置いて設計されたわけではなく、医師が心拍数を測定するために考案されたものだ。スポーツがストップウォッチを取り入れたのは1690年代のことで、その目的はギャンブルへの飽くなき欲求を満たすためだった。18世紀には、ランニングとウォーキングを合わせたような「ペデストリアニズム」がはやった。人々は長距離競走や、10マイル（約16キロ）を1時間で進むなど、一定の距離を決まった時間で進む競技で競い合った。正確な時間の測定はどちらの競技にも欠かせなかった。

ぜんまい仕掛けだった初期のストップウォッチは、精度が5分の1秒だった。1940年代後半にトランジスタが発明されると、トランジスタを使ったラジオや計算機、コンピューターの時代が訪れた。しかし、スポーツにとって何よりも重要だったのは、時間を赤い数字で表示するデジタル時計が登場したことだった。まずは、1000分の1秒の精度が要求されるスキー競技で使われた。しかし、私が主催する第2回のスポーツ工学会議で発表されたアメリカオリンピック委員会の研究者の論文によると、どれほどの精度があると喧伝されていようとも、どのようなシステムでも、内部の電子機構からすると、せいぜい100分の1秒の精度しか得られないことが多いという[3]。1971年には最初のデジタル腕時計が登場し、1975年までには全自動のデジタル計時がスポーツに導入され、第1

章に書いたように走種目のタイムは一気に0・2秒も遅くなった。

心拍数を計る

コーチングや栄養状態、スポーツ施設の向上によって、ほとんどのスポーツではパフォーマンスが急速に伸びた。スポーツ科学は大学で確立された学問分野となり、実験室での実験を通じて、どのようにすればパフォーマンスを向上できるかが明らかになってきた。パフォーマンスの向上を追跡するためには心拍数が使われることが多いが、心拍数の測定はそれほど易しいわけではない。最高水準の方法では、12本の電極を体に付けて心電図を測定しなければならず、かなり厄介だ。2本一組の電極で心臓が脈を打ったときに生じる電気信号の波をとらえる。残念ながら、すべての装置が電線につながっているので、実験室での試験にしか適していない。

もう少し簡潔な第二の方法としては、緑色の光を皮膚に直接当て、その反射光を一つの検出器でとらえることによって、脈拍を測定するシステムがある。血管を流れる血液が多いほど、反射光が弱くなるという原理を利用したものだ。測定に最適なのは、耳たぶか指先だが、この簡潔なシステムでも電線が必要だ。

デジタル腕時計が登場すると、さまざまなことを考える人が現われた。フィンランドのオウル大学の電子学科で研究するセッポ・サイナヤカンガスもその一人だ。ケンペレにある自宅近くでクロスカントリースキーをしていた彼は、コーチをしている古い友人に会った。そのとき交わしたのはこんな会話だ。スキー中に心拍数を測定できたらいいな。腕時計で測定できたら最高じゃないか？

彼はまず、指に装着するタイプの光学センサーシステムを使った携帯型装置をつくったが、その後、心電計の手法を取り入れた。1982年には、ストラップに埋め込んだ2本の電極を胸にぴったり装着するタイプの装置「スポーツ・テスターPE2000」を発売し、販売するために「ポラー」という会社を設立した。

ほかの企業もそれをまねて、独自のシステムを発売した。なかには性能のあまりよくない製品もあり、最高性能の製品でも、心拍数の測定値は12電極の心電計より5～10拍ほど少なかった(4)。とはいえ、それはたいした問題ではなかった。それまでアスリートは、運動中に心拍数を測定することさえできなかったから、実際のところ何を期待していいのかよくわからなかった。腕時計型の装置からとんでもない数値が出るわけでもなく、心拍数が運動中に上がり、休息中に下がれば問題ない。実際の測定値はそれほど重要ではなかった。

史上最高の長距離選手の一人であるポーラ・ラドクリフは、心拍計の愛好者で、ランニング中にパフォーマンスを計測するのに使っていた。コーチは本当のところ血中乳酸値を測定したかったのだが、外で走っているときに測るのはかなり困難だったため、代わりの尺度として心拍数を使っていた。乳酸値は運動中に体がどんな反応を示しているかを知る重要な指標だった。スピードが遅いとき、体は肺を通じて入ってくる酸素からエネルギーを得ている。しかし、スピードが上がってくると、体は酸素を処理しきれなくなり、ほかのエネルギー源を探り始める。血中の乳酸は非常用バッテリーのように、失われたエネルギーの代わりを務めるのだが、やはりそれほど長くはもたない。乳酸がエネルギーに変換されるにつれて、筋肉中の酸性度が上がり、筋肉の効率が落ちて、疲労がたまってくる。やがて筋肉が悲鳴をあげる。それが「乳酸」のせいだと言われている。最悪の場合、体が動かなくなってしまう[5]。

数年前、私はマラソン出場に向けてトレーニングをしていて、ポーラ・ラドクリフが心拍数を使って乳酸の値を予測する手法についての記事を読んだ。私はそれをやってみることにした[6]。

大学の生理学者、アラン・ラドックが、ポーラがやったのと同じ試験を私で実施してくれることになった。私はトレッドミルに乗って走り、2分ごとにスピードを上げながら、私の血液を調べる。まず時速10キロ（フルマラソンのタイムで約4時間13分）から始め、最終的に時速16キロ（フルマラソンのタイムで2時間40分）まで上げる。これは私の能力を明らかに超えている。

トレッドミルに乗ると、私の頭上の枠から垂れ下がったロープを体に縛りつけられて、どぎまぎした。過剰な安全策だと思った。ポラー社の心拍数ストラップを胸に装着し、しっかり密着しているか確認する。電極に少し唾を付けておくと皮膚との接続がよくなると、アランが教えてくれた。枠に留めてある腕時計で休息時の心拍数を確認すると、年齢とだいたい同じで、50拍を少し超えていた。

アランの試験でわかるのは、私の体が乳酸をエネルギー源として頼り始めるスピードと心拍数だ。彼はそれぞれのスピードで、使い捨ての小さなピンを私の指に突き刺し、採取した血液を自動試験装置にかける。乳酸値は血液1リットル当たりのモルを1０００分の1の単位で測定したものだ（モルは科学の基本単位の一つで、1モルは6×10^{23}個の分子を表わす）。走る前、アランが私の指にピンを刺し、血液を機械にかけた。このときの乳酸値は1リットル当たり1０００分の1モルだった。ジョギングを始めると、心拍数はすぐに毎分１２０拍に上がった。アランが再び採血する。まだ１０００分の1モル毎リットルだ。時速11キロ、12キロ、13キロとスピードを上げながら、それぞれの段階で乳酸値を測る。心拍数は毎分１５０拍を超えたが、乳酸値は依然として低いままだ。時速14キロになると、息が荒くなり始め、一歩ごとに「ハア」という声がかすかにもれる。心拍数は毎分１５５拍まで上昇し、乳酸値が2倍になった。時速が15キロまで上がると、「ハア」の声が荒さを増し、心拍数は毎分１７０拍になった。乳酸値は１０００分の4モル毎リットルに達した。

「まだ行けますか?」とアランが聞いてきた。

息を切らしながら、はいと答えると、トレッドミルのスピードが上がり、私は顔をゆがめた。時速16キロで走った2分間は一生分の長さに感じられた。一歩ごとに「ハア、ハア、ハア」と荒く息を切らす。トレッドミルから落ちそうになったそのとき、アランが試験の終わりを告げた。ロープに助けられた。心拍数は最大で毎分１８０拍にまで上がり、乳酸値は１０００分の6モル毎リットルに達した。スタート時の6倍だ。

いすに座ってタオルを頭に載せ、頬を赤く染めて休んでいるとき、アランがデータについて解説してくれた。私は長距離走にかなり適しているという。短距離走には向いていないと言われたわけではないのだが、アランの言葉はそういう意味だろう。乳酸値は時速14キロまでは低いままだが、それより速くなると急増した。乳酸値が急増し始めるときの心拍数は毎分およそ１６０拍だ。この数字が大事だと、アランは言った。心拍数をこれより低い値にできるだけ長く保てば、乳酸による急速な疲労を感じることなく時速およそ13キロで走れる。このままトレーニングを続けた場合、私のマラソンのベストタイムは3時間15分になるだろうと、アランは推定した。

私の乳酸値データをポーラと比べてみた。彼女が18歳のとき、乳酸値が急増し始める境界（乳酸性作業閾値《いきち》、LT）は時速15キロだった。しかし、適切なトレーニングを積み始めると、その後の10年で彼女の体は乳酸による疲労に適応して、LTは最高で時速19キロまで上昇した。2003年のロンドンマラソンでは、2時間15分25秒という女子マラソンの世界記録を樹立した。これは平均時速にすると18・75キロで、彼女のLTにかなり近い。

最近の心拍計のトレンドは、電極を胸に装着しなくても済むように、光学式に逆戻りしている。いまは耳たぶや指先ではなく、手首で測定するようになった。この分野を切り開いたのは、ミオという企業だ。エネルギー消費の小さいLEDを2個使用したセンサーを開発した。これを腕時計の裏側に埋め込んで肌に密着させる。2個のセンサーのあいだに仕込んだ幅数ミリの感光性チップで、反射光のパルスをとらえる。腕時計に内蔵されたマイクロチップでパルスを数え、ノイズを除去してから、腕時計のスクリーンに心拍数を表示する。

私はこうした心拍数センサーを内蔵したトムトムのウォッチを購入し、アランからもらったアドバイスを、2015年のマンチェスター・マラソンで実践してみることにした。言われたように時速13キロで走り、心拍数を160未満に保った。およそ半分を過ぎたところで心拍数が徐々に上がり始め、残り5キロになると、LTをはるかに超える毎分170拍に達した。脚が重くなり始め、スピードが落ちてきた。あとはどうにか最後まで耐えるしかない。

コーナーを曲がり、フィニッシュラインが見えると、わずかに残ったエネルギーが湧いてきた。ラストスパートをかける。気がついたらフィニッシュしていた。腕時計を見た。3時間15分19秒。アランが予測したとおり、ポーラ・ラドクリフの世界記録より1時間遅いタイムだ。心拍計を活用した手法が功を奏した。

（告白しておくと、1年後、BBCが「グレーター・マンチェスター・マラソンのコースは380メートル短かった、測定機関が発表」という記事を配信した。[7] たいした距離ではないように思えるが、私にしてみれば、あと2分も苦しまなければならないということであり、タイムは3時間17分になる。勘弁してくれよ、マンチェスター・マラソン、また走り直さないといけないじゃないか。）

歩数を計る

スポーツ用品業界では、テクノロジーは毎年向上すべきであるとの暗黙のルールがある。洗剤のように、次の製品は必ず「新しくなってパワーアップ」しなければならない。前年の製品がすでに「究極の製品」だったことを忘れさせたいのだろう。さまざまなデータをとりたいとの欲求から、ウェアラブル端末を求める声が高まってきたため、とりわけスポーツウォッチのメーカーはできるだけ多くのセンサーを詰め込もうと熱心だ。そうしたセンサーで取得したデータから、さまざまなパフォーマンスに関するフィードバックが得られる。

おそらく最もよく使われているセンサーは、加速度計だろう。1980年代前半、私は物理の授業で、現実の世界にある何かを測定する装置を設計して試験せよとの課題を与えられた。理由はわからないのだが、私はそのとき地震の検出器をつくろうと考えた。作業台の上に1枚の金属板をしっかり固定し、それと平行にもう1枚の金属板をばねで作業台から吊り下げる。そして、2枚の金属板のあいだに電圧をかけて、大きなコンデンサー（蓄電器）として機能するようにした。地震が起きると（そのときは起きてほしいと切望していた）、金属板が上下に振動して静電容量が変わる仕組みだ。静電容量の変化を測定し、それを地面の震動に見立てる。

このときは気づいていなかったのだが、私がつくったのは大ざっぱな加速度計だった。それと同時期、イギリスから西へ8000キロ離れた、サンアンドレアス断層に近いスタンフォード大学で、工学者たちが小型の加速度計を世界で初めて開発しようとしていた。使われている原理は私の大ざっぱな装置と同じで、二つの動く部品のあいだの静電容量の変化を測定するというものだ。彼らと私の装置で大きく異なるのは重さだ。およそ2キロの重量差がある。スタンフォード大学の加速度計は幅が数ミリしかなく、指を平らに絡ませたような優美な形をしている。製造までこぎつけたのは、そのあと15年経ってからのことだ。彼らの装置は地震の測定ではなく、自動車のエアバッグで衝突を検知するために利用された。加速度計のコストが下がると、任天堂Ｗｉｉ（ウィー）などのゲームコントローラーに内蔵され、手の動きに合わせて画面上のアバターが魔法の杖や斧、テニスラケットを振ることができるようになった。

スポーツで最初に加速度計が使われた目的は、簡素な歩数計に代わる機器をつくるためだった。歩数計は比較的単純な装置で、1960年代の日本の若き研究者、波多野義郎博士が運動を奨励するための装置として推奨したことで人気を博した。波多野は戦後の日本で徐々に進んだ食生活の欧米化に

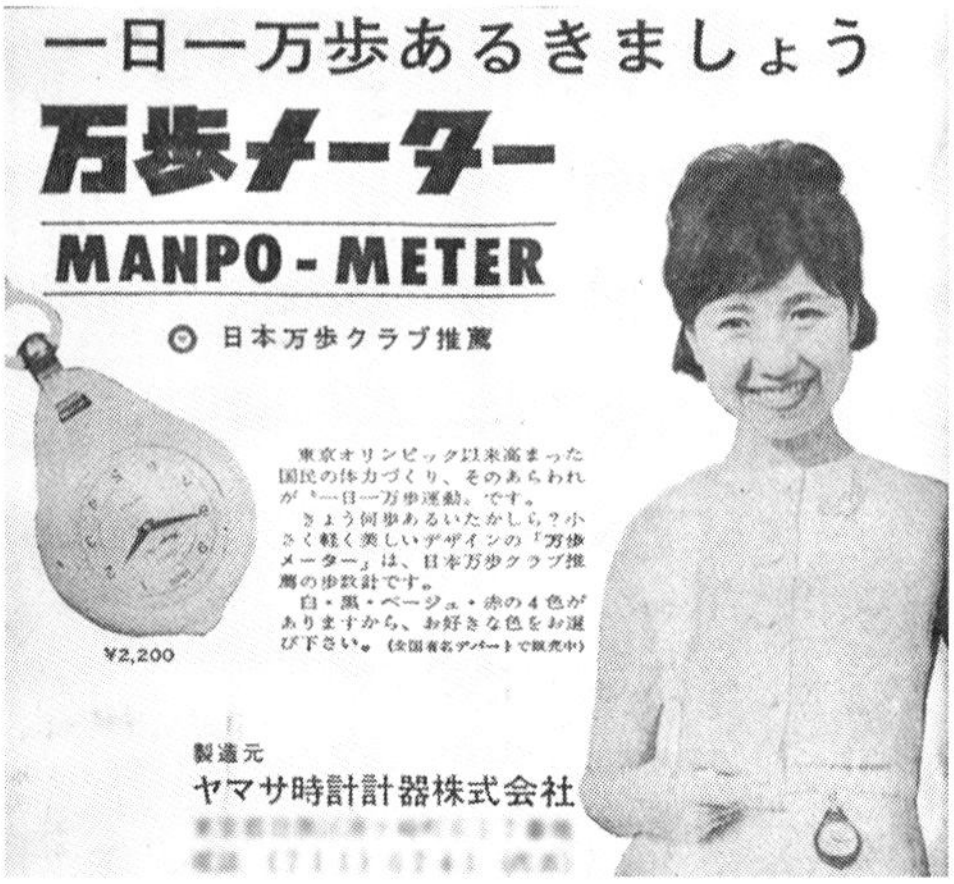

一日一万歩あるきましょう

MANPO-METER
日本万歩クラブ推薦
東京オリンピック以来高まった国民の体力づくり、そのあらわれが「一日一万歩運動」です。
きょう何歩あるいたかしら？小さく軽く美しいデザインの「万歩メーター」は、日本万歩クラブ推薦の歩数計です。
白・黒・ベージュ・赤の4色がありますから、お好きな色をお選び下さい。（全国有名デパートで販売中）
¥2,200
製造元
ヤマサ時計計器株式会社

図41　1960年代に発売された最初の歩数計「万歩メーター」。日本で1日1万歩運動を推進するために使われた。

より、カロリーの摂取量が増加して肥満の人々が増えるのではないかと憂慮した。そして研究の結果、平均的な人は1日5000歩ほど歩いていることを示し、1日の歩数を1万歩まで増やせば肥満にならずに済むはずだと提唱した。歩数を計測するために波多野が推奨したのは、ある時計メーカーが製造した機械式の歩数計だ。メーカーが「万歩計」と呼んでいたその装置は大人気になり、いまでも、歩数を測定するあらゆる装置が「万歩計」と呼ばれている。「グーグル」が検索エンジンの代名詞になったようなものだ。

初期の歩数計は比較的単純で、歩いているときに内蔵のレバーが上下することでアナログのダイヤルが回転する仕組みだ。それに代わる加速度計ははるかに強固で、腕時計に収まるほど小さく、レバーが動く耳障りな音も出ない。加速度計のもう一つの利点は、その信号から歩数だけでなく、ピッチや運動の激しさも把握できることだ。加速度のパターンは

図42　アディダスのスマートボール。3軸加速度計やジャイロスコープ、デジタルコンパス、充電可能バッテリーを内蔵している。© adidas

ウォーキングやランニング、サイクリングで異なるので、自動的に運動の種類を検出できるだけでなく、運動をやめて車に乗ったことまでわかってしまう。

　加速度計はMEMS（微小電子機械システム）と呼ばれる新たな装置の一部であり、サッカーボールやテニスラケット、スキーブーツといったスポーツ用品に必然的に組み込まれていった。アディダスが開発したサッカーボール「スマートボール」は、旧ソ連の人工衛星スプートニクのような見かけのモジュールに3軸加速度計と三つのジャイロスコープを内蔵し、あらゆる方向の直線的な動きや回転を計測することができる。さらに、充電可能なリチウムイオン電池や、マイクロプロセッサー、デジタルコンパスも内蔵し、BLE（ブルートゥース・ロー・エナジー）という標準的なチップを使った無線通信も可能だ。これらすべてが、ゴルフボールよりひと回り小さい球体に収められている。その球体は、ケブラー素材でできた8本の支柱に支えられて、ボールの中央に位置している。

フリーキックでスマートボールを蹴ると、ボールのスピードやスピン、単純な軌跡がわかる。これらの情報は主に加速度計を使ってもたらされているというから驚きだ。加速度計は距離やスピードではなく、加速度を測るのが得意な装置である。これらの情報を得るのに使われているのが、積分法という数学的な手法だ。加速度を積分することでスピードが得られ、スピードを積分すると距離がわかる。ほかのセンサーは軌跡を求めるために使われる。コンパスでキックの方向をとらえ、内部のジャイロスコープでボールの回転速度を測る。これでもまだ、ボールから実用的な答えを得るためには足りない。キッカーが置いたボールの向きやどちらの足でキックするかを入力することで、ボールに内蔵されたスプートニクのようなセンサーが、どの方向が上かや、ボールが回転しそうな向きを知ることができる。右足で蹴ると、ボールは上から見て反時計回りに回転しやすく、左へ曲がりやすい。

こうしてボールを蹴ると、スピードと回転、ボールの軌跡がスマートフォンに表示される。これを好きなソーシャルメディアで共有できるのだ。

位置を知る

スマートフォン、腕時計、さらにはシューズと、いまやセンサーはどこにでも付いている。たとえば、ナイキプラスは親指ほどの大きさしかない小型の装置で、シューズの中敷きの下に仕込めるようになっている。圧電型の加速度計を備え、歩数計のように歩数を測定できるほか、ストライドの長さを推定して移動した距離も求められる。どの歩数計もこのようにして距離を計算しているものの、ストライドの長さの推定値が間違っていると、かなりの誤差が出てしまう。もっと正確に距離を測るには、人工衛星を使った測位システム、いわゆるGPSを使うのがよい。1970年代にアメリカ空軍が最初の人工衛星を打ち上げてから、20年ほどかけて24基の衛星によるシステムを本格稼働させた。GPSといえば一般的にアメリカのシステムを指すが、ロシアもGLONASSと呼ばれる衛星測位システムをもっている。測位システムはできる限り正確である必要があるため、人工衛星に搭載された原子時計は14ナノ秒の精度で時間を合わせている（これがどれだけ短い時間かというと、光が3メートルしか進まないほどの時間だ）。

人工衛星は地上から十分離れた上空2万キロほどの周回軌道を回り、その位置を地上局が絶えずチェックする。互いに同期した衛星も絶えず時刻と位置を送信する。人工衛星が遠くにあるほど、その信号がこちらに届く時間は長くなる。私の腕時計もそれぞれの人工衛星から信号を受け取り、その到達時間を利用して衛星までの距離を求めている。自分の位置を正確に特定するには、少なくとも4基から信号を受信しなければならない。4基以上の信号があれば、私の腕時計は三辺測量（3次元の三角測量）を利用して、自分の位置を5〜10メートルほどの精度で求めることができる[8]。

スポーツ科学者による試験で、初期のGPS装置は距離が短いスポーツにはあまり向いていないことが示された。とりわけ苦手なのは、スプリント競技だ。その一因として、メモリ容量とバッテリー容量に制限があるためにGPS装置が1秒間隔でしか測定しないことが挙げられる。20メートルの短距離走に5秒かかるとすると、腕時計型の装置ではデータが5回しか記録されない。距離にしておよそ4メートルごとに測定されることになる。取得したデータをグラフにプロットすると、それぞれが衛星から取得した位置に5〜10メートルの誤差があるため、重なり合ってしまう。このため短距離走の測定は現実的でない。にもかかわらず、サッカーやオーストラリアンフットボール、ラグビー、ホッケーでの動きのパターンに関する研究プロジェクトが何百も行なわれた(9)。

ランニングに出かけ、腕時計を作動させたとき、たいてい人工衛星を見つけるまでに遅延がある。GPSを内蔵した腕時計を使っているランナーは、走り始めるとアンテナのように両腕を水平に広げて、人工衛星の信号を受信しようとする。まるで2万メートル上空の衛星が目に見えるかのように、空を仰ぎ見て信号を懇願する様子はこっけいだ。これがレース前で、カウントダウンが始まったりすると、ランナーが顔をしかめたり、あわてふためいたりする姿がよく見られる。

私の腕時計はGPS受信器と3軸加速度計、ジャイロスコープ、光学式の心拍計を内蔵しているのだが、見た目はふつうの黒のデジタル時計だ。なかには、高度を知るための気圧計や、温度センサーを内蔵したものもある。もちろん、ワイヤレスヘッドフォンに対応した音楽プレーヤーも欠かせない。いまや私は腕時計を使ってすべてのランニングやサイクリングを記録し、ウェブサイドにアップロードして、友人たちと共有している。

私はGPSウォッチがとても気に入っていて、携帯電話と同じぐらい大事に思っている。とはいえ、心理的に奇妙な変化が起きていることも感じている。ランニングを記録しなかったら、そのランニングをしなかったも同然の気分になるのだ。途中でバッテリーが切れたら、そのランニングがどれだけよかったのかを知ることができないので、かなり不機嫌になる。少なくとも4割の人々が携帯電話を使えなくなることを恐れる「ノモフォビア」（ノー・モバイル・フォビアの略）であるそうだ。たぶん私は、スポーツウォッチなしになることを恐れる「ノークロノフォビア」（私の造語）なのだろう。

知識に飢える

数年前、アナリティクス関連の会議で、ある学者とアナリティクスの隆盛について話していたときのことだ。「私たちは知識に飢えているが、データに溺れている」と彼は言っていた。これは的を射た言葉だ。いまやデータを集める方法はたくさんあるのに、それだけでは必要な答えが得られない。ナイチンゲールがやったように、目的に合わせて分析する必要がある。

野球以外で『マネー・ボール』の方式をとったスポーツに、サッカーがある。「サッカーについてあなたが知っていることすべてが間違っている理由」を知りたかったら、クリス・アンダーソンとデヴィッド・サリーの共著『サッカーデータ革命――ロングボールは時代遅れか』を読んでほしい。データと統計を駆使して、監督やコーチの凝り固まった信念をはぎ取る本であり、まさに『マネー・ボール』が野球に対してやったことを、サッカーに対してやっている。たとえば、一つのゴールにとっておよそ1点の価値があるが、一つのゴールを止めれば2・5点もの価値があるという。ゴールは何が何でも入れなければならないが、入れさせてもならない。

人間の行動などの複雑なものを説明するのに、ポワソンやベルヌーイといった偉大な数学者のように数理モデルを使えるとは思わないだろう。だが驚くべきことに、アンダーソンとサリーはそれが可

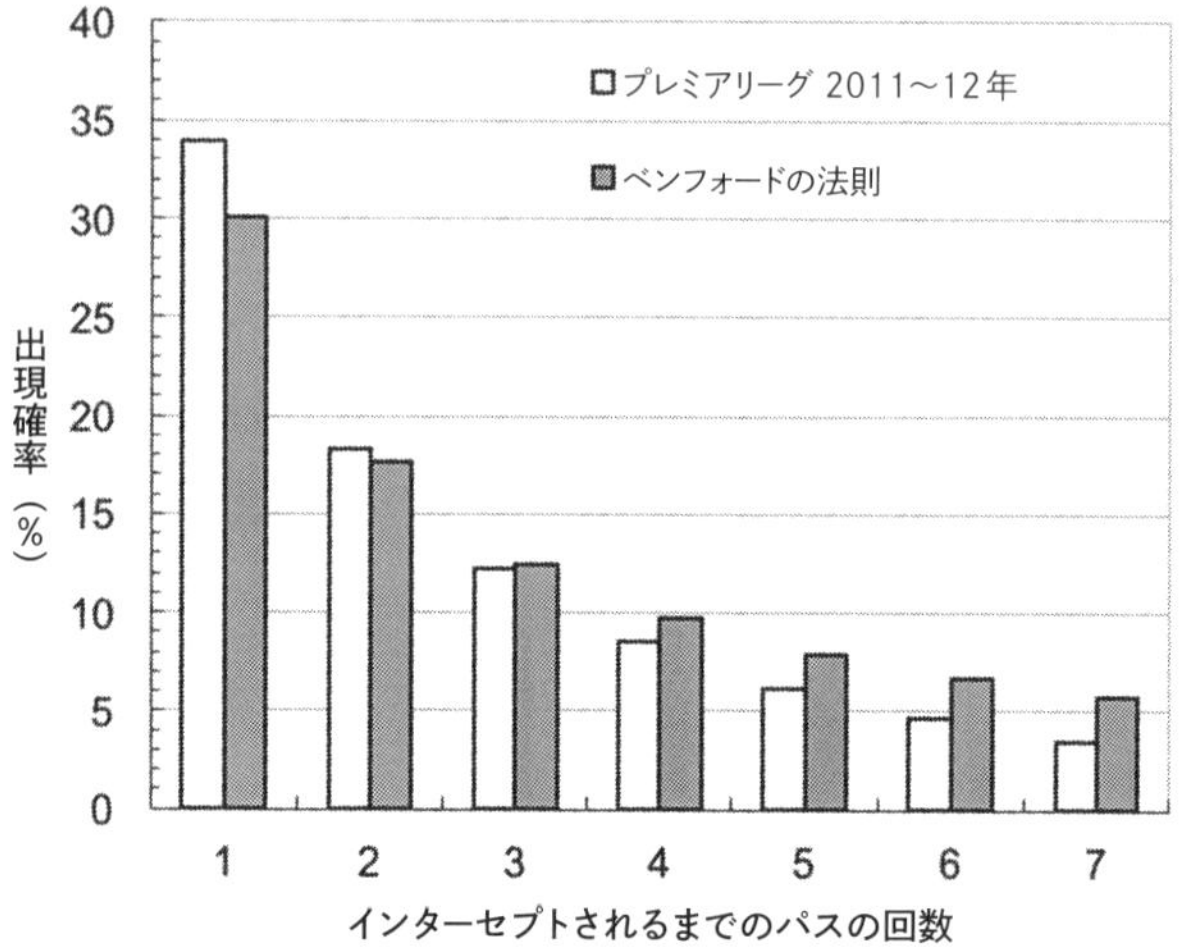

図43　プレミアリーグの2011〜12年のシーズンでボールがインターセプトされるまでのパスの回数と、ベンフォードの法則を比較した。[10]

能なことを示した。私が興味をもったモデルの一つに「ベンフォードの法則」がある。じつはこの法則の発見は1881年にさかのぼる。発見者はサイモン・ニューカムというアメリカの天文学者だ。ニューカムは対数表を使って計算しているとき、1の数を引くときに見ていたページが、2や3、4以降が載ったページよりはるかに傷んでいることに気づいた。そして、その現象を説明するために（自然な流れで）対数を使って単純な数式を書いた。それからおよそ50年後、フランク・ベンフォードという物理学者が同じ法則を再発見し、投票のパターンや株式市場、さらには落雷の発生率といった、さまざまな数に応用した。この法則によると、常に1の数は約30%、2の数は約18%、3の数は約13%の確率で数値の最初の桁に出現するという。

アンダーソンとサリーの著書に載っていたデータを使って、サッカーでなされたパスの数を調べてみた。プレミアリーグの2011～12年のシーズンのデータとベンフォードの法則を比べてみると、ボールが最初のパスでインターセプトされる確率は34％、2番目のパスでは18％などとなっている。これは驚くほどベンフォードの法則に近い。

この結果から何がわかるだろうか？　ベンフォードの法則は平均的に何が起こりそうかを予測する（私の妻にいわせれば、この法則はサッカーが無意味だということを証明しているそうだが）。したがって、あるチームのパスのデータが平均と異なった場合、おそらくコーチの指導法がその違いを生んでいるのだろう。たとえば、ボールをキープして試合を支配したいプランならば、グラフの分布はパスの数が多いほうへ偏る。一方、ボールを前へ蹴るロングボールを使うプランならば、インターセプトされやすいから、分布はパスの数が少ないほうへ偏りそうだ。ベンフォードの法則のような数学的な法則は、ふつうとは違う何かが起きているかどうかを調べるのに使うことができる。

私はマンチェスター・ユナイテッドやレアル・マドリード、バルセロナといったビッグクラブの内部事情には通じていないが、こうした分析はまさに、アナリストが切望している有益な情報だ。今ではオプタ、プロゾーン、インフォストラーダ、スタットDNAをはじめとする数多くの企業が、サッカーだけでなく、あらゆるスポーツについて、アナリストを支援している。

私が知りたい統計の一つは、データの活用によって、シーズンが終わったときのリーグ戦の順位に何らかの違いが出るかどうかだ。統計を活用したチームが一つだけなら、そのチームは優位に立てそうな気がするが、全チームが同じ統計情報をもっていたらどうなるだろうか？　以前の状況に逆戻りして、再び全チームが同じ立場になってしまうのではないか？　チームのあいだに不均衡があれば、一つのチームがほかのチームより優位に立つが、均衡しているなら、全チームが互いに打ち消し合う傾向になるだろう。サッカーはほかの多くのスポーツと同じで均衡に向かう競技であることを、アンダーソンとサリーは示した。これについては最終章でも触れるつもりだ。

データを価値ある知識に変える

チームスポーツは数多くの変数がかかわるので、分析が難しい。選手の数、チームメンバーの選択、対戦相手、天候、審判の判定など、これらすべての要素が結果に影響しうる。一人でやる競技のほうが、分析は簡単だ。１００メートル走、やり投げ、跳馬など、一人の選手が一人のコーチのもとで行なう競技がよい。

ＵＫスポーツのイノベーション・パートナー（いまは英国スポーツ研究所の支援を受けている）を10年間務めてきたなかで、私のチームはイギリスのオリンピック選手に関するデータを収集するシステムを１００種類以上つくってきた。最も単純なのは、ビデオを集めて、安全で利用しやすい場所に保存するシステムだ。また、初期につくったシステムの一つに、ｉＧｙｍという英国体操協会向けの体操のソフトウェアがある。これはリリーズホールにあるトップ選手向けの体育館に導入されており、壁に取りつけたカメラでさまざまな体操器具を記録する。跳馬の練習では、選手が助走し、踏み切り板を蹴って、跳馬のほうへ飛び込み、見事なひねり技や宙返りを披露したあと、向こう側に敷かれた青色の厚いマットに着地する。

壁のカメラはサイモン・グッドウィルが設置したもので、競技の映像を毎秒25コマで絶え間なくとらえ、内部メモリに保存している。コーチにとって、ひっきりなしに録画を始めたり止めたりするのは手間だ。そうした時間のないコーチのために、グッドウィルは、選手が行なった試技のビデオをファイル名とタイムスタンプ付きで自動的に保存する画像処理アルゴリズムを考案した。これでコーチは指導を続けられるし、パフォーマンスアナリストは必要なビデオを手に入れられる。そうした映像のなかには、ときどきびっくりするような場面もある。映像が記録される仕組みを見抜いた若い選手が、跳馬に乗っている場面だ。ビデオを再生したアナリストは、助走して跳躍する選手の映像ではなく、小生意気な若い選手が跳馬の上で手を振りながら跳びはねている光景を目にすることになる。

次に手がけたシステムの一つはiDiveだ。シェフィールドにある国際基準の飛び込みプールで、コーチのアダム・サザランといっしょに開発した。カメラは3メートルの飛び板からの飛び込みを記録するように設定されている。選手は板の上で2歩跳ねるように助走したあと両足で踏み切る。選手は板の力で空中高く舞い上がり、複雑な演技を披露したあと、真っ逆さまに着水する。このとき、できるだけ水しぶきを上げないのが重要だ。

飛び込みを終えた選手がプールサイドに現われて、アダムのほうを見る。彼が後ろの巨大スクリーンを指さすと、終えたばかりの飛び込みの映像が高精細のスローモーションで自動的に再生されているというわけだ。必要なら、iPhoneを使ってビデオを操作し、自分が伝えたい要点に印を付けて指し示すこともできる。飛び込みの出来がよければ、選手がプールを出て再び飛び込み台へ向かっているあいだに、アダムはビデオを保存し、選手の携帯電話に送っておいて、そのあとカフェでそれについて話すこともできる。必要なら、ビデオには覚えておいてほしいコメントや体の傾きの測定値をタグづけすることさえも可能だ。

ボクシング向けのシステムは、皆さんの予想どおりｉＢｏｘｅｒと呼ばれ、パフォーマンスの分析システムとしては世界屈指の性能を誇っている。ＧＢボクシングはシェフィールドにある英国スポーツ研究所に立派なボクシングジムを建設し、２０１２年のロンドン五輪で使われたリングを受け継いで設置した。５カ所のボクシングリングの上にカメラが設置され、自分たちの練習試合のほか、そこでトレーニングするほかのチームの試合も記録している。パフォーマンスアナリストのロブ・ギブソンは、すべてのトーナメントの全試合の結果をデータベースに入力する面倒な作業を始めた。いまやあらゆるボクサーに関する情報が、試合のビデオとともに保存されている。審判の名前も記録されているのだが、これは選手が「主観的な偏見」と思われる判定を克服しなければならないときのためだ（ボクシングのコーチはもっと乱暴な言葉で表現するのだが）。コーチやパフォーマンスアナリスト、サポートスタッフ、そして設備を備えたこのジムは、世界有数のジムであり、現在のヘビー級チャンピオン、アンソニー・ジョシュアもここでトレーニングを続けているほどだ。

私たちが手がけたパフォーマンス分析システムの多くが、いまやイギリス中にある。マンチェスターにはテコンドー向けのｉＴａｅｋｗｏｎｄｏ、ラフバラには競泳向けのＮＥＭＯ、リー・ヴァレーにはカヌー向けのＣａｎｏｅＳＰＩといった具合だ。こうしたシステムの助けもあって、イギリスのオリンピックチームはロンドンで24個、リオで42個のメダルを獲得した。いまは次の東京五輪に向けて取り組んでいる。このシステムで収集したデータは最終的にどうなるのかというと、ＵＫスポーツの本部にあるスポーツ情報部門に集められる。アナリストは選手が次のオリンピックでどの程度活躍するかを予測し、コーチやサポートチームはデータを活用してパフォーマンスを高めていく。それらすべての中心には選手がいる。すべてが期待どおりに進めば、UKスポーツにある「メダル・トラッカー・ボード」には、たくさんの金メダルが表示されることだろう(11)。

いまスポーツテクノロジーについて話すと、人々は必ずといっていいほどウェアラブル端末やスマートフォンのことを思い浮かべる。しかし、過去に立ち戻って考えると、優勢だったテクノロジーはその時代に手に入れられるものだった。20年前にはカーボンファイバー、100年前には木材だった。この先、近い将来にはどうなってくるのか？ さらに数世紀先には、どんなテクノロジーがスポーツの世界を変えるのだろうか？

次の章では、このことを考えていきたい。

13 スポーツはどこへ行く

ビデオに映し出されたスキーヤーがゆっくりとターンを繰り返して斜面を下り、ふもとでぴたりと立ち止まった。すると突然、神の手のような巨大な手が空から降りてきて、スキーヤーが空中へ逆さまに持ち上げられ、力なくぶらぶら揺れている。じつは、スキーヤーというのは小型のロボットで、手は日本人クリエーターのものだ。これは、スポーツ工学に関する会議を始めた頃に行なわれた、スキーロボットの数学に関するプレゼンテーションのひとコマだ。ここからわかることは二つ。一つは日本人がロボット好きだということ。もう一つは、人々は何でも競走にしてしまうということだ。

スポーツの根底には「あの木まで走ったら俺が勝つ」や「このロボットのスキーヤーは、きみのには負けない」といった意味での単純な賭けがある。これがまさにスポーツのすべてだ。気まぐれな賭けが長い歳月をかけて体系化されていった。これまで登場したスポーツのなかには、かなり奇妙なものもある。ゴルフや近代五種競技、シンクロナイズドスイミングがこれほど受け入れられるなんて、誰が予想しただろうか？

人間はテクノロジーが大好きだという点で、地球上でも稀有な存在だ。しかも、それがスポーツの賭けに役立つのだったら、それに越したことはない。だから、コバーン・ハスケルはゴムを芯にしたゴルフボールを求め、クリスティン・ネスビットはクラップスケートを、イリ・ナスターゼはスパゲティ・ラケットをほしいと思った。

それでは、次に訪れる大変革は何だろうか？

スポーツテクノロジーの大半を支えているのは素材だ。古代ギリシャ人はスタート装置に石と動物の腱を、やり投げのやりには木と革を、幅跳び用のおもりには鉛と青銅を使った。ヴィクトリア時代の人々はフットボールにまず豚の膀胱を、その後ゴムを利用した。そして最近では、ほぼあらゆるスポーツ用品にカーボンファイバーが使われている。新素材はスポーツにおける急速な変化を促す触媒のような役割を果たしてきた。それでは、次なる新素材とは何だろうか？

有望視されているのは、グラフェンだろう。２０１０年にノーベル賞を受賞したマンチェスター大学の研究者たちが研究した素材で、世界を変えるスーパーマテリアルと呼ばれてきた。グラフェンは原子１個分の厚さで炭素原子が六角形の格子状に結合したグラファイトで、鋼鉄より２００倍も強く、銅よりも電気を通しやすいうえ、紙よりも薄い。問題は数ミリ四方よりも大きなグラフェンのシートをまだ誰もつくっていないことではあるのだが、それでも研究や開発は続けられている。テニス用品メーカーのヘッドは、グラフェンをほかの素材と混ぜてテニスラケットをつくり、より軽くして機動性を高めたと宣伝している。

ただ、このラケットはスポーツ界で人気に火を付けるまでにはいたっていない。テニス選手が必ずしも軽いラケットを求めているわけではないからだ。ラケットから重みを取り去ったら、昔に逆戻りして手だけを使ったほうがましだろう。グラフェンがもたらす可能性はそこではなく、古代ギリシャ人が教えてくれたように[1]、ラケットの質量分布と慣性モーメントをさまざまに変えられるところにある。１９８０年代のテニスラケット開発でも、似たようなことが行なわれた。

テクノロジーを積極的に取り入れているキャロウェイは、ゴルフボールの軟らかい内側の芯の周りを、グラフェンを混ぜたポリブタジエンで包み込んだ。芯が軟らかいほど、クラブに当たったときのたわみが大きくなり、蓄えられるエネルギーも大きくなる。ボールがクラブから離れるときに形が元に戻ると、蓄えられたエネルギーが放出されて、高い反発係数が得られる。グラフェンは軟らかい芯が裂けるのを防ぐ役割を果たしている。このボールは大きな変化をもたらすとキャロウェイは言い張っているが、テニスラケットの場合と同様、それほど大きな変化があるのかどうか、私は半信半疑だ。大きな障壁になるのが、Ｒ＆ＡやＵＳＧＡのルールで認められないだろうという点である。

グラフェンの主な強みは軽さよりも電気を通しやすい性質だろうと、私は思う。ゴルフクラブのフェイスやテニスラケットのフレームにグラフェンを使えば、強度や質量分布、体に伝わる感覚が向上するだろうが、それだけでなく、内蔵のセンサーからデータを送信することも可能になる。いま人間の体でデータを収集しようと思ったらウェアラブルのセンサーを使うことになるが、メーカーはセンサーを布地や衣服に埋め込むための優れた方法を見つけようと必死だ。その場合、布地は柔軟で、十分な強度があり、電気を通す必要がある。グラフェンの製造にまつわる問題が解決すれば、これらすべての条件を満たせるだろう。衝撃から保護する性質も備えうる。こうした背景もあって、さまざまな国が多額の資金を投入してグラフェンの製造を可能にする秘密を見つけようとしている。いち早く見つけた者はスポーツ分野だけでなく、ほかの分野でも巨万の富を築けるだろう。

信じることの効用

２００３年、ゴルファーのベン・カーティスが全英オープンに出場したとき、彼はほとんど勝ち目がないと見られていた。何しろ、メジャーの選手権に出場したのは初めてだ。しかし驚くべきことに１打差で優勝し、その週末のあいだにランキングを数百位も上げた。数年後、アメリカのヴァージニアとユタ、ドイツのチュービンゲンの研究者たちのグループが、カーティスの使ったタイトリストのパターを研究対象にし、20人のゴルファーに使わせて、どれくらいの成績を上げるか調べた。似たようなパターを使う対照群と比較したところ、(2) カーティスのパターを使ったグループは平均で10回中５・３回ホールインしたのに対し、対照群は10回中３・８回だった。いったいカーティスのパターの何がよかったのか？　デザインなのか？　それとも素材なのだろうか？

種明かしをすると、じつは、二つのグループが使ったパターはまったく同じものだ。両グループで異なるのは、カーティスのパターを使ったゴルファーは、それがカーティスのものだと研究者から言われ、そう思い込んでいただけだったのだ。成績がよかった理由の一つは、実験前に推定したホールの大きさに表われている。カーティスのパターを使ったグループは、ホールの大きさを対照群より21%も大きく見積もっていた。ベン・カーティスのパターを使っていると思い込んだだけで、彼らはホールが大きく見え、ボールを入れやすいと信じたのである。

テクノロジーによってパフォーマンスが高まると信じるだけでも十分な効果があることが多い。ゴルフ研究者はこの効果を「伝染」と呼んでいる。過去の名選手がそのクラブを使ったという単なる事実から、次に使う人は優れた性質がクラブに備わっていると感じるのだ。古代ギリシャ人が塗布液として売った「グロイオス」も同じで、英雄になったアスリートの体からこすり取った汗と油だから、何らかの効果をもたらすはずだと受け取られたのである。

こうした伝染の効果をひっくるめて「プラセボ」と呼んでいる。プラセボはラテン語で「喜ばせる」という意味で、生理的な効果を実際にもたらすことがわかっている。心拍数、血圧、呼吸はすべてプラセボによって変化するのだ[3]。

スポーツ分野でのプラセボ研究では主に、サプリメントやステロイド、カフェインの効果が生理的というよりも、心理的なものなのかどうかが調べられてきた。イギリスのカンタベリーのクリストファー・ビーディーが、自転車選手にカフェインのサプリメントだと言ってプラセボ(偽薬)を与える実験を行なった。すると、選手たちが出す仕事率はおよそ3%向上した。これは、実際のカフェインを用いた研究による結果と似通っている。ほかの実験では、ランナーに「スーパー高濃度酸素水」という架空のドリンクを偽薬として与えたところ、5キロ走の記録が1分以上も縮んだという。最も成績の悪かったランナーは2分以上も記録を縮めた[4]。スポーツ用品の科学的な効果を伝えるだけで、実際にそんな効果があるかどうかにかかわらず、パフォーマンスが向上するようだ。スポーツでは、すべてとは言わないまでも、多くの人にとっては、記録が伸びると期待するだけで、架空のものが効果を発揮しうるのである。

この事実は、ひょっとしたらスポーツ科学における次の目玉の一つを示しているのかもしれない。それは、脳だ。脳と中枢神経系は神経ネットワークを通じてつながり合ったニューロン（神経細胞）からなり、電気信号を伝達してやり取りしている。信号は外部の電場や磁場にも影響されうる。20世紀前半に行なわれていた電気けいれん療法は、それを強く思い起こさせる例だ。運動を制御する脳の領域は「運動皮質」と呼ばれ、頭骨の前部に位置している。その領域の電気信号を操作できれば、運動の力を高め、パフォーマンスを向上できそうだ。

ヘイローというサンフランシスコの企業が、あるヘッドセットを開発した。見た目はおしゃれなヘッドフォンのようだが、実際には経頭蓋直流電気刺激（ｔＤＣＳ）という手法を用いて運動皮質を刺激する装置だ。ヘッドセットには二つのコネクター（陽極と陰極）があり、そのあいだの頭の表面に微弱な直流の電流を流す。陽極に近いニューロンの電位が上昇するため、外部から刺激を受けると、ニューロンがそれを受け取りやすくなる。これで新たな課題を習得しやすくしようというわけだ。

アリー・デ・グースが競争相手より速く学べと言ったとき、おそらくｔＤＣＳのことは頭になかっただろうが、ヘイローはそれを思いつき、彼らの装置は体力や持久力、筋肉記憶を向上させると宣伝している。すでにバスケットボールのゴールデンステート・ウォリアーズの選手たちは、公式発表はないものの、この装置を取り入れている(5)。米国スキー・スノーボード協会も、平昌冬季五輪に向けたトレーニングでこの装置を試した。アメリカのオリンピックチームは過去20年で最悪の結果に終わり、獲得した金メダルは9個にとどまったものの、スノーボードでは、4個の金メダルを含めて合計7個のメダルを獲得している。

果たしてtDCSに効果はあるのだろうか？　10人の自転車選手がtDCSシステム（ヘイローの製品ではない）を試したところ、[6]選手たちが生む仕事率は、装置を作動させていないときに比べて4%前後上がったという。この研究では、ヘッドセットを着けていないときの選手たちのパフォーマンスが測定されていないので、プラセボ効果でどれだけパフォーマンスが向上したかはわからない。だが、先行研究では、パフォーマンスの向上はおそらく数%だろうという結果が出ている。tDCSは全体的には生理的な効果があるのだろうが、その一部はおそらくプラセボによるものなのだろう。

これはヘイローなどの製品にとって、かなりの朗報だ。仮のデータではあるが、練習の前にtDCSを20分間受けることで、少なくとも一時的にはパフォーマンスが向上する可能性があるとの調査もある。[7]何らかの理由で電気刺激の効果がまったくない人もいるのではあるが、プラセボ効果があった人は、効果があるとおそらく信じていたのだろうから、彼らにとってはそれだけで十分パフォーマンスを向上できるということかもしれない。ヘイローのような製品はプラセボの問題を解決する妙案ではある。プラセボ効果がパフォーマンスの向上に有効という証拠はいくつもあるが、それだけでは人々はお金を出そうという気にならない。しかし、tDCSがもつパフォーマンス向上効果にはお金を払うだろう。それといっしょに、プラセボ効果も自動的に付いてくるというわけだ。

今後、パフォーマンスの向上に脳の働きを利用する製品は増えてくるだろう。いま急速に拡大している分野の一つが睡眠分析だ。イギリスのオリンピックチームのために私のチームがつくったデータ収集システムは、睡眠の質と量に関するアンケート調査をよく行なっている。しかし、よく眠れなかったことがパフォーマンスに影響したら、実際に何ができるのだろうか？　ｍｉｎｄＧｅａｒのような製品は、ヘイローと同じｔＤＣＳの手法を使っていて、不眠や不安、鬱病に悩む人に役立つと宣伝している。ここでもまた、プラセボ効果をただで付けているのだ。私がレースの前に（もちろんいつでもいいのだが）不眠に悩んだら、装置の仕組みは気にせず、その効果を喜んで享受すると思う。

身体能力の増強

この先、数世代のあいだに、スポーツ選手のパフォーマンスはそれほど伸びないだろう。データを見ると、陸上競技ではほぼすべての競技の記録が頭打ちになっている。第二次世界大戦後の記録の伸びは、栄養状態の改善、よりよい指導法やスポーツ科学によるサポート、競技人口の増加、テクノロジーの進歩といった、数多くの要因に牽引された。

私が取り組んでいるイノベーションが何も変化を生まないのではないかと、かつては心配していたのだが、さいわいにも、過去のデータをみると、変化は起きていたことがわかる。１９５３年から１９５６年にかけては、中空のやりの登場で記録が４～５％伸びた。棒高跳びでは複合材料のポールが導入されたことで、１９５６年から１９７２年のあいだに記録が８％伸びているし、１９７５年に全自動計時が使われるようになると、記録がおよそ５％低下した。(8)

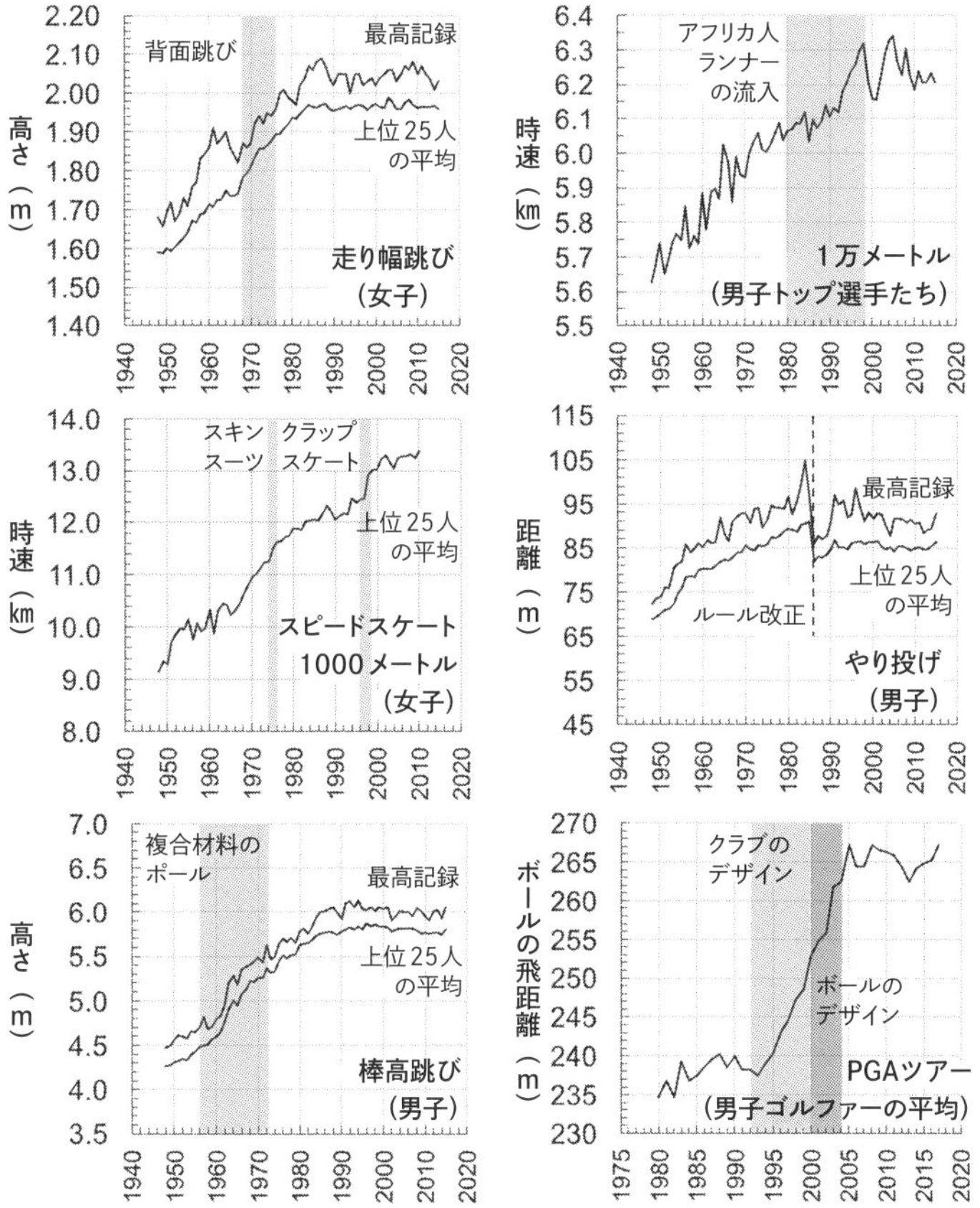

図44　陸上競技、スピードスケート、ゴルフにおける記録の伸び。データ提供はレオン・フォスター。ゴルフのデータの出典は、R&Aの「ディスタンス・レポート」。[9]

このあたりで、Dで始まる言葉を使わなければならなくなる。ドーピングだ。ドーピングは昔からスポーツではびこってきたことはよく知られているが、それはどの程度だったのか？　私たちのデータから、１９８９年に無作為抽出の薬物検査が導入されたあと、トラック種目で記録が低下したことがわかっている。女子２００メートルの記録は３％落ちた。記録の低下がさらに大きいのは女子のフィールド種目で、砲丸投げでは11％も落ちている。１９９９年末に世界反ドーピング機関（ＷＡＤＡ）が設立されて、薬物検査が強化されると、それに応じて記録も低下した。[10] その後、ほとんどのスポーツで記録の伸びは止まり、向上はほとんど見られなくなった。これは薬物検査が効果を発揮していることを示唆しているし、現在のアスリートのパフォーマンスが限界に達していることを示しているとも言えそうだ。

これが本当ならば、パフォーマンスを伸ばすためにアスリートは次に何をすればよいのだろうか？　一つ考えられるのが「幹細胞治療」だ。この治療法は、これまで選手生活を終わらせると考えられていた負傷からの復帰に役立つ。テニス選手のラファエル・ナダル（背中と膝）、バスケットボールのロサンゼルス・レイカーズのコービー・ブライアント（膝）、アメリカンフットボールのコルツやブロンコスのクオーターバックとして活躍したペイトン・マニング（首）はすべて、リハビリ中に幹細胞治療を受けたと伝えられている。

幹細胞は身体をつくり上げる基礎となる細胞で、分裂して増殖することもできるし、異なる種類の細胞に分化するよう操作することもできる。幹細胞は成人の骨髄、脂肪組織、血液にも存在している。幹細胞治療では、自分自身の数万個もの幹細胞が採取され、負傷した箇所に直接注入される。幹細胞は分化して新たな筋肉や軟骨、骨になり、負傷箇所の炎症を抑えるのに役立つ。体外で数週間かけて培養すれば、幹細胞の数は200万個前後まで増やせる。とはいえ、これだけの数の細胞があっても、重さは100分の1グラムに満たず、量としてはまだ微小だ。

WADAは、負傷の治療に限り、幹細胞治療の利用を許している。だが、もし負傷していない箇所に適用したら？　大量の幹細胞が注入されたら？　幹細胞の遺伝子が操作されていたらどうなるのか？　現在のところ、全米アカデミーズの報告書では、幹細胞を用いた人間のパフォーマンスの向上は、幹細胞を大量に培養するのが非常に難しいために考えにくいとされている[11]。たとえそうであっても、試そうとする人はいるだろうし、WADAも目を光らせていないわけではない。

身体能力に関する重要な事実の一つとしてあるのが、競技人口が増えるほど並外れた選手を見つけやすくなるので、パフォーマンスも向上するという点だ。だから、人口の多い国ほどオリンピックでの成績がよい傾向がある（インドは明らかに例外ではあるが）。1980年代より前には、長距離走のトップ25選手のなかにアフリカ出身は数えるほどしかいなかったが、今ではほとんど全員がアフリカ選手だ。アフリカ出身の選手が一気に増えたことで、タイムもよくなった。一つの種目の競技人口が増えると、その種目専門の選手が増える傾向にある。100メートル走の選手は身長が高く、体重が重くなりつつあるし、長距離選手は小柄で軽量になりつつある。人口が多く、遺伝子の混合が活発ならば、並外れた才能や体格をもった非凡な選手が登場しやすくなるだろうが、そうした自然淘汰の働きを省略して遺伝子を直接改変したらどうなるだろうか？

カリフォルニア州ラホヤの研究チームは、マウスの遺伝子を改変して、体内にあるI型筋繊維の量を増やす実験をした。この筋繊維は酸素を消費する代謝でエネルギーを生成し、疲労に強く、長距離走に役立つ。遺伝子を改変されたマウスは、走る時間が67％、距離が92％伸びたという。[12] 一方、オハイオ州にあるケース・ウェスタン・リザーヴ大学のリチャード・ハンソンとパルヴィン・ハキミは、PEPCK－C酵素を改変することで「スーパーマウス」をつくり出した。この酵素は肝臓や腎臓、脂肪組織における代謝で重要な役割を果たしている。実験の結果、スーパーマウスは時速1キロで5時間も休むことなく走り続けることができた。ふつうのマウスよりも長生きしたうえ、高齢になっても十分に交尾でき、ふつうのマウスより6割多く食べても体重を増やすことがなかった。[13]

これはかなり興味をそそる結果であり、同じように「スーパーヒューマン」をつくりたいと考える人もいるに違いない。そうした試みはすでに行なわれているとの見方もある。トーマス・シュプリングスタインというドイツのコーチは、貧血患者の治療に使われる遺伝子治療薬「レポキシジン」を用いて、血中の酸素濃度を上げたいと考えた。[14] 彼が実際にこの療法を試した証拠はないが、未成年に薬物を与えたとして有罪判決を受けている。2008年の北京五輪の前には、中国の診療所がパフォーマンスを高める遺伝子治療を2万4000ドルで提供しようとしている場面をカメラで撮影された。医師はこの治療で肺機能が向上して、血中の幹細胞の数が増加すると言い張っていた。この医師の誘いに応じた人物がいるかどうかや、治療が実際に効いたのかどうかは不明だ。[15]

遺伝子ドーピングを行なうと、白血病などの重病にかかるリスクが高まるにもかかわらず、身体能力の向上のためにこの危険な行為に及ぶ選手も出てくるかもしれない。しかし、WADAはこの種のドーピングを検出する方法を突き止めようと世界規模で研究している。スーパーマウスが発展してスーパーヒューマンが登場する兆候は（知られている限り）まだない。

これからも記録を伸ばすには

さしあたり、遺伝子療法や幹細胞療法を用いたドーピングについて心配する必要はなさそうだ。とはいえ、私たちは悩ましい状況に陥っている。「より速く（citius）、より高く（altius）、より強く（fortius）」というオリンピックのモットーには、記録は常に向上するとの意味が暗に込められているからだ。時代が進むにつれ、何らかの変化が訪れない限り、スポーツにおける記録の向上を目にする機会は減ってくる可能性は高い。記録は横ばいになり、世界新記録は少なくなるだろう。

記録の伸びが止まらないようにするには、どうすればよいのか？　今後、何が変わっていくのか？　常に進歩を求める生来の欲求をどうやって満たしていくのだろうか？　近代オリンピックが古代ギリシャのオリンピックと同じくらい長く続くとしたら、西暦3036年には第286回オリンピック大会が開催されることになる。私の住んでいるシェフィールドで開かれればいいと、私は期待している。その頃には、どんなスポーツが行なわれているだろう？　そして、テクノロジーはどのようにパフォーマンスを変えているのか？

私たちのデータを見ると、スポーツは新たな規則が導入されると急速に変化する傾向にあることがわかる。一例として、やり投げを挙げよう。1984年には、東ドイツのウヴェ・ホーンがやり投げで104・8メートルを記録した。あと数メートルでスタジアムの反対側のトラックまで届くかという大記録だ。やりの落下地点をめぐる問題に決着をつけようと苦労してきた国際陸連が、この事態を受けてついに動いた。当時のやりは揚力があまりにも大きくなりすぎたために、先端からではなく水平の状態で落下してしまい、先端が最初に落下した地点の判定が難しくなっていたのだ。

国際陸連は1986年に新ルールを導入して、必ず先端から落下するように、やりの重心を4センチ前へずらした。これで平均の飛距離は10％も短くなった。しかし、このあと興味深いことが起きる。やり投げの選手とコーチが新ルールと新しいやりに適応して、ルール変更前よりも早く記録が伸びたのだ。彼らは、ゴルフボールの表面にあるディンプルのように、やりの表面を粗くして揚力と抗力を変えたのである。国際陸連はまた新たなルールを設けて、このような加工も禁じた。

単にルールを変えるだけでも、記録の伸び悩みに対抗することができる。もう一つの方法としては、よく知られているスポーツをもとに新たな種目をつくるというやり方もある。3人制の3×3バスケットボールや、トライアスロンの混合リレーといったものだ。これらは想像の産物ではなく、次の東京五輪で正式種目として行なわれる。選手やコーチはすばやく適応し、新たな世界記録が生まれることになる。

2020年に新たに導入される競技としては、スポーツクライミングもある。これは「アイガー北壁」を登攀するといったタイプのクライミングではなく、専用につくられた壁を登っていくスリリングな競技だ。これもレースの一種ではあるが、遠くのゴールではなく、上をめざす。シェフィールドでは毎年、街の中心部で「クリフハンガー」と題したフェスティバルが開かれ、全英の一流クライマーが大きなテントの下に集まって、木製の壁を登る。壁は幅25メートル、高さ7メートルで、手や足をかけられる色とりどりのホールドが設置されて、さまざまなルートで登れるようになっている。見た目は、けばけばしい現代アートのようだ。クライマーたちは横に並び、背中を壁のほうへ向けて立つ。所定の時間になると振り返り、ルートを確認してから登り始める。体力と機敏な動き、垂直方向のオリエンテーリングが組み合わさった競技だ。クライマーはすべてのルートを登り、全体で最も速い選手が優勝する。近年見たことがないほど手に汗握る刺激的なスポーツで、80歳になる私の母も楽しんでいた。

若者たちに人気のスポーツのなかでも、オリンピックの正式種目になるほど競技として成熟したのが、サーフィンと、その陸上版ともいえるスケートボードだ。両方とも次の東京五輪で行なわれ、新たに世界記録が生まれる。スケートボードのウィール（車輪）やクライミング用シューズ、サーフボードのデザインについて技術的な議論をするのが待ちきれない。ひょっとしたら、UKスポーツからハワイで調査してほしいという依頼が来たりして。

さらに未来へ目を向けると、ゲームを競技とする「eスポーツ」がオリンピックのような競技大会を創設し始めている。2022年のアジア競技大会の正式種目として採用され、2024年のパリ五輪で正式種目として採用するかどうかが議論されている。ゲームで人気なのはシューティングゲームだが、サッカーのeMLSやバスケットボールのNBA2Kリーグなど、スポーツゲームもある。しかし、IOCの現会長で65歳のトーマス・バッハは、eスポーツについて聞かれたときの反応がいまひとつだった。2016年にシリコンバレーを訪れたとき、バッハ会長はeスポーツの推進者と面会し、彼があるゲームを開発して以来、ゲーム上で40万台もの車が破壊されたとの自慢話を聞かされた。

ウェブサイトの「インサイド・ザ・ゲームズ」によれば、それに対する会長の反応はこうだった。「率直に言って、たいして感銘を受けなかったな」[16]

ここで大きな問題は、eスポーツを本当にスポーツと呼べるかどうかだ。ゲームコントローラーを握って座っている姿は、一部の人が心に思い描くスポーツとは異なるかもしれない。とはいえ、バーチャルなスポーツと運動が融合した「シリアスゲーム」の手法をとれば、eスポーツもそうしたイメージを変えられるだろう。バーチャルな自転車ゲームに自転車型のトレーニング装置（いわゆるエアロバイク）を接続して、実際の自転車で消費したエネルギーをゲームの世界に反映することもできる。これをすでに実現しているのが、ズイフトという企業だ。世界中のガレージや空き部屋、自宅のジムで屋内トレーニング装置に座ったサイクリストが、インターネットでつながり、バーチャルなレースで競い合い、それに対してリアルタイムでコメントが付く。参加者たちは現実世界のレースのように真剣だ。

時計の針を一気に進め、3036年のシェフィールド五輪の頃に、スポーツがどう進化しているかを想像してみよう。スポーツは人々の姿を反映しているから、まず人間がどうなっているかを考えてみるのがよい。多くの人が予測しているのは、次の千年紀にかけて人間は背が高くなり、グローバル化でより均一になっていくということだ。世界中でインターネットにアクセスできるようになるにつれ、言語の数は現在の7000種類から数百種類にまでおそらく減るだろう。現在でも、イギリスで生まれた0歳の女児の3分の1が100歳まで生きられるというが、3036年までには平均寿命は120歳前後になると予測されている。アスリートはより背が高く、年齢が上がり、見た目が似通っていて、同じ言語を話すようになるのだろう。

ある整形外科医と話したとき、治療する患者の考え方に最近変化が見られると言っていた。単に骨や関節を治すだけでは満足せず、年をとってもスポーツができるようになりたいと考えているというのだ。２０１４年、42歳のマイケル・リックスという男性が股関節を、シェフィールドのＪＲＩオーソペディックス社が開発したセラミック・コーティングの新型人工股関節に置換する手術（インプラント）を受けた。そのわずか３週間後、彼はトライアスロンの大会で優勝し、その後、彼の年齢カテゴリーで全英代表に選ばれて銀メダルを獲得した[17]。そのうち、オスカー・ピストリウスをめぐる議論と似たような議論が巻き起こるに違いない。インプラントの目的がリハビリからパフォーマンスの向上に変わる日はいつ来るだろうか？　義肢の関節にはすでにロボット技術が取り入れられている。インプラントも同じようになるのだろうか？

全米アカデミーズは、人間のパフォーマンスを向上させる将来の手段として、人間の脳とコンピューターをつなぐ「ブレイン・コンピューター・インターフェイス」も監視対象として注視している。いまのところ、コンピューターは人間の脳を再現するには程遠い状況だ。富士通が開発したスーパーコンピューター「京」は脳よりも処理速度が４倍速く、データ容量が10倍あると言われているが、稼働させるのに10メガワット近い電力が必要になる。それに対し、人間の脳はたった20ワットで動く。とはいえ、物事というのは進歩するもので、データや情報は私たちが着るものや使うものすべてに含まれるようになるだろう。京のようなスーパーコンピューターの計算能力を利用しようと思ったら、おそらくウェアラブル型やインプラント型の小型デバイスを通じてリモートからワイヤレスでやり取りすることになるだろう。こうした状況が社会で当たり前になると、スポーツはそれに対応するルールを設けなければならなくなる。国際テニス連盟は、試合中に指導に使えないセンサーであれば、ラケットや用具に内蔵することを認めている。コンピューターによる人間の能力増強に対しても、同じように対応するのだろうか？

みんなのスポーツ

世界中の人々の振る舞いや言語がだんだん似通ってくると、人気スポーツの愛好者も多くなってくるだろう。イギリスで人気の「パークラン」を例にとろう。2004年、ポール・シントン゠ヒューイットという男性が、けがをきっかけにタイムトライアルを企画しようと思い立った。ランニングとかかわり続けたかったし、何よりも、ランナーの友人たちとの交流を続けたかったからだ。彼はロンドンにあるブッシーパークで5キロのコースを計測し、自分がタイムの測定係をやるから、気が向いたら走りに来ないかと友人たちを誘ってみた。当日、ストップウォッチとテーブル、記録用紙を持って公園に行くと、最初のイベントに13人が来てくれた。

まもなく、友だちの友だちが参加し始め、ボランティアが運営するこの無料のタイムトライアルの魅力が口コミで広がった。このアイデアに対する反響は大きく、8キロほど離れたウィンブルドンコモンで2カ所目のタイムトライアルが始まると、300キロ以上離れたリーズでも行なわれるようになった。このタイムトライアルには、自己ベストを狙って走るのではなく、単に参加したいだけの人たちも集まり始めた。4歳以上なら誰でも参加できるし、ランニングでもウォーキングでもいい。今では世界の1600カ所でパークランが実施され、これまでに300万人以上が参加した。2016年には、92歳のノーマン・フィリップスという男性が100回目のパークランを達成している。

パークランの魅力はわかりやすい。毎週末の同じ時刻に、同じ場所で、同じやり方で行なわれる。調子をみるために参加する人もいれば、健康づくりのため、あるいは単に友だちに会うために参加する人もいる。パークランではテクノロジーも大切な役割を果たしているが、その利用法はあくまでもシンプルだ。走ったり、歩いたり、よろよろしたりしながらフィニッシュラインを越えると、誰かからトークンを渡され、列に並び、そのトークンと、事前にプリントして持参したバーコードをボランティアにスキャンしてもらう。バーコードにはあなたに割り当てられた独自の番号が含まれていて、後日、オンラインで自分の結果を確認したり、友だちやライバルの結果と比べたりできる。参考までに、私の番号はA880020だ。

人気のパークランでは長い列ができる。ブッシーパークには毎回1200人以上のランナーが集まるし、私が参加しているシェフィールドでも700人を超える。テクノロジーを使えば、誰でもフィニッシュラインを越えたら自動的にタイムを記録することもできるのだが、それはパークランの衰退の原因になりうることに、運営側も気づいていた。フィニッシュ後に列に並ぶ仕組みは、パークラン独自の特徴の一つだ。人々が言葉を交わし、タイムを比べ、互いの近況を語り合い、そして生涯の友人になる。パークランにはライバル争いもあるし、ロマンスや結婚、子どもの誕生もある。

まもなくパークランには、毎週100万人ものランナーやウォーカーが参加するようになるだろう。

これほど多くの人が一度に参加するスポーツ活動は世界で初めてだ。3036年には、世界中の人々が毎週末にパークランに参加するようになっているかもしれない。あるいは、パークランの代わりに、ほかの何かが人気になっているかもしれない。ここで言いたいのは、スポーツは競争するためだけのものではなく、社交の場にもなっているということだ。パークランはそれをとてもうまく実現しているし、ズイフト、ストラヴァ、マップマイランといったオンラインのほかのコミュニティーも同じだ。

3036年には、あらゆる場所で情報が飛び交う、データにあふれた世界になるだろう。私が思うに、その頃には物事がもっと単純だった時代をなつかしむ気持ちが出てくるだろうし、人々がだんだん似通ってくると、人と違ったものへの欲求が生まれてくるだろう。少し前、私は自転車レースでこうした現象を目の当たりにした。息子がフィニッシュするのを待っているとき、4台のペニーファージングがフィニッシュ地点に入ってきたのだ。昔のペニーファージングではなく、滑り止め付きのペダルとサイクルコンピューターを完備した最新式だ。テクノロジーが物事を簡単にしてくれる世界において、物事を難しくする自転車が登場したのである。この現象は、この先1000年でスポーツがどうなっていきそうかを教えてくれる、もう一つの手がかりかもしれない。昔の難題が新たなものを生み出すのだ。

振り出しに戻る

誰かがこの本を3036年に書いたとしたら、スポーツの歴史を最も大きく変えたテクノロジーと

図45　昔をなつかしむ。2014年、グレート・マンチェスター・サイクルで現代版のペニーファージングを発見。駐輪場に停めにくそうだった。© Steve Haake

して何を選ぶだろうか。デザイナーは素材に触発されて、新しい何かを思いつくことが多い。古代ギリシャ人が幅跳びのときにおもりを使っていたことは、鉛や青銅、石材を使って記録を高めるデザインの原理をよく理解していたことを示している。ハワード・ヘッドは金属、ポリマー、そしてカーボンファイバーを用いて特大のテニスラケットをデザインしたし、ヴァン・フィリップスも同じようにカーボンファイバー製の義足を製作した。スピードの水着はライクラとポリウレタンの織物が開発されたからこそ登場したし、サンモリッツのボブスレーコースは、氷のコースとスチール製の滑走部という、素材とデザインの組み合わせだ。グラフェンもまた、これらの素材と同じくらいの影響力があるに違いない。

とはいえ、19世紀半ばから現在にかけて、世界的なスポーツが急速に拡大するうえで、何よりも大きな役割を果たしたと私が考えるテクノロジーが一つある。世界的なスポーツのほとんどがこの技術のおかげで生まれ、それなしではスーパーボウルも、FIFAワールドカップも、シックスネーションズも、サム・マグワイア・カップも、ウィンブルドンも存在しなかっただろう。3036年にも世界的なスポーツに何よりも大きな影響を及ぼしているだろうと私が考えるテクノロジー、それは、加硫したゴムである。

だから、持ち前の情熱とこだわりでこの素材を開発してくれたチャールズ・グッドイヤーには感謝したい。とはいえ、スポーツのテクノロジーにそれぞれ独自の影響を与えてくれた、以下の人々のことも忘れてはならない。ウォルター・クロプトン・ウィングフィールド少佐、ハワード・ヘッド、エドワード・マイブリッジ、エティエンヌ＝ジュール・マレー、ハロルド・エジャートン、ロバート・

パターソン、コバーン・ハスケル、ピーター・ガスリー・テイト、ウィリアム・テイラー、クルムホテルのアウトドア・アミューズメント委員会、アネット・ケラーマン、ウォーレス・カロザース、アレグザンダー・マクレー、カール・フォン・ドライス、ジェームズ・スターリー、ウィリアム・ヒルマン、クリス・ボードマン、グレアム・オブリー、マイク・バローズ、フランツ・クリエンビュール、ヘリット・ヤン・ファン・インゲン・シェナウ、ルートヴィヒ・グットマン、ボブ・ホール、ライナー・クシャール、ヴァン・フィリップス、波多野義郎、そして、セッポ・サイナヤカンガス。

映画で見る遠い未来には必ずと言っていいほど、空飛ぶ車が出てくる。古代オリンピックは単純な競走から始まったが、終わる頃には、チャリオットレースを含めた複雑な大会になっていた。ということは、3036年のオリンピックには空飛ぶ車を使った競技があるのだろうか？　ありえないと考える人もいるだろう。しかし、テキサス州で最近開催された会合で、2人乗りのドローンが開発中なのだと、得意げに教えてくれた人がいた。ダラス・フォートワース国際空港までの短い距離を往復するのだという。これが実現したらまもなく、レースも始まるに違いない。スポーツは時代のテクノロジーと道徳的な価値観とともに発展していくのかもしれないが、人間の競走したいという欲求はこれからもずっと変わらないだろう。古代ギリシャ人が砂の上に引いた線から線まで競走していた2700年前と変わらない光景が、いまから1200年後も見られるはずだ。

スティーヴ・ヘイク

2020年

謝辞

まず初めに、リンダとジムとリリーに大きな感謝を。夕食の席で物理学とスポーツについていつまでもしゃべり続ける私の話を聞いてくれてありがとう。くだらないことに付き合ってくれる、本当にすばらしい家族だ。リンダ、きみは校正の達人だよ。そう、それに、この本の執筆にあたってたくさんのスプレッドシートを使った。すごいチームだ。

もちろん、私の好奇心をはぐくんでくれ、それを実現する機会を与えてくれた両親にも感謝しなければならない。この本をつくるのには、25年ぐらいかかった。考えるのに24年、書くのに1年だ。エージェントのサイエンス・ファクトリーのピーター・タラックは、とりとめもなく混乱した私の思考に洞察と自信を与えてくれ、誰かが出版したいと思えるものに変えてくれた。ピーターはもう一人のピーター（アリーナ・スポーツのピーター・バーン）を紹介してくれ、この本の出版を実現してくれた（みんなありがとう）。それと、もともとピーター・タラックを紹介してくれたマーク・ミーオドヴニクにも感謝を。彼の著書『人類を変えた素晴らしき10の材料』からインスピレーションをもらった。さらにその前には、トロントのケンジントン・テレビのロバート・ラングとアル・ブースに出会い、サイエンスとスポーツに関する2本のドキュメンタリー番組をつくった。二人がいなければ、10人のオリンピック選手たちに近づくことさえできなかっただろう。昔の用具を使うとどれだけ記録が下がるかを見せるテレビ番組だったが、トップ選手たちへの出演交渉という難しい仕事を気にせず引き受けてくれた。いっしょに仕事ができたこと、この本に登場してくれたことに感謝したい。

これまでいっしょに仕事をしてきた人たちはたくさんいて、なかには20年以上の付き合いになる人もいる。研究センターとしては、私たちにはニュートン以来350年ほどにわたって蓄積されてきた経験があると言ってもいいだろう。研究センターの以下のメンバーにも感謝したい。アマンダ・ブロスウェル、サイモン・グッドウィル、テリー・シニア、デヴィッド・ジェームズ、ニック・ハミルトン、デヴィッド・カーティス、ジョン・ハート、ベン・ヘラー、ジョン・ウィート、ジョン・ケリー、サイモン・チョッピン、トム・アレン、レオン・フォスター、キャロル・ハリス、クリスティーナ・キング、クリス・ハドソン、マーカス・ダン、そして、いっしょに研究したすべての学生たち。ベン、きみがたくさんのアドバイスとサポートをくれたからここまで長く続けてこられた。ありがとう。

本書の冒頭には、ジョン・ハートがコンピューター処理でつくった流体力学の驚きの画像を掲載している。この見事な画像を掲載できて光栄に思う。ありがとう、ジョン。

この1年の執筆のあいだには、びっくりするほどいろんなことが起きた。小さな出来事では、風邪を引いたり、手を骨折したり。土曜の朝のパークランに参加すること、およそ30回（走ったあとに食べたアーモンドクロワッサンも30個）。大きな出来事もあった。３人の誕生と、２人の友人のショッキングな死だ。トレヴァー、ジョン、いなくなって寂しいよ。

毎朝、早起きして執筆に打ち込むのはとても楽しかったが、正直言うと、真冬の暗い朝に、暖房が効いてくるまで大きな帽子をかぶって寝袋にくるまって座っているのは、ちょっとつらかった。それを乗り越えられたのは、ＢＢＣアイプレーヤー・レディオと6ミュージックのおかげだ。

みんな、ありがとう。

スティーヴ

解説　『スポーツを変えたテクノロジー』のすすめ

筑波大学体育系教授　浅井　武

この本の著者であるスティーヴ・ヘイク氏に私が初めて会ったのは、１９９７年10月23日から恵那市・中部大学研修センターで開催された「ジョイント・シンポジウム　スポーツ工学／ヒューマン・ダイナミクス１９９７」という学会の招待講演会場であった。前年度にスポーツ工学の国際会議を世界で初めて主宰した彼は、流暢なクイーンズイングリッシュで（当たり前か（笑））、時には緻密に、時にはユーモアを交え、スポーツ工学の重要性や将来性について講演してくれた。背が高く、紳士然とし、威張ったところもない振る舞いで、英国のジェントルマンというのは、こんな感じを指すのだろうなあと、講演の内容より、人間的な魅力の方が印象に残った記憶がある。

その翌年の１９９８年の夏ごろ、スティーヴらの研究グループは（国際的には、１回会うと、次からファーストネームで呼び合う場合が多いらしい）、多くの研究成果の一つとして『*Physics World*』

という国際科学雑誌に「The physics of football」いう論文を発表した。この論文は、カーブキックの飛翔軌跡やボールインパクトについて論じたものであったが、サッカーFIFAワールドカップ1998フランス大会の前であったこともあり、各方面から注目され、各種メディアに取り上げられた。特に彼のいる英国では、サッカー（フットボール）が人気スポーツであり、スティーヴは、BBCをはじめとするテレビやラジオ、新聞、雑誌等に引っ張りだこになった。当時、スティーヴは国際テニス連盟等の仕事もしていて、すでにスポーツ工学研究者として世界的に著名であったが、「ベッカムのように曲がる」をマスメディアで解説し、世間から「スピンドクター」という称号をもらうほど、広く知られるようになっていった。また、英国オリンピック、パラリンピックチームのサポートや研究・開発も継続的に行なっており、ロンドンオリンピックの成功にも大きく貢献したとされている。そして、スティーヴのスポーツに関する研究領域は、ますます拡大の一途となり、現在の彼は、スポーツ工学の研究者としてだけでなく、ポピュラーサイエンスやテクノロジーのオーソリティとして、非常にしばしば、マスメディアに出演、解説する有名コメンテイターの顔をも併せ持つことに至っている。

スティーヴの研究拠点は、シェフィールド大学であり（現在はシェフィールド・ハラム大学）、スポーツ工学研究センターのディレクターとして、多くのプロジェクトを並列に陣頭指揮している。私が、そこの短期研究員として滞在したとき、週末にサッカープレミアリーグの試合が数回あり、一緒に見に行く機会を作ってくれた。最初、シェフィールド地区に住んでいるので、地元シェフィールドユナイテッドFCの試合にでも行くのかと思ったが、スティーヴの車で国立自然公園が続く田舎道をドライブしていった先は、ブラックバーンローヴァーズの本拠地、イーウッドパークであった。そう、彼は小さいころからブラックバーンローヴァーズの筋金入りサポーターだったのである。地元のシェフィールドユナイテッドでもなく、近くのマンチェスターユナイテッド（超ビッグクラブ）でもないところが、いかにも英国の忠誠心高きフットボールサポーターらしい。彼の試合観戦のルーチンワークは、まず、当日の試合前の予想等の盛り上げラジオ番組をかけつつ、田舎道を車でぶっ飛ばし（結構、細い道を相当のスピードで走るが、彼の頭には道路マップが完全に入っている）、いつもの場所に駐車する。きまった食堂で腹ごしらえをし、近くの駄菓子屋で観戦時に補給するあめやチョコ等のスイーツを購入する。スタジアムへの経路や時間は、完全に頭に入っているので、試合キックオフ間近に着席し、子供のように応援を開始するのである。もちろん、席は年間シートで、顔見知りも多い。もし試合に勝ったりすると大変で、ご機嫌で帰り道を車で戻りながら、試合のビデオ録画をリンダ奥様に確認するのである。そして、次の試合時のスイーツは、まったく同じ物を同じ数だけ、再購入するのであった。いわゆるゲン担ぎというやつである。時代の最先端を行く世界的研究者のスティーヴだが、ことフットボールとなると、元祖英国フットボールサポーターに戻るところが、懐の深さを感じさせるし好感がもてる。研究センターの昔からの秘書であるアマンダ嬢も、「研究はロジカルでも、スティーヴのフットボールはパッションよ」と笑って話していた。

また、スティーヴは、好奇心旺盛な一流研究者にありがちかもしれないが、社会的地位や名声にあまり関心が無いふしがある。というのも、彼が国際スポーツ工学会会長として、スポーツ工学の普及、発展に尽力し、世界にかなり広まってきた矢先、突然、会長職を交代することにしたのである。確かに、関連学会のメンバーやセンターで学位を取得した院生等も増え、人数的には充実してきていたが、まさか交代するとは、本人以外、誰も思っていなかった。そして、彼は交代するや否や、なんと、1年間の世界研究旅行に旅立ったのである。欧米の大学でよくある、サバティカル制度の実施といえば、いえなくもないが、スケジュールが研究機関滞在型でもなければ、観光都市訪問型でもなく、へき地や秘境を含む研究旅行であった。その訪問範囲の広さや訪問ルートを不思議に思っていたが、この本を読んですべての謎が氷解した。彼は常々関心のあった世界中のスポーツ関係の遺産や遺跡、文化を、実直な研究者らしく、自分の目や身体で確かめに行っていたのである。いくら英国人が歴史好きといっても限度を超えており、この手の好奇心、冒険心は、考古学者の領域に入っていると言わざるを得ない。まさに、スポーツ界におけるインディ・ジョーンズである。

そんな筋金入りのスポーツ工学、科学研究者であり、筋金入りのスポーツフリークであり、筋金入りの考古学研究者でもあるスティーヴが上辞した『スポーツを変えたテクノロジー』は、工学、科学等の専門家や初学者だけでなく、人間の運動や健康、医学、介護、生活等に関心のあるすべての方々に手に取って頂きたい一冊である。

本書は、「はじめに」と全13章から構成されている。

第1章「原点に出合う——走る」では、ポリウレタンのトラックや軽量化したスパイク等の用具やテクノロジーの発展が競技力の向上に如何に貢献したかを解説している。また、ギリシャを直接訪ね、競走の原点といわれるネメア競技会を体験し、スターティングブロック付きのスタート装置は、世界初のスポーツテクノロジーでは?と指摘しているのも面白い。

第2章「古代のスポーツ用品――跳ぶ、投げる」では、古代ギリシャの幅跳びの選手が飛距離を伸ばす道具として、おもりを活用していたことをはじめ、さまざまな跳、投の技術、用具、記録等を解説している。三段跳び誕生の歴史的逸話も興味深い。

第3章「人をとりこにするゲーム――球技」では、古代球技から、ラグビー、サッカーの誕生を経て、今日の球技の発展までを詳解している。また、多様なボールのテクノロジーを解説すると共に、ゴム素材が球技の発展に大きく貢献したことを明らかにしている。

第4章「革命をもたらした発明――テニス」では、ラケットやボールの材質や構造の進歩と、ルール変更の相互作用が、今日の発展に結びついていることを解説している。また、修道院の原始テニス時代から未来予測までの史学的記述も貴重である。

第5章「『論より証拠』までの奮闘――動きをとらえる」では、スポーツ運動を客観的に計測するテクノロジーを歴史的に考察し、その説得力や重要性について言及している。また、ホークアイ等の最新画像処理テクノロジーを紹介し、その妥当性や可能性についても解説している。

第6章「でこぼこの秘密――ゴルフ」では、初期の革袋に羽毛を詰めてボールとしていた時代から、有数のハイテク産業となっている現代までの、ゴルフボールやクラブのテクノロジーを紹介している。さらに、ゴルフボールのディンプル等のデザインと流体力学に関する解説も興味深い。

第7章「そり遊びから競技へ――ボブスレー」では、先端テクノロジーや科学的知見が生かしやすいケースとしてこの競技を解説している。また、テクノロジーを駆使して開発した新型ボブスレーが、旧型ボブスレーを、その性能で圧倒する事例は、ドキュメンタリーとしても面白い。

第8章「未知の領域に飛び込む——水泳」では、一見、テクノロジーとの関わりが少なそうな競技だが、歴史的には、テクノロジーが記録の更新に大きく関わっていることを解説している。また、新素材による低抵抗水着が世界記録を何回も更新した事実や、今後のスポーツ界全体への課題も提示している。

第9章「デザインをめぐる騒動——自転車」では、木製自転車から、最先端の競技用自転車までのデザイン発展史を紐解くと共に、そのテクノロジーが競技記録や人間に及ぼした影響も分析している。

第10章「技術を研ぎ澄ます——スケート」では、スケートシューズの進化や種目による違い等を歴史的に解説している。また、スキンスーツやクラップスケートのテクノロジーや開発秘話も興味深い。

第11章「スーパーヒーローたち——パラスポーツ」では、パラスポーツやパラリンピックの歴史的生い立ちや広がりについて説明している。さらに、パラスポーツにおいて、スポーツテクノロジーが貢献した事例や、その可能性について論じられており、パラスポーツのさらなる発展への鍵がうかがえる。

第12章「新世紀のテクノロジー」では、情報処理技術やビッグデータテクノロジーの重要性を指摘し、そのスポーツへの活用事例も示している。また、スポーツに関するセンサー技術やウェアラブル端末の可能性についても言及している。

第13章「スポーツはどこへ行く」では、さまざまなスポーツイノベーションが起きた原因について考察している。また、今後のイノベーションにつながりそうな、新素材や生命科学、脳科学、eスポーツ等についても議論している。

各章はそれぞれ単独の読み物として完結しており、どの章から読み始めても、あるいは、行き当たりばったりに章を選んで読んでも、楽しめるように工夫されている。

本書で扱っているトピックは、スポーツとテクノロジーが中心になっているものの、内容的には、多様なスポーツから基本動作、生活様式まで対象となっており、時間軸も紀元前の太古から、未来世界まで包含されている。難解な数式や定理は一切使わず、分かりやすく、ユーモアを交えた親しみやすい文体で表現されており、誰でも好奇心に満ちたその世界に引き込まれることだろう。

スティーヴはもともと物理学専攻であり、厳密な数式やデータ、証拠を基に思考していくその眼差しは、どの章にも通底している。しかし、それは無慈悲で冷徹なものではなく、彼の人間性、インテグリティ（高潔性）からくる、伝統的英国ジェントルマンの温かい眼差しである。

さあ、スポーツ界のインディ・ジョーンズと共に、時空を駆け巡るタイムマシンに乗って（『バック・トゥ・ザ・フューチャー』のデロリアンではないが）、スポーツとテクノロジーをめぐる世界の旅にテイクオフ！

the evolution of performance in running', *Journal of Sports Sciences* 32:7, pp. 610–622. 前述のHaake et al.と同じ手法を用いて、パフォーマンス改善指標を計算した。走種目では、空力抵抗によるエネルギー消費が最も多い。つまり、走種目の二つのタイムを比較する場合、t_1^2/t_2^2という比率を使う（タイムt_2の走りをタイムt_1の走りと比べる）。たとえば、1948年の女子100メートル走の上位25選手の平均タイムである12.06秒と、2012年の上位25選手の平均タイムである10.98秒を比べると、記録が20.6％向上したことがわかる。

11. National Research Council of the National Academies (2012), Human Performance Modification: Review of Worldwide Research with a View to the Future, The National Academies Press, Washington. http://nap.edu/13480で入手可能。
12. Wang, Y.X., Zhang, C.L., Yu, R.T., Cho, H.K., Nelson, M.C. et al. (2004), 'Regulation of muscle fibre type and running endurance by PPARδ', *PLoS Biology* 2(10), e294.
13. Hanson, R.W. and Hakimi, P. (2008), 'Born to run; the story of the PEPCK-C^{mus} mouse', *Biochimie* 90(6), pp. 838–842.
14. Deutsche Welle (2006), 'German Coach Suspected of Genetic Doping', 3 February 2006. http://bit.ly/2GmfucF
15. NBC (2008), 'China caught offering gene doping to athletes', 23 July 2008. http://nbcnews.to/2txXiKk
16. Butler, N. (2017), 'IOC President not convinced e-sports reflects Olympic rules and values', *Inside the Games*, 25 April 2017. http://bit.ly/2FJiodr
17. D'Arcy, K. (2016), 'Athlete Michael Rix: I won a triathlon 12 weeks after my hip implant', *Daily Express*, 19 July 2016. http://bit.ly/2FuJPbJ

価したり、何か問題が起きていそうな場合に介入したりすることができる。私たちの仕事はロンドンで24個、リオで42個のメダル獲得に寄与したと見積もっている。

13　スポーツはどこへ行く

1. Cross, R. and Bower, R. (2006), 'Effects of swingweight on swing speed and racket power', *Journal of Sports Sciences*, 24(1), pp. 23-30. この論文の著者らは、打ったときにボールの速度が最大になるラケットの質量は、ボールの質量の5～8倍ほどと幅広い範囲にあることを示した。ラケットの質量がゼロへとだんだん下がっていくにつれて、ボールの跳ね返るスピードも遅くなる。そうなると事実上、やってくるボールの勢いでラケットが弾き飛ばされる。
2. Lee, C., Linkenauger, S.A., Bakdash, J.Z., Joy-Gaba, J.A., Profitt, D.R. (2011), 'Putting Like a Pro: The role of positive contagion in golf performance and perception', *PLoS ONE* 6(10), e26016.
3. Bérdi, M., Köteles, F., Szabó, A. and Bárdos, G. (2011), 'Placebo effects in sport and exercise: a meta-analysis', *European Journal of Mental Health* 6, pp. 196-212.
4. Porcari, J., Otto, J., Felker, H. et al. (2006), 'The placebo effect on exercise performance [abstract]', *Journal of Cardiopulmonary Rehabilitation and Prevention* 26(4), p. 269. Discussed in: Beedie, C.J. and Foad, A.J., (2009), 'The placebo effect in sports performance: a brief review', *Sports Medicine* 39(4), ProQuest, p. 320.
5. Reardon, S. (2016), '"Brain doping" may improve athletes' performance', *Nature* 531, pp. 283-284, 17 March 2016.
6. Okano, A.H, Fontes, E.B., Montenegro, R.A. et al. (2015), 'Brain stimulation modulates the autonomic nervous system, rating of perceived exertion and performance during maximal exercise', *British Journal of Sports Medicine* 49, pp. 1213-1218.
7. Edwards, D.J., Cortes, M., Wortman-Jutt, S., Putrino, D., Bikson, M., Thickbroom, G. and Pascual-Leone, A. (2017), 'Transcranial direct current stimulation and sports performance', *Frontiers of Human Neuroscience* 11, p. 243.
8. Haake, S., James, D. and Foster, L. (2015), 'An improvement index to quantify the evolution of performance in field events', *Journal of Sports Sciences* 33(3), pp. 255-267. この論文では、陸上の走種目のタイムや、フィールド種目の距離といった入手可能なデータを用いて、その種目で消費されるエネルギーが推定されている。たとえば、走り高跳びで跳んだ高さから位置エネルギーを推定でき、同じ身長と体重の選手について二つの記録を比較することで、二つの高さの比率h_2/h_1が得られる（跳躍の高さh_2を高さh_1と比べる）。たとえば、2012年の女子走り高跳びの上位25選手の平均記録1.966メートルと、1948年の上位25選手の平均記録1.591メートルを比べると、記録が23.5%向上したことがわかる。
9. R&A and USGA (2017) 2017 Distance report. www.randa.org/News/2018/03/Distance-Report
10. Haake, S.J, Foster, L.I. and James, D.M. (2014), 'An improvement index to quantify

ェによると、これはさまざまなメーカーが使っているアルゴリズムに関係しているというが、残念ながらそれは企業秘密だ。

5. Roth S.J. (2006), 'Why does lactic acid build up in muscles?' *Scientific American*, 23 January 2006. www.scientificamerican.com/article/why-does-lactic-acid-buil/
6. Jones, A.M. (2006), 'The physiology of the world record holder for the women's marathon', *International Journal of Sports Science and Coaching* 1(2), pp. 101–116.
7. BBC (2016), 'Greater Manchester Marathon course was 380m short', says measuring body, 21 April 2016. http://www.bbc.co.uk/sport/athletics/36104638
8. 三辺測量は、三角測量のように三角形と角度を使うのではなく、四つの球面が1点で交わることを利用して3Dの位置を特定する。よく尋ねられる質問の一つに、なぜ3Dの位置の特定に必要な人工衛星の数が3基ではなく4基なのかというものがある。1基だけの場合、地球上にいる一人の人物の位置は、衛星を中心としたデジタル球面の表面上のどこかということになる。2基目の衛星があれば、二つ目の球面があるので、その人物の位置は二つの球面が交わった線上のどこかにある。このとき二つの弧が合わさって、一対の唇のような形をつくる。3基目の衛星の球面と前述の球面が交わると、それぞれの唇上の2点に絞り込まれる。そして、4基目の衛星があれば、どちらの点が正しいかがわかるというわけだ。
9. Aughey, R.J. (2011), 'Applications of GPS technologies to field sports', *International Journal of Sports Physiology and Performance* 2011, 6, pp. 295–310. 多くの研究者が、初期のGPSの限界を理解せずに使っていた。10メートルほどの短距離走の場合、誤差は最大で30%にもなる。「1HzのGPSを使ってチームスポーツの試合を調べた研究では、選手たちが動いた総距離を除いて、検出できた情報はなかっただろう」と著者のオーギーは述べている。
10. Anderson, C. and Sally, D., *The Numbers Game: Why Everything You Know About Football is Wrong* (London, Viking, 2013), p. 45.（クリス・アンダーセン、デイビッド・サリー『サッカーデータ革命——ロングボールは時代遅れか』児島修訳、辰巳出版、2014）元データの出典はインフォストラーダ。一組の数字で数字dが先頭になる確率$P(d)$が$P(d) = log_{10}(1+1/d)$で求められる場合、ベンフォードの法則を満たす。たとえばd=1の場合、$P(d) = log_{10}(2) = 0.301$となり、数字の1が先頭になる確率は30.1%と予測される。2011〜12年のプレミアリーグでは、試合中のパスの数はベンフォードの法則からそれほど離れていないように見える。
11. Slot, O., *The Talent Lab* (London, Ebury Press, 2017). スロットは、2012年のロンドン五輪と2016年のリオ五輪でイギリスを成功に導いたUKスポーツのパフォーマンス・ディレクター、サイモン・ティムソンとチェルシー・ウォーにインタビューしている。スロットの説明によると、UKスポーツのメダル・トラッカー・ボードには200人の名前と、それぞれがメダルを獲得する確率が載っているという。こうすることで、メダルを取るという目標にシステムを集中できる。私たちが担当したスポーツについて得られたデータは、そのスポーツに適した単純なパフォーマンス指標に置き換えられる。ティムソンとウォーはそれを使ってメダル獲得の確率を評

12. ブレードのたわみと、それが素材に与える応力を求める方法は三つある。一つ目は表面に取りつけたひずみゲージを使う方法。二つ目は「有限要素法」という数値解析手法を使う方法。三つ目は、ブレードの構造力学を簡単に分析する方法で、以下のように行なう。義足を単純かつまっすぐな片持ち梁（飛び込み板を垂直に立てたようなもの）として考える。その長さをL、矩形断面の幅をb、奥行きをdとする。固定端が脚の切断部にあり、自由端が地面に接している。義足が地面に接しているとき、ランナーは自由端に水平方向の力Fを加えて、δの量だけ義足を後方へたわませる。片持ち梁の端における力とたわみの関係は、$F=(3EI/L^3)\delta$で表わされる（Eは素材のヤング率、$I=bd^3/12$）。かっこの中の部分は実質的に、端でたわんだときのブレードの剛性だ。設計者はさまざまな剛性を試して、ランナーにとって最適なブレードのたわみを探す。オリヴェイラのようにブレードを2.25％長くすると、剛性はその3乗分（この場合は7％）だけ低下し、立っているときのたわみは同じだけ増す。これが大きすぎるなら、カーボンファイバーの数を増やす（Eを7％上げる）か、幅を大きくする（bを7％上げる）か、奥行きを大きくして（dを2.25％上げて）、剛性の低下分を補うことができる。こうしてデザインを改良していくというわけだ（ただし、J字形のブレードはまっすぐな片持ち梁ではないので、これはあくまで大ざっぱな説明でしかない）。
13. オリヴェイラはその後さらに記録を伸ばし、2013年には100、200、そして400メートルの世界記録を更新した。
14. これは体積の割合で、重量だと50％だ。これでカーボンの利用がいかに効率的かわかる。

12　新世紀のテクノロジー

1. Lewis, M., *Moneyball: the Art of Winning an Unfair Game* (New York, W.W. Norton and Company, 2004).（マイケル・ルイス『マネー・ボール（完全版）』中山宥訳、ハヤカワ文庫、2013）
2. UKスポーツのイノベーション・パートナーシップは現在、ギャヴィン・アトキンズの独創的な指揮のもと、英国スポーツ研究所によって管理されている。
3. Westenberg, T., 'Timing light accuracy in sport' in *The Engineering of Sport*, Haake, S.J. (ed.) (Oxford, Blackwell Science, 1998), pp. 291–299. 著者のウェステンバーグはコロラドスプリングズを拠点とするアメリカオリンピック委員会の一員だったので、そのあたりのことをよく知っている。彼の説明によれば、計時装置のペンシルビームは毎秒1000回点滅する。ランナーがそこを通過したとき、光の強さがゼロに下がるまでにパルス10回分、つまり100分の1秒かかることがあるという。
4. Léger, L. and Thivierge, M. (1988), 'Heart rate monitors: validity, stability and functionality', *Physician and Sports Medicine* 16, pp. 143–151. 心拍計がどのような仕組みで心拍数を少なく計測してしまうのかを説明するのは、いささか複雑だ。精度の低い心拍計の値は、心電図を用いた最高水準の手法による計測値と比べてばらつくように思えるが、実際には最大で毎分20拍ほど少なく測定されるのだ。著者のレジ

11. Foster, L. (2009), 'The effect of technology on elite performance', PhD thesis, Sheffield Hallam University, Sheffield, UK.

11 スーパーヒーローたち――パラスポーツ

1. テリー・ウィレットは1963年に鉱山事故で負傷し、シェフィールドの外れにあるロッジムーア病院の専門病棟に運ばれた。彼はリハビリの一環としてスポーツに取り組み、バスケットボールと、彼のお気に入りであるフェンシングでメダルを獲得するまでになった。www.paralympicheritage.org.uk/terry-willettでウィレットのインタビューを読める。
2. Frankel, L., Michaelis, L.S., Golding, D.R. and Beral, V. (1972), 'The blood pressure in paraplegia', *Paraplegia* 10, pp. 193–198. www.nature.com/articles/sc197232.pdf?origin=ppub
3. 1984年のロサンゼルス五輪で行なわれた女子800メートルの公開競技は、www.youtube.com/watch?v=LrgzK3NWVbsで見られる。解説者たちはいくつか言い間違いはあるが、差別や偏見のない公正な表現を使おうと最大限の注意を払っている。
4. 1988年のソウル五輪で行なわれた「身体が不自由な人」による女子800メートルの公開競技は、www.youtube.com/watch?v=WJt30sBM-Eg&t=36sで見られる。
5. Cooper, R.A. (1990), 'Wheelchair racing sports science: a review', *Journal of Rehabilitation Research and Development* 27(3), pp. 295–312.
6. このプロジェクトはシェフィールドの二つの大学との共同研究で、シェフィールド・ハラム大学のエドワード・ウィンター教授が中心となって行なわれた。私は自分のチームとともにその後、2006年に同大学に移った。
7. https://www.youtube.com/watch?v=4d7O8UxFJt4で、ヴァン・フィリップス自身が語る話を聴ける。
8. Nolan, L. (2008), 'Carbon fibre prostheses and running amputees: a review', *Foot & Ankle Surgery* 14, pp. 125–129.
9. Pistorius, O., *Blade Runner: My Story* (London, Virgin Books, 2009).（オスカー・ピストリウス、ジャンニ・メルロ『オスカー・ピストリウス自伝』池村千秋訳、白水社、2012）たとえば、第4章は「プレトリア男子高校で学んだこと」というタイトルで、こんなふうに始まる。「高校に進学する時期が来ると、両親はいつものように、僕に自分で進路を決めさせてくれた」（池村千秋訳）
10. ロス・タッカーとジョナサン・デュガスが「スポーツの科学」という見事なブログを書いている（http://sportsscientists.com/thread/oscar-pistorius/）。オスカー・ピストリウスにまつわる論争を含め、当時巻き起こっていた論争の多くの背景にある科学について詳しく解説している。ぜひ読んでみてほしい。あっという間に一日が過ぎてしまうだろう。
11. Pickup, O., (2012), 'London 2012 Olympics: Games legend Michael Johnson believes Oscar Pistorius has an "unfair advantage"'. *Daily Telegraph*, 17 July 2012. http://bit.ly/2Gdkmke

長さLの比率で、ε=δ/Lという数式を使って計算する。たとえば、ペダルを踏み込んだときに、長さ5ミリのゲージがさらに1ミリ伸びたら、ひずみは20%となる。
4. クランク型パワーメーターは、クランクの回転速度ω（ラジアン毎秒）を測定し、P=Fω（Fはひずみゲージで測定した力）という数式を使って仕事率Pをワットで算出する。
5. ヴォルフガング・メンという人物が、数多くのデータと出典を掲載した見事なウェブサイトをつくっている。とはいえ、データのもともとの出典がどこかを判別するのは難しい。www.wolfgang-menn.de/hourrec.htm を参照。
6. Bassett, D.R. Jr., Kyle, C.R., Passfield, L., Broker, J.P and Burke, R. (1999), 'Comparing cycling world hour records, 1967–1996: modelling with empirical data', *Medicine and Science in Sports and Exercise*. 31(11), pp. 1665–1676.
7. Burke, E.R., *High Tech Cycling* (Champaign, IL, Human Kinetics, 2003).
8. トラッキングサービス「ストラヴァ」は、転がり抵抗、空力抵抗、重力など、自転車の仕事率の推定に必要だと思われる情報すべてを数式に入れて推定値を出す。https://support.strava.com/hc/en-us/articles/216917107-Power-Calculations を参照。

10　技術を研ぎ澄ます——スケート

1. Hines, J.R., *Figure Skating: A History* (Urbana and Chicago, University of Illinois Press, 2006), p. 18.
2. Versluis, C. (2005), 'Innovations on thin ice', *Technovation* 25, pp. 1183–1192.
3. いずれかの表面が大幅に変形した場合、摩擦係数は1を超えうる。これは「トラクション係数」と呼ばれることが多い。
4. De Koning, J.J. (2010), 'World Records: How much athlete? How much technology?', *International Journal of Sports Physiology and Performance* 5, pp. 262–267.
5. Van Ingen Schenau, G.J. (1982), 'The influence of air friction in speed skating', *Journal of Biomechanics* 15(6), pp. 449–458.
6. Saetran, L., Oggiano, L., 'Skin Suit Aerodynamics in Speed Skating' in Nørstrud, H. (ed.) *Sport Aerodynamics* (Springer, Vienna, CISM International Centre for Mechanical Sciences, vol. 506, 2008), pp. 93–105.
7. クリスティン・ネスビットの記録は、2012年1月28日にカルガリーで樹立した1分12秒68。
8. De Koning, J.J. (1997), 'Slapskate history and background', 20 Feb 1997. www.sportsci.org/news/news9703/slapxtra.htm
9. Van Ingen Schenau, G.J., De Koning, J.J., De Groot, G., Scheurs, A. W. and Meester, H. (1996), 'A new skate allowing powerful flexions improves performance', *Medicine and Science in Sports and Exercise* 28(4), pp. 531–535.
10. De Koning, J.J., Houdijk, H., De Groot, G. and Bobbert, M.F. (2000), 'From biomechanical theory to application in top sports: the Klapskate story', *Biomechanics* 33, pp. 1225–1229.

10. Neiva, H.P., Vilas-Boas, J.P., Barbosa, T.M., Silva, A.J. and Marinho, D.A. (2011), 'World Championships: Analysis of swimsuits used by elite male swimmers', *Journal of Human Sport & Exercise* 6(1), pp. 87-93.
11. Abrahams, M., (2006), 'Skinny Dipping like Dolphins', *The Guardian*, 6 June 2006. www.theguardian.com/education/2006/jun/06/research.highereducation
12. Toussaint, H.M., Truijens, M., Elzinga, M-J., Van de Ven, A., De Best, H., Snabel, B. & De Groot, G. (2002), 'Effect of a Fast-skinTM "Body" Suit on Drag during Front Crawl Swimming', *Sports Biomechanics* 1(1), pp. 1-10.
13. Dean, B. and Bhushan, B. (2010), 'Shark-skin surfaces for fluid-drag reduction in turbulent flow: a review', *Philosophical Transactions of the Royal Society A* 368, pp. 4775-4806.
14. Kainuma, E., Watanabe, M., Tomiyama-Miyaji, C., Inoue, M., Kuwano, Y., Ren, H., Abo, T (2009), 'Proposal of alternative mechanism responsible for the function of high-speed swimsuits', *Biomedical Research* 30(1), pp. 69-70.
15. http://www.theage.com.au/news/sport/swimming/suit-worth-two-seconds-in-germans-record-swim/2009/07/27/1248546678468.html
16. https://engineeringsport.co.uk/2011/09/18/swimsuit-ban-will-affect-world-record-progression/

9 デザインをめぐる騒動――自転車

1. 湿度が高くなると、空気がどんよりとして重く感じられるので、空気密度が下がると聞くと大半の人は驚くだろう。とはいえ、この現象は単純な思考実験をしてみれば簡単に説明できる。空気には、窒素が78%、酸素が21%、少量のアルゴンのほか、メタンや水素といった数種類の微量な化合物が含まれている。窒素と酸素はN_2とO_2という分子の形で存在し、モル質量はそれぞれ1モル当たり28グラムと32グラムだ。これらの化合物をすべて混ぜ合わせると、空気のモル質量は1モル当たり約29グラムとなる。ここで、空気を構成する化合物の一部を、H_2O分子からなる水蒸気と置き換えてみよう。最も軽い物質である水素は1モル当たり1グラムだから、H_2Oは1モル当たり18グラムしかない。したがって、空気の一部が水蒸気に置き換わると、空気密度が小さくなるというわけだ。https://www.engineeringtoolbox.com/molecular-mass-air-d_679.html を参照。
2. De Coubertin, P., Philemon, T.J., Politis, N.G. and Anninos, C., *The Olympic Games B.C.-A.D. 1896* (London, H. Grevel and Co., 1897). 公式記録には6人で争ったと書かれているが、7人だったという説もある。私が発見できた当時の唯一の写真では、スタートラインに8台の自転車が並んでいるが、1台はペースメーカーか、審判、あるいはコーチだった可能性がある。http://library.la84.org/6oic/OfficialReports/1896/1896part2.pdf を参照。
3. これを読んだエンジニアから怒られる前に書いておくが、ひずみゲージはたわみというよりも、ひずみを計測するものだ。ひずみは、正規化されたたわみδと元の

を使って月面でこの実験を再現した。これら二つの物体は確かに同じ速度で落下した。https://bit.ly/2sajh8H を参照。
6. http://www.nytimes.com/1984/02/09/sports/bobsled-rivalry-intensifies.html
7. Huffman, R.K. and Hubbard, M. (1996), 'A motion based virtual reality training simulator for bobsled drivers' in Steve Haake (Ed.) *The Engineering of Sport*. Proceedings of the 1st International Conference on the Engineering of Sport, Sheffield, UK, 2–4 July 1996. Balkema, Rotterdam, pp.195–203.
8. http://www.bobclub-stmoritz.ch/?rub=12（ドイツ語）
9. http://www.slideshare.net/NorbertGruen/20140708speedonice. この動きを数式で表わした好例の一つは、ノルベルト・グリューン博士がスポーツ用品研究開発研究所（FES）と共同でボブスレーを開発したときの研究で示された。ドイツチームは2018年のソチ冬季五輪で3個の金メダルと1個の銀メダルを獲得して、メダル獲得数でトップになった。
10. 私がつくったサンモリッツのモデルでは、コースの長さが1722メートル、勾配は8.1度。摩擦と抗力の特性には、ノルベルト・グリューンの上記の数式のものを利用した。

8　未知の領域へ飛び込む——水泳

1. Kidwell, C.B., *Women's Bathing and Swimming Costume in the United States* (Smithsonian Institute Press, 1968). 電子書籍として入手可能。
2. 第1回オリンピックの競泳は男子に限られていた。以下のサイトで閲覧できるのはデモンストレーション競技かもしれない。http://www.onlinefootage.tv/stock-video-footage/7895/1st-olympics-athens-1896-female-swimmer?keywords
3. Gibson, E. and Firth, B., *The Original Million Dollar Mermaid: The Annette Kellerman Story* (Crows Nest, Australia, Allen and Unwin, 2005).
4. Raszeja, V.M., 'Clara Dennis'. *Australian Dictionary of Biography* (National Centre of Biography, Australian National University, 1993) http://adb.anu.edu.au/biography/dennis-clara-clare-9951/text17629
5. Sam Knight (2008), 'The tragic story of Wallace Hume Carothers', *The Financial Times*, 29 November 2008. https://www.ft.com/content/2eae82b2-b9fa-11dd-8c07-0000779fd18c?mhq5j=e1
6. Voyce, J., Dafniotis, P. and Towlson, S., 'Elastic Textiles' in *Textiles in Sport*, R. Shishoo (ed.) (Cambridge, Woodhead Publishing, 2005).
7. Davies, E. (1997), 'Engineering Swimwear', *The Journal of the Textile Institute* 88(3), pp. 32–36.
8. European Patent Office (2009), 'A revolutionary swimsuit'. http://www.epo.org/learning-events/european-inventor/finalists/2009/fairhurst.html
9. Kessel, A. (2008), 'Born Slippy', *The Guardian*, 23 Nov 2008. https://www.theguardian.com/sport/2008/nov/23/swimming-olympics2008

6 でこぼこの秘密――ゴルフ

1. http://golftips.golfweek.com/history-callaway-golf-balls-1456.html
2. R&A Rules Ltd. and USGA (2008). Initial Velocity Test Procedure. Revision 10-08, www.randa.org/RulesEquipment/Equipment/Equipment-Submissions/Test-Protocols
3. Reprinted in Hotchkiss, J.F., *500 Years of Golf Balls: History and Collector's Guide* (Iowa, Antique Trader Books, 1997).
4. William Taylor (1905), An improvement in golf balls. イギリスでの特許番号は 18668 で、1906 年 4 月 26 日に認可された。worldwide.espacenet.com より。
5. この部分の情報は、ナーボロウ＆リトルソープ遺産協会（Narborough and Littlethorpe Heritage Society）というほぼ無名の組織、とりわけウィリアム・テイラーについて熱心に研究するクリストファー・ジョーンズによるもの。
6. franklygolf.com/golf-ball-testing.aspx. フランク・トーマスは 2000 年まで USGA のテクニカルディレクターを務めていた。このブログには、彼が主導したアイアン・バイロンから屋内試験施設への移行の概要が書かれている。
7. Haake, S.J., Goodwill, S.R. and Carré, M.J. (2004), 'A new measure of roughness for defining the aerodynamic performance of sports balls'. Proc. IMechE vol. 221 Part C:J, *Mechanical Engineering Science*, pp. 789-806.
8. R&A and USGA (2017) 2017 Distance report. www.randa.org/News/2018/03/Distance-Report

7 そり遊びから競技へ――ボブスレー

1. ケンジントン・テレビがベルリン・プロデューサーズと PreTV と共同で制作した番組で、ウィンタースポーツ版の『ザ・イコライザー』に当たる。タイトルは『チャンピオン vs レジェンド』〔NHKBS1 で放映されたときのタイトルは『時を超えたアスリート対決！～冬の競技編～』〕。https://kensingtontv.com/index.php/2017/11/20/champions-vs-legends/ を参照。
2. Triet, M., *100 Jahre Bobsport* (Basel, Schweizerisches Sportmuseum, 1990).
3. 地球の表面上にある物体は、地球の質量に引きつけられて、赤道では約 9.81 メートル毎秒毎秒（1G）の加速度を受ける。4G の加速度はその 4 倍。実際の感覚としては、体重が 4 倍になったように感じる。
4. International Bobsled Rules (2015) International Bobsleigh and Skeleton Federation, June 2015, p. 27. 女子 2 人乗りボブスレーの重量制限は、そりだけで最小 165 キロ、選手も含めた最大重量は 325 キロ。男子はそれぞれ 170 キロと 390 キロだ。4 人乗りボブスレーの場合、そりだけで 210 キロ、最大重量は 630 キロとなっている。女子には 4 人乗りの競技はない。
5. ガリレオがこの実験を本当にやったかどうかについては議論があり、単なる思考実験だったというのが大半の見方だ。アポロ 15 号で月面に降り立った宇宙飛行士のデヴィッド・スコットは、月に空気がないことを示すために、ハンマーと鳥の羽根

移動していくと、そのうちグリップで何も感じなくなる点がある。それが打撃中心だ。以前、誰かから聞いたのだが、ドアがつかえて動かなくなったとき、肩で押すのにいちばんよい場所は、ドアの開く側から3分の1ほどのところだという。そこを走る垂直な線はドアの打撃中心で、思いっきり押しても、蝶番は衝撃を受けない。あとで蝶番を修理する手間が省けるうえ、打撃中心はドアのストッパーを取りつけるのに最良の位置でもある。

8. Simpson, B. *Winners in Action: The Complete Story of the Dunlop Slazenger Sports Companies* (Fakenham, J.J.G. Publishing, 2005), p. 190.
9. Simpson, p. 189.
10. Haake, S.J., Allen, T., Choppin, S. & Goodwill, S.R. (2007). 'The evolution of the tennis racket and its effect on serve speed', *Tennis Science & Technology*, 3, pp. 257-271, (Ed. S. Miller & J. Capel-Davis). 鋭い読者なら、なぜ反応時間の短くなったパーセンテージが、ボールの速度の速くなったパーセンテージと同じでないのかと思うかもしれない。その原因は、選手がボールを感知して反応し始めるまでの時間にある。木製ラケットから放たれた最初のサーブは、コートのベースラインに到達するまでに0.571秒かかる。一方、カーボンファイバー製のラケットでは0.546秒で到達し、0.025秒短くなる。著名なテニスコーチのヴィク・ブレイドンによると、選手は放たれてから0.25秒ほどはボールを感知しないので、反応に使える時間の減少は0.025 ÷ (0.571 − 0.25)=7.8% となる。

5 「論より証拠」までの奮闘——動きをとらえる

1. Cochran, A. and Stobbs, J. (1968), 'The Search for the Perfect Swing', The Golf Society of Great Britain.
2. マイブリッジは生まれたときはエドワード・ジェームズ・マガーリッジという名前だった。彼は生涯で名前を少なくとも3度変えていて、最後の名前がエドワード・ジェームズ・マイブリッジだ。ただし、イニシャルは変わっていない。
3. Braun, M., *Eadweard Muybridge* (London, Reaktion Books, 2010), p. 14. この引用文の出典は、彼のいとこであるメイバンク・スザンナ・アンダーソンの回顧録。
4. 「ギリシャの奴隷」は1843年と1844年にハイラム・パワーズが制作した彫像。若い奴隷の少女の実物大のヌード像で、鎖でつながれ、捕まえた人物によって売りに出されている。当初は世間から非難の声を浴びたものの、その後、悪と対峙するキリスト教の純粋さのシンボル、そして奴隷制廃止論者のシンボルとなった。スミソニアン協会のサイト（3d.si.edu）にこの彫像の3D画像が載っている。
5. Marey, E-J., *Animal Mechanism: A Treatise on Terrestrial and Aerial Locomotion* (New York, D. Appleton and Company, 1879).
6. https://www.theguardian.com/sport/2007/jul/11/tennis.wimbledon
7. テニスではまだ、リプレイのときにボールのアップを見せることまではやっていない。画像が示した決定に観客が納得しない場合にどうなるのか、当然ながら心配してしまう。

12. *Encyclopedia of World Sport: From Ancient times to the Present* (1996), Ed. David Lewinson and Karen Christensen, ABC-Clio, Santa Barbara, CA, p.1142. 世界中のバレーボール選手に申し訳ないのだが、バレーボールはもともと、バスケットボールをできるほど元気ではない中年の太った不健康なビジネスマンのために考案された。だが、実際にバレーボールをやってみると、決して「楽」とはいえない。
13. 理想気体の法則は、気体の挙動を大まかに把握するために使うことができる。その状態方程式は、*P*を気体の圧力、*V*を体積、*T*を温度（ケルビン）、*R*を気体定数（8.314 $J\ mol^{-1}\ K^{-1}$）、*n*を気体のモル数として、$PV=nRT$で表わされる。ふくらませたフットボールのように体積が一定の場合、絶対圧と温度の比率はほぼ等しく、$P_1/P_2=T_1/T_2$となる。したがって、温度が下がると、ボールの空気圧も下がる。計算するときに温度をケルビン（K）、圧力を絶対圧で表わすように注意しよう。室温はおよそ294K、ボールの当初の空気圧は14.7+12.5=27.2 psi（ポンド毎平方インチ）となる。
14. Theodore V. Wells Jr, Brad S. Karp, Lorin L. Reisner (2015) Investigative Report concerning Footballs used during the AFC Championship Game on 18 January 2015. https://www.documentcloud.org/documents/2073728-ted-wells-report-deflategate.html を参照。

4　革命をもたらした発明——テニス

1. Goodwill, S.R. and Haake, S.J., 'Why were spaghetti string rackets banned in the game of tennis?' in Ujihashi, S. and Haake, S.J. (eds.) *The Engineering of Sport* 4 (Oxford, Blackwell Science, 2002) pp. 231-237.
2. Shakespeare, W., *Much Ado about Nothing*, Act III, Scene II.（『じゃじゃ馬ならし・空騒ぎ』福田恆存訳、新潮文庫、1972ほか）
3. Gillmeister, *Tennis: A Cultural History*, p. 104.（ハイナー・ギルマイスター『テニスの文化史』稲垣正浩ほか訳、大修館書店、1993）英語ではガットのことをcatgutというが、テニスラケットのガットに猫の腸が使われたことはない。ギルマイスターによると、catgutという言葉は、テニスに似た競技のオランダ語名*kaetsen*に由来する。これがドイツやイギリスに伝わったとき、この言葉がcats（猫）と間違えられ、ラケットのガットを張り替えるとき、材料が猫の腸だと誤解された。天然素材のガットには羊の腸が使われる。
4. Gillmeister, p. 352.
5. Trengrove, A., *The Story of the Davis Cup* (London, Stanley Paul, 1985), p. 25.
6. Maxton, P., *From Palm to Power: The Evolution of the Racket* (Wimbledon Lawn Tennis Museum, 2008), p. 37. フランク・ドニスソープはその後、1950年代にダンロップで働くようになり、特大のラケットを開発した。
7. 打撃中心は次のように見つけることができる。ラケットを垂直に立てて持ち、ボールをフェイスのいちばん高いところに当てる。すると、ヘッドが後ろへ動き、グリップが前へ動いて、手に衝撃を感じる。この要領でボールを当てる点を徐々に下へ

tive is the attached ankyle at increasing the distance of the throw?', *Palamedes* 6, pp. 137-151. マレーらは間違ったフレームレートを使って速度を計算したのか、初速を毎秒およそ4～5メートルと言っている。これはかなり遅く、ボールを肩の高さから落としたときに到達する速さぐらいしかない。この速度でやりを投げたら、5メートルほどしか飛ばないだろう。母がソラマメの栽培に使っている支柱を私が投げたぐらいの距離だ。ただ、彼らが示している距離は、個別に測定されているので正しいと確信している。

3　人をとりこにするゲーム——球技

1. Miller, M., 'The Maya ballgame: rebirth in the court of life and death' in *The Sport of Life and Death* ed. by M.E. Whittington (London, Thames and Hudson, 2001), pp. 79-87.『ポポル・ヴフ』はマヤの創世神話で、メソアメリカの球技をもとに、人類の誕生の物語を伝えている。主人公は双子のフンアフプとシュバランケで、冥界の神に殺された父親と叔父の仇を討つために球技を行なう。主人公たちは勝利し、天へと昇っていって、太陽と金星（月との説もある）になった。
2. Hosler, D., Burkett, S.L. and Tarkanian, M.J. (1999), 'Prehistoric Polymers: Processing in Ancient Mesoamerica', *Science* 284, pp. 1988-1991.
3. Cross, R., (2000), 'The coefficient of restitution for collisions of happy balls, unhappy balls and tennis balls', *American Journal of Physics* 68(11), pp. 1025-1031.
4. Leyenaar, T.J.J. and Parsons, L., *Ulama: the ballgame of the Mayas and the Aztecs* (Leiden, Spruyt, van Mantgem and DeDoes bv, 1988).
5. Rühl, J. (2001), 'Regulations for the Joust in Fifteenth-Century Europe: Francesco Sforza Visconti (1465) and John Tiptoft (1466)', *The International Journal of the History of Sport* 18:2, pp. 193-208.
6. Gillmeister, H., *Tennis: A Cultural History* (Leicester, Leicester University Press, 1997), p. 120.（ハイナー・ギルマイスター『テニスの文化史』稲垣正浩ほか訳、大修館書店、1993）
7. Official Catalogue of the Great Exhibition of the Works of Industry of All Nations 1851. Spicer Brothers, London. https://archive.org/details/officialcatalog06unkngoog で閲覧可能。
8. Slack, C., *Noble Obsession: Charles Goodyear, Thomas Hancock and the Race to Unlock the Greatest Industrial Secret of the Nineteenth Century* (London, TEXERE Publishing, 2002).
9. Dahms, S.E., Piechota, H.J., Dahiya, R., Lue, T. and Tanagho, E.A. (1998), 'Composition and biomechanical properties of the bladder acellular matrix graft: comparative analysis in rat, pig and human'. *British Journal of Urology* 82, pp. 411-419.
10. http://richardlindon.co.uk/
11. ラグビーフットボールが英語でrugger（ラガー）と略されたように、アソシエーションフットボール（Association Football）はsoccer（サッカー）と略された。

走のさまざまな距離が記載されている。オリンピアは192.29メートル、エピダウロスは181.18メートル、イストミアは181.20メートル、ネメアは178.02メートル、デルフォイは177.41メートル、ハリエイスは166.50メートル。

3. 腕を大きく振ったことによって増加する地面反力と記録の伸びの関連を証明した論文を、私はまだ見つけられていない。とはいえ、一般的にはそう考えられている。

4. Brody, H. (1985), 'The moment of inertia of a tennis racket', *The Physics Teacher*, pp. 213-216. 質量Mのテニスラケットを質量δmの区間に等分し、グリップの端からその区間までの距離をrとする。3つの質量慣性モーメントI_jは$I_j=\sum_{i=0}^{n}\delta m_i r_i^j$と定義される（$n$は質量要素の数、$j$=0, 1, 2）。$j$=0のときは$I_0=\sum_{i=0}^{n}\delta m_i=M$となり、これはラケットの質量。$j$=1のときは$I_1=\sum_{i=0}^{n}\delta m_i r_i=MR$となる（$R$はグリップからラケットの重心までの距離）。ラケットをグリップのところで水平に持ったときに手に感じる下向きのモーメントに当たる。j=2のときは$I_2=\sum_{i=0}^{n}\delta m_i r_i^2=MR^2$となり、これはラケットの慣性モーメント、いわゆる「スイングウェイト」だ。ラケットを振ったとき、グリップのところで回転運動に対する抵抗として感じる。もっと一般的な書き方だと$I=\frac{1}{3}ML^2$となる（Lはフレームの長さ）。

5. Kron, G. (2005), 'Anthropometry, Physical Anthropology, and the Reconstruction of Ancient Health, Nutrition and Living Standards', *Historia: Zeitschrift für Alte Geschichte* 54, H.1, pp. 68-83.

6. Plagenhoef, S., Evans, F.G. and Abdelnour, T. (1983), 'Anatomical data for analysing human motion', *Research Quarterly for Exercise and Sport* 54, pp. 169-178. マサチューセッツ大学アマースト校のスタンリー・プライゲンホフは1980年代に生体力学モデルに使う手足の重さと長さを決めるために、アスリートの身体測定を実施した。その結果、アスリートの腕の重さは常に体重の5%前後で、腕の長さは身長の40%前後だということがわかった。この情報を当てはめると、ファウロスの腕は長さが約66センチ、重さが3.5キロだったと推定される。手の重さは0.5キロほどだっただろう。ここからファウロスが肩を軸に腕を振ったときの、腕の慣性モーメントを推定できる。1.2キロのおもりは同じ慣性モーメントをもっている。身体測定のデータはhttp://www.exrx.net/Kinesiology/Segments.htmlを参照。

7. Minetti, A.E. and Ardigó, L.P. (2002), 'Halteres used in ancient Olympic long jump', *Nature* 420 (69), pp. 141-142. この研究では、おもりを持つと腕を振る速度が遅くなり、それに伴って下半身の筋肉に負荷がかかるスピードが遅くなることが示された。筋肉は負荷がかかるスピードが遅いほうが効率的になるので、地面反力が増す。

8. ウサイン・ボルトはどこまで跳べる？ http://engineeringsport. co.uk/2010/03/03/how-far-could-usain-bolt-jump/ を参照。

9. ホメロスの『イリアス』では、アキレスが彼の兵士たちに円盤投げを紹介している。「この競技に挑戦してみたいと思う者は、前へ出たまえ。勝者にはこの大きな鉄塊を授けよう。これがあれば、5年は鉄に困らない」

10. Murray, S.R., Sands, W.A., O'Roark, D.A. (2011), 'The ancient Greek dory: how effec-

man, J., Johnson, B. and Schultz, C. (1984), 'Kinematic trends in elite sprinters', 2nd International Symposium on the Biomechanics of Sport, Colorado Springs.

9. アリストテレスをはじめとする古代の学者たちは、スタディオン走の勝者一覧について意見をまとめたうえで、4年単位でさかのぼって数えた。現代のグレゴリオ暦では、スタディオン走は紀元前776年に初めて行なわれた。これより前だった可能性もあるが、記録がないため、一般的にこの年が第1回古代オリンピックの開催年とされている。
10. セントアンドリューズ大学のジェイソン・ケニーグは、古代と現代のオリンピックの相違点や類似点を論じたすばらしいブログを運営している。汗を集める道具の考え方についての記事は見事。http://ancientandmodernolympics.wordpress.com/ を参照。
11. Miller, S.G., *Ancient Greek Athletics* (New Haven and London, Yale University Press, 2004), p. 42.
12. nemeangames.org で、ヒュスプレクスを実際に使っている様子が見られる。
13. Miller, *Ancient Greek Athletics*, p.134. 古代ギリシャの優秀な職人はおよそ1ドラクマの日給を得ていた。現代の通貨に換算すると日給100ドルにほぼ相当する。
14. ランニングのポーズメソッド®には世界中に数多くの支持者がいる。その筆頭がニコラス・ロマノフで、この手法に関する書籍を執筆し、教育セミナーを開いている。
15. De Wit, B., De Clercq, D. and Aerts, P. (2000), 'Biomechanical analysis of the stance phase during barefoot and shod running', *Journal of Biomechanics* 33, pp. 269–278.
16. 2014年5月8日のBBCニュース「ビブラム社、虚偽の健康機能表示で375万ドルの和解金」。www.bbc.com/news/business-27335251 を参照。
17. レースの模様は http://bit.ly/2tbmDJE で見られる。私は右から4番目のレーンΔ。
18. 音は気温20℃のとき秒速343メートルで伝わる。トラック内に立ったスタート係から、外側のレーンにいるランナーまでの距離は10メートルだから、ピストルの音が伝わるまでに0.03秒かかる。一方、内側のレーンにいるランナーには0.01秒未満で伝わる。
19. Van Ingen Schenau, G.J., De Koning, J.J. and De Groot, G. (1994), 'Optimisation of sprint performance in running, cycling and speed skating', *Sports Medicine* 17(4), pp. 259–275. 結論は実際にはスピードスケート選手に関するものだが、原理はランナーでも似ている。

2 古代のスポーツ用品――跳ぶ、投げる

1. Harris, H.A. (1960), 'An Olympic Epigram: The athletic feats of Phayllos', *Greece & Rome* vol. 7(1), pp. 3–8. ハリスの論文は、ケンブリッジ大学のセントジョンズカレッジの談話室で上等なポートワインでも飲みながら交わされた、熱い議論から生まれたように思える。
2. *The Oxford Encyclopedia of Ancient Greece and Rome* (2010), p. 382 にはスタディオン

註

1　原点に出合う——走る

1. このドキュメンタリー番組『ザ・イコライザー』〔NHK BS1で放映されたときのタイトルは『時を超えたアスリート対決！～人間は進化したのか～』〕はケンジントン・コミュニケーションズ（カナダ）とベルリン・プロデューサーズ（ドイツ）がプロデュースした。5人のオリンピック選手が、昔のスポーツテクノロジーを使って過去のオリンピックチャンピオンの記録に挑む姿を追った。theequalizertv.com を参照。
2. Stefanyshyn, D. and Fusco, C. (2004), 'Increased shoe bending stiffness increases sprint performance', *Sports Biomechanics,* 3(1), pp. 55–66. 研究チームは34人のスプリンターに4種類の硬さの靴底を試してもらって分析した。その結果、より硬い靴底を使ったときに29人が記録を伸ばした一方で、3人の記録は向上せず、2人の記録は悪化した。記録の伸びは最高で3%。一方、靴底の最適な硬さは身長や体重、靴のサイズなどの値とは相関関係がなかった。
3. Foster, L. (2009), 'The effect of technology on elite performance', PhD thesis, Sheffield Hallam University.
4. Haake, S.J., Foster, L.I. and James, D.M. (2014), 'An improvement index to quantify the evolution of performance in running', *Journal of Sports Sciences* 32:7, pp. 610–622. パフォーマンス改善指標を使えば異なるスポーツを比較することができる。これは競技中に消費されるエネルギーに注目した指標だ。たとえば、投擲や跳躍ではエネルギー消費は投げた距離や跳んだ高さに比例し、走種目ではタイムの2乗に比例し、アワーレコードでは距離の3乗に比例する。詳しくはこの註以降の諸文献を参照。
5. bit.ly/1PKkfsw. これは1964年のドキュメンタリーで、ジェシー・オーエンスが戦後にベルリンを再訪したときの様子を記録した映像。当時の社会やスポーツをとらえた見事な記録だ。
6. 最初と最後のコマが判断しにくいため、私の計算にはそれぞれ±1コマの誤差がある。合わせると、誤差は±2コマだ。1コマは0.033秒だから、誤差は約0.07秒となる。したがって、私の計測値を最も正確にいえば10.63 ± 0.07秒だ。この誤差は計時係の反応時間よりもまだ小さい。
7. McMahon, T.A. and Greene, P.R. (1979), 'The influence of track compliance on running', *Journal of Biomechanics* 12, pp. 893–904.
8. Farley, C.T. and Gonzalez, O. (1996), 'Leg stiffness and stride frequency in human running', *Journal of Biomechanics* 29, pp. 181–186、および Mann, R., Kotmel, J., Her-

Holt, R., *Sport and the British: A Modern History* (Oxford, Oxford University Press, 1989). イギリスのスポーツ史と、それが世界に与えた影響を深く掘り下げている。

Huggins, M., *The Victorians and Sport* (London, Hambledon and London, 2004). ヴィクトリア時代のイギリスにおけるスポーツの発展を、世界のスポーツと関連づけて詳述している。

Tranter, N., *Sport, Economy and Society in Britain 1750–1914* (Cambridge, Cambridge University Press, 1998). 内容が濃く、興味深い事実が満載。もっと詳しく知りたくなる。

テニス

Brody, H., *Tennis Science for Tennis Players* (Philadelphia, University of Pennsylvania Press, 1987).（ハワード・ブロディ『テニスの法則——科学でゲームに強くなる』常盤泰輔訳、丸善プラネット、2009）第一人者が執筆したテニスの科学にまつわる書籍。テニス界のファインマンであり、テニス関係の科学者たちに愛されている。

Collins, B., *Total Tennis: The Ultimate Tennis Encyclopedia* (Toronto, Sport Media Publishing Inc., 2003). 文字どおりの大著。2002年までに行なわれたあらゆるテニスの大会に関する詳細が載っている。当時の出来事を知ることができる唯一の本。

Gillmeister, H., *Tennis: A Cultural History* (London, Leicester University Press, 1997).（ハイナー・ギルマイスター『テニスの文化史』稲垣正浩ほか訳、大修館書店、1993）テニスの起源と発展について、著者のギルマイスターは豊かな解釈をもたらしてくれた。説得力がある。

Maxton, P., *From Palm to Power: The Evolution of the Racket* (London, Wimbledon Lawn Tennis Museum, 2008). テニスラケットの開発と製造にまつわる概要がすっきりまとまっている。

モーションキャプチャー、写真、生体力学

Braun, M., *Eadweard Muybridge* (London, Reaktion Books, 2010). マイブリッジに関する短い研究。マレーに関する同じ著者の研究（下記参照）ほど丹念には書かれていないが、2人の先駆者のスタイルを比較するのに役立つ。

Braun, M., *Picturing Time: The Work of Étienne-Jules Marey 1830–1904* (Chicago, The University of Chicago Press, 1992). マレーの研究が美しく、エレガントであることを教えてくれた本。マイブリッジのいかにも粗雑なスタイルと比較することもできた。テクノロジーのすばらしい歴史と、偉大な科学者の生涯を伝えている。

Brookman, P., *Eadweard Muybridge* (London, Tate Publishing, 2010). 4人の著者による大判書籍。それぞれマイブリッジを一人の人間、アーティスト、科学者として考察している。テートギャラリーでの展覧会に合わせた書籍だと考えると期待どおりではあるが、194点の写真は見事だ。

Jussim, E., *Stopping Time: The Photographs of Harold Edgerton* (New York, Harry N. Abrams Inc., 2000). エジャートンの写真を高品質な印刷で収録した一冊。彼の作品の幅広さに圧倒される。

Marey, E-J., *Animal Mechanism: A Treatise on Terrestrial and Aerial Locomotion* (New York, D. Appleton and Company, 1879). マレー自身のオリジナルの著書。マイブリッジをはじめとする人々に、写真を純粋な科学に使いたいと思わせた。図や写真は、この種のものとしては世界初だった。インターネットで手に入れられる。

パフォーマンス

Epstein, D., *The Sports Gene: Talent, Practice and the Truth About Success* (London, Yellow Jersey Press, 2013).（デイヴィッド・エプスタイン『スポーツ遺伝子は勝者を決めるか？——アスリートの科学』福典之監修、川又政治訳、早川書房、2014）データやストーリー、参考文献に満ちた大著。説得力がある。

Slot, O., *The Talent Lab: The Secrets of Creating and Sustaining Success* (London, Ebury Press, 2017). UKスポーツのパフォーマンスディレクター、サイモン・ティムソンとチェルシー・ウォーが導いたイギリスのオリンピックチームの成功を、関係者の目でとらえた。

スポーツの歴史

Guttmann, A., *Sports: The First Five Millennia* (Amherst, Massachusetts, The University of Massachusetts Press, 2004). スポーツの歴史を古代エジプト時代までさかのぼって伝える包括的な書籍。かなり学術的で、スポーツの有用な定義を知ることができる。

1975). 自転車の歴史が詳しく載っている。ほかの文献に載っていない写真のためだけにでも買う価値がある（著者のアンドリュー・リッチーは、ブロンプトンの折り畳み自転車を考案したアンドリュー・リッチーとは別人）。

Whitt, F.R., and Wilson, D.G., *Bicycling Science* (Cambridge, Massachusetts, MIT Press, 1982). 自転車を科学的に論じた独創的な書籍。自転車を本格的に研究する科学者が最初に手に取る本。

フットボール

Anderson, C. and Sally, D., *The Numbers Game: Why Everything You Know About Football is Wrong* (London, Viking, Penguin Group, 2013).（クリス・アンダーセン、デイビッド・サリー『サッカーデータ革命――ロングボールは時代遅れか』児島修訳、辰巳出版、2014）フットボール版の『マネー・ボール』。ただし、球団のゼネラルマネージャーではなく、数字と著者の物語を中心とした内容だという点が異なる。休日向けの本として私のお気に入りの一冊。

Davies, H., *Boots, Balls and Haircuts: An Illustrated History of Football From Then 'til Now* (London, Cassell Illustrated, 2003). トッテナム・ホットスパーのファンだという著者、デイヴィスがフットボールの歴史にまつわる楽しい本を届けてくれた。時代を追ってサッカーの技術的な文化を考察した良書。

Inglis, S., *A Load of Old Balls* (Bristol, English Heritage Publishing, 2005). とにかく私のお気に入りの一冊。こぢんまりした本だが内容が濃く、読みやすい。

ゴルフ

Browning, R., *A History of Golf: The Royal and Ancient Game* (London, A&C Black (Publishers) Ltd., 1990). もともと1955年に出版され、『ゴルフィング』誌の編集長の知識がぎっしり詰まっている。60年前のゴルフの姿がわかる。

Cochran, A. and Stobbs, J., *The Search for the Perfect Swing* (The Golf Society of Great Britain, 1968). いまでもインターネットなどで入手可能で、ゴルフの科学を知りたい読者にはいまだにおそらく最良の書だ。唯一の欠点は、テクノロジーが1968年で止まっていること。

Hotchkiss, J.F., *500 Years of Golf Balls: History and Collector's Guide* (Iowa, Antique Trader Books, 1997). ゴルフおたくにとって、ゴルフボールについて必要な（そして不要な）知識がすべて載っている。ゴルフ業界の内情も書かれていて興味深い。

スプレクスを自作することもできそうだ。

伝記
Gibson, E. and Firth, B., *The Original Million Dollar Mermaid: The Annette Kellerman Story* (Crows Nest, Australia, Allen and Unwin, 2005). アネット・ケラーマンの物語は、彼女の半生を描いた同じタイトルの映画（『百万弗の人魚』）ではあまりうまくとらえられていないが、ファンたちが書いたこの書籍は詳しく伝えている。彼女はオーストラリアのすばらしいヒロインだ。

Lewis, M., *Moneyball: The Art of Winning an Unfair Game* (New York, W.W. Norton & Co. Inc., 2004).（マイケル・ルイス『マネー・ボール（完全版）』中山宥訳、ハヤカワ文庫、2013）この書籍がきっかけとなって、スポーツ界は目標達成のためにアナリティクスを採用するようになった。

Pistorius, O., *Blade Runner* (London, Virgin Books, 2012).（オスカー・ピストリウス、ジャンニ・メルロ『オスカー・ピストリウス自伝』池村千秋訳、白水社、2012）ジャンニ・メルロがゴーストライターになって、ピストリウスの一風変わった心情を描いている。ピストリウスが名をなす過程と狭量な世界観が興味深い。

Slack, C., *Noble Obsession: Charles Goodyear, Thomas Hancock and the Race to Unlock the Greatest Industrial Secret of the Nineteenth Century* (London, Texere Publishing, 2002). タイトルがチャールズ・グッドイヤーのことを指しているのか、著者自身のことを指しているかはわからないが、ゴムの加硫処理の発見にいたる詳細な物語が描かれている。

ボブスレー
Triet, M., *100 Jahre Bobsport* (Basel, Schweizerisches Sportmuseum, 1990). 104ページの書籍と120ページの図録で構成されている。私のお気に入りの一つ。短いほうは実質的に「ボブスレーの100年」に関する本で、長いほうは1990年に開催された同名の展覧会向けの図録だ。

自転車競技
Herlihy, D.V., *Bicycle* (New Haven and London, Yale University Press, 2004). 自転車競技にまつわる歴史、文化、写真を収録した本で、自転車への愛にあふれている。

Hutchinson, M., *The Hour: Sporting Immortality the Hard Way* (London, Yellow Jersey Press, 2007). アワーレコードに挑戦するために必要なことすべてがわかる良書。あまりにもおもしろくて、読み終わるまで本書の執筆を中断してしまった。

Ritchie, A., *King of the Road: An Illustrated History of Cycling* (Berkeley, Ten Speed Press,

Balkema, 1996). スポーツ工学に関する第1回の国際会議で発表された50本余りの論文が収録されている。その後、シェフィールド（Haake, 1998）、シドニー（Subic and Haake, 2000）、京都（Ujihashi and Haake, 2002）、デイヴィス（Hubbard, Pallis and Mehta, 2004）、ミュンヘン（Moritz and Haake, 2006）などでも開催された。最近では、2018年3月に第12回の会議がオーストラリアのクイーンズランド州で開かれた。

Haake, S. J. (ed.), *Sports Engineering, vol. 1,* 1998～現在. スポーツ工学に関する最初の学術誌で、科学技術やスポーツに関する査読付きの論文を多数収録している。私は最初の6巻までの編集を担当した。

古代ギリシャのスポーツ

Gardiner, E.N., *Athletics of the Ancient World* (Oxford, Oxford University Press, 1971).（E.N. ガーディナー『ギリシアの運動競技』岸野雄三訳、ほるぷ出版、1982）もともと1930年に出版され、古代世界の運動競技を総合的に論じた最初期の文献。古風な文体に、ハルテレスの理論やいくつかの逸話が色を添えている。

Miller, S.G., *Ancient Greek Athletics* (New Haven and London, Yale University Press, 2004). 291点の白黒写真を収録し、古代ギリシャの運動競技に関する購入可能な書籍のなかではおそらく最良の書籍だろう。何度も読み返している。

Perrottet, T., *The Naked Olympics: The True Story of the Ancient Games* (London, Random House, 2004).（トニー・ペロテット『驚異の古代オリンピック』矢羽野薫訳、河出書房新社、2004）古代オリンピックを実際に体験したらどんな感じなのかを探った、ユーモラスで不敬な内容。以前、オリンピックを研究する真面目な学者にあげたことがあった。その後、彼女はこの本についてひと言も触れなかったから、感銘を受けなかったのだろう。優れた読み物。

Swaddling, J., *The Ancient Olympic Games* (London, The British Museum Press, 2004).（ジュディス・スワドリング『古代オリンピック』穂積八洲雄訳、日本放送出版協会、1994）大英博物館のショップで買った本。ガーディナーやミラーが深く掘り下げている古代オリンピックのいくつかのテーマについて、概要を知ることができる。

Sweet, W.E., *Sport and Recreation in Ancient Greece* (Oxford, Oxford University Press, 1987). 翻訳付きの原典資料集。ほかの文献で参照されている引用元を見つけるのに役立つ。

Valavanis, P., *Hysplex: The Starting Mechanism in Ancient Stadia* (Berkeley, The University of California Press, 1999). 生半可な気持ちでは読めない本。古代ギリシャのスタート装置「ヒュスプレクス」についての詳細な研究で、これを読めば、自分の家の裏庭にヒュ

参考文献

スポーツや、そのヒーローたち、文化、歴史に関する本は数え切れないほどある。スポーツテクノロジーが発展してきた過程を調べるためには、スポーツ関連の書籍で見つかるものをすべてそろえ、どんな知見が記されているかを一冊一冊、ページをめくって確認していかなければならなかった。もちろん、学術論文や学会も調査対象だ。自分自身でも、1990年代にスポーツ工学の学術誌と会議を立ち上げた。当時もすでにスポーツ工学に関する論文は執筆されていたのだが、あまり関係のない分野の学術誌に掲載されていた。そうした散在する論文を集める場をつくりたかった。

ここでは、本書を執筆するための調査中に使った主な文献を紹介する。ここに記していない文献も数多くある。古書店やオンラインでしか手に入らない貴重な文献もある。自分自身の狭い視野だけでは見つけられなくなると、本を買うのをやめて、図書館に通わなければならなくなった。

スポーツの物理学や工学に関する学術文献

Daish, C.B., *The Physics of Ball Games* (London, Hodder & Stoughton, 1981).（C.B. デイシュ『ボール・ゲームの物理学』岡村浩訳、みすず書房、1978）。スポーツの物理学に関心のあるほとんどの人が最初に着目する文献で、参考文献の冒頭を飾るにふさわしい。残念ながら絶版になっているが、いち早く教科書とポピュラーサイエンス本の橋渡しをしようとした。見つけた人は本当にラッキーだ。

Frohlich, C. (ed.), *Physics of Sports: Selected Reprints* (American Association of Physics Teachers, 1986). 私が教壇に立ち始めたときに最初に買った本の一冊だ。学者でないと見つけにくい論文がうまくまとまっている。スポーツの物理学に関する格好の一冊。

Haake, S.J. (ed.), *The Engineering of Sport*. Proceedings of the 1st International Conference on the Engineering of Sport, Sheffield, UK, 2-4 July 1996 (Rotterdam,

〈ラ行〉

〈マ行〉

〈ヤ行〉

〈タ行〉

〈サ行〉

〈カ行〉

索引

＊斜体の数字はカラー口絵の番号

スティーヴ・ヘイク（Steve Haake）
シェフィールド・ハラム大学・高等ウェルビーイング研究センターの創設者・ディレクター。スポーツ工学を世界的な研究分野に育て上げ、初の学術誌を創刊し、世界最大のスポーツ工学研究団体を設立した。
アディダス、プーマ、キャロウェイゴルフといった企業のほか、国際サッカー連盟や国際テニス連盟などのスポーツ統括団体に協力。イギリスのオリンピックチームのためにパフォーマンス分析システムを開発し、メダル獲得に貢献した。学術誌に多数の論文を発表しつつ、一般向けの講演も定期的に行ない、テレビやラジオにも出演。
2014年、英国研究会議によって「イギリスで最もインスピレーションをもたらす科学者」の一人に選ばれた。

藤原多伽夫（ふじわら・たかお）
翻訳家、編集者。静岡大学理学部卒業。自然科学、考古学、探検、環境など幅広い分野の翻訳と編集に携わる。訳書に『7つの人類化石の物語』『酒の起源』『戦争の物理学』（白揚社）、『生命進化の物理法則』（河出書房新社）、『幸せをつかむ数式』（化学同人）、『ヒマラヤ探検史』（東洋書林）などがある。

浅井　武（あさい・たけし）
筑波大学体育系教授。工学博士。専門はスポーツテクノロジー、サッカーの科学的コーチング。著書に『見方が変わるサッカーサイエンス』（共著、岩波書店）、『ワールドサッカー　チーム戦術の科学』（監修、洋泉社）、『最速上達サッカー』（監修、成美堂出版）などがある。

スポーツを変《か》えたテクノロジー

二〇二〇年十月十日　第一版第一刷発行

著　者　スティーヴ・ヘイク
訳　者　藤《ふじ》原《わら》多《た》伽《か》夫《お》
解　説　浅《あさ》井《い》　武《たけし》
発行者　中村幸慈
発行所　株式会社　白揚社　©2020 in Japan by Hakuyosha
〒101-0062　東京都千代田区神田駿河台1-7
電話03-5281-9772　振替00130-1-25400
装　幀　bicamo designs
印刷・製本　中央精版印刷株式会社

ISBN 978-4-8269-0219-9